普通高等教育“十二五”规划教材

石油工程管柱力学

吕苗荣　编著

中国石化出版社

内 容 提 要

本书以油气井管柱为讨论对象，以力学分析为主线，较为系统地介绍了石油工程管柱力学的主要内容和发展概况。全书共分为9章，主要包括油气井管柱力学发展概述、管柱的服役条件和失效分析、管柱运动与受力分析、管柱静力学中的纵横弯曲梁法和能量法、摩阻/扭矩模型、管柱振动分析、海洋隔水管力学以及管柱强度设计与校核等。

本书可作为普通高等院校石油工程专业本科生教学用书或参考书，也可供相关专业研究生和科技人员参考。

图书在版编目(CIP)数据

石油工程管柱力学 / 吕苗荣编著.
—北京:中国石化出版社,2012.1(2023.8 重印)
普通高等教育"十二五"规划教材
ISBN 978-7-5114-1226-3

Ⅰ.①石… Ⅱ.①吕… Ⅲ.①油气钻井-井下管柱-动力学-高等学校-教材 Ⅳ.①TE931

中国版本图书馆 CIP 数据核字(2011)第 243631 号

中国石化出版社出版发行
地址:北京市东城区安定门外大街 58 号
邮编:100011 电话:(010)57512500
发行部电话:(010)57512575
http://www.sinopec-press.com
E-mail:press@sinopec.com
北京艾普海德印刷有限公司印刷
全国各地新华书店经销
*
787×1092 毫米 16 开本 12 印张 278 千字
2012 年 1 月第 1 版 2023 年 8 月第 2 次印刷
定价:28.00 元

前　言

石油工程是一项沿着几千米细长的井眼展开的工程，在这项工程中各种形式的管柱起着不可替代的重要作用。石油管柱力学是石油工程面临的一个基本问题之一，随着石油工业的不断发展，从上世纪20年代以来一直是人们研究的热点。石油管柱力学主要包括钻井管柱、完井管柱和采油管柱三个大的方面，在《钻井与完井工程》、《采油工程》等专业核心课程中，一般只介绍石油管柱力学最基本的静力学问题，很少涉及管柱动力学方面的知识。尽管在一些选修课中包含了石油工程管柱力学方面的内容，如井眼轨迹控制、水平井钻井技术、完井测试、采油与采气工程等，但它们几乎都是围绕着自身学术专题的需要，主要从机械和工艺两个大的方面来展开讨论的，缺乏系统性，不利于学生全面、系统地掌握石油工程管柱力学知识，制约了石油工程本科教学的发展。

作者出版本书的宗旨在于较为全面地回顾石油管柱力学的发展历程，介绍石油管柱的基本概念与力学模型，力图较为系统地阐述解决石油管柱力学问题的一般思路和常用方法，以及管柱力学知识在钻井、完井和采油中的应用实践等，为石油工程专业本科生，相关专业的研究生提供一本较为系统地介绍石油管柱力学知识的教材与参考用书，也给广大石油科技工作者和工程技术人员提供有益的参考。

全书共九章，第一章介绍了石油工程管柱的概念、分类和用途，管柱力学的基本问题、研究方法与目前面临的挑战，并对石油管柱力学研究中的底部钻具组合力学、管柱屈曲、振动测试、动力学及仿真等研究专题做了较为全面的综述。第二章主要介绍了钻柱、油(套)管柱和采油管柱的服役条件和失效模式，从力学的角度分析了这些管柱失效的原因。第三章围绕石油管柱的运动、受力与变形展开较为细致的论述。较为详细地介绍了管柱的自转、公转、涡动和旋转黏滑运动，分析了管柱单元可能受到的各种力。比较分析了软管柱模型和绳索模型之间的异同，给出了软管模型的力学计算方法。详细论述了石油管柱浮力的计算，以及管柱稳定性判据和处理方法。第四章扼要介绍了纵横弯曲连续梁法在石油工程管柱力学中的应用。第五章阐述了管柱力学分析中的能量法，包括一般力学分析、最小势能原理和最小余能原理，以及能量法在钻柱和套管柱力学分析中的具体应用。第六章概述了管柱的整体受力模型，以何华山的整体受力模型为例，介绍了这一模型在定向井、大位移井和水平井中的应用，并且简要介绍了管柱屈曲后附加力的计算问题。第七章较为系统地介绍了振动问题的一般性描述，石油管柱的纵向、横向和扭转振动，重点介绍了振动方程的推导、管柱固有频率的计算，以及振动方程的求解。第八章简要阐述了海洋隔水管动力学分析，包括隔水管问题的基本描述，波流联合作用下的隔水管动力学响应分析等。第九章扼要地介绍了石油管柱的强度设计与校核。

随着石油工业的快速发展，计算机和数值计算技术的飞速进步，新思想、新方法、新技术不断涌现，石油管柱力学也得到了前所未有的发展。中国的广大石油科技工作者在努力学习和掌握国际先进技术的同时，也正以崭新的风貌面对石油管柱力学中的各种问题，善于探索，勇于实践，正在逐步建立和形成具有中国特色的自主创新技术体系。本书的出版希望能够起到抛砖引玉的作用，凝聚各方的智慧，为石油工程高等教育、石油管柱力学的发展，以及石油勘探开发技术的进步做出新的贡献。

本书在撰写过程中，参阅了大量的国内外资料文献，作者在此谨向文献作者表示深深的谢意。

感谢中国工程院古德生院士在本书编撰、出版过程中所提供的关心和帮助。中国石油大学高德利教授在百忙之中亲自审阅书稿，提出了许多宝贵的意见，在此表示衷心的感谢！

硕士生陈志强、李梅、沈诗刚对书中的文字及插图校对付出了辛勤的汗水，在此一并表示感谢。

由于作者水平有限，难免有错误和不足之处，敬请批评指正。

目　录

符　号　注　释

A——振幅，m；

A_s——钻柱正弦弯曲波幅值，m；

B——管柱所受的浮力，kN；

B_f——管柱的浮力系数；

C——井斜系数；

c_w——海浪波速，m/s；

C_m——附加质量系数，无量纲；

C_s——与应变速度相关的阻尼，Pa · s；

c_d——无因次系数；

d_i、d_o——管柱的内、外直径，m；

D——隔水管直径，m；

D_w——井眼直径，m；

E——钻柱材料的弹性模量，N/ cm^2；

EI——管柱的抗弯刚度，N · m^2；

F、F_1、F_2——管柱某截面、管柱下端和上端所受的轴向力，N；

F_B——钻头横向力，N；

F_{crs}——管柱正弦屈曲临界力，N；

F_{crh}——管柱螺旋屈曲临界力，N；

F_e——管柱有效轴向力，N；

$F(x)$——在 x 处的管柱轴向力，N；

G——管柱材料的剪切刚度，Pa；

$\vec{g}$——重力场方向单位矢量；

h_w——浪高，m；

H_x——水深，m；

H——海底深度，m；

I——钻柱截面惯矩，N/ m^4；

k——系数，$k=2.04$；

k_w——海浪波数；

K_n、K_b——井眼挠率和曲率；

$\vec{k}$——直角笛卡尔大地坐标系 ONED 的单位矢量，垂直向下；

l——从井口开始的井眼轴线的弧长，m；

L——管柱长度，m；

L_s——管柱正弦弯曲半波长度，m；

M——管柱轴向扭矩，N · m；

M_1、M_2——管柱下端和上端所受的轴向扭矩，N · m；

M_y、M_z——在 y 方向和 z 方向上的弯矩，N · m；

M_b——管柱弯矩，N · m；

m——管柱无因次单位长度，m；

m_d——每米管柱内流体的质量，kg/m；

N——管柱与井壁间的接触正压力，N；

N_n、N_b——主法线方向和副法线方向管柱与井壁的接触分布正压力，N/m；

N_y、N_z——管柱与井壁之间在 y 方向和 z 方向的接触力，N/m；

n——衰减系数，1/s；

P——管柱轴向压缩力，N；

P_B——钻压，kN；

p_i、p_o——管柱横截面处的内、外液压力，Pa；

Q_d——管柱运动引起的最大动载，kN；

Q_f——管柱摩擦引起的最大动载荷，kN；

Q——管柱在空气中的重量，kN；

q——管柱的线重量，N/m；

q_m——管柱在钻井液中的线重量，N/m；

r——井眼与管柱之间的间隙，m；

R_o——为钻柱单元半径，m；

R_e——管柱有效半径，m；

R_w——井眼半径，m；

S——钻柱曲线坐标；

$\vec{t}$、$\vec{n}$、$\vec{b}$——井眼切线方向、主法线方向和副法线方向的单位矢量；

$u(x,t)$——管柱纵向、横向振动位移，m；

v——钻柱起出速度，m/ s；

v_c——海流速度，m/s ；

v_m——暗流速度，m/s；

v_t——海面处的海流速度，m/s；

V_z、V_y——z 和 y 方向的剪力，N；

x——井眼方向线，m；

y——管柱弯曲挠度，m；

W——钻柱单元的浮重，$W=q\Delta L$；

W_n——管柱抗扭系数，m^3；

α——井斜角，rad；

φ——井眼方位角，rad；

θ——管柱偏转角，rad；

ω——钻柱的角速度，rad/s；

ω_n——无阻尼振动系统圆频率，rad/s；

τ——薄壁管柱横截面上的剪应力，Pa；

τ_0——钻井液的动切力，Pa ·s；

ρ_m——钻井液密度，g/cm^3；

ρ_s——钢材密度，g/cm^3；

ρ_w——海水密度，g/cm^3；

Ψ——经验系数，一般取 0.36~0.6；

σ_r、σ_θ——管柱径向、周向应力，Pa；

ε_x——管柱轴向应变；

μ——摩擦系数；

μ_a——起下钻摩擦系数；

μ_r——旋转摩擦系数；

ΔF、ΔM——钻柱单元的拉力与扭矩增量；

$\Delta\alpha$、$\Delta\phi$——钻柱单元两端井斜角之差与方位角之差；

$\zeta=\dfrac{n}{\omega_n}$——阻尼比；

ξ——振动系统振幅减缩率或减幅系数。

第一章　油气井管柱概述

§1.1　油气井管柱的功能与组成

油气井管柱是用于完成各种油气井功能需要的、通过螺纹连接而成的细长管柱，主要包括钻柱、套管柱、油管柱和采油管(杆)柱。这些管柱的共同特征是由8~13m长的圆环截面管柱(钻杆、钻铤、套管、油管等)，根据功能和目的的不同，在这些管柱上加接各种附件(例如接头、震击器、稳定器等)，通过螺纹连接而成，总长可达数千甚至上万米。因此，如果将管柱中的钻杆、套管或油管单根看成是一个基本组成单元，整个管柱就可以看成是由这些单元组成的串联管柱系统。组成油气井管柱的每一根管子、每一个构件、部件及其连接，在油气井的建井和开发过程中都起到举足轻重的作用。任何一个连接环节出现问题，都有可能造成极其严重的后果。油气井管柱是石油勘探开发过程中必不可少的重要物资和器材，平均占整个建井成本的20%~30%[1]。

油气井管柱从功能上可以分成三大类：

(1) 套管柱，主要包括套管、油管以及附件。石油套管是一种大口径管材，主要用于钻井过程和完井后对井壁的支撑，以保证钻井作业的顺利进行和完井后整个油井的正常运行。石油套管是维持油井运行的生命线。按照功能的不同，石油套管可以分为表层套管、技术套管、油层套管、衬管和尾管。由于地质条件不同，井下受力状态复杂，拉、压、弯、扭应力综合作用施加于管体，所以对套管本身的质量要求较高。一旦套管由于某种原因而损坏，就可能导致整口井的减产，甚至报废。

套管可按管材的强度分为不同的钢级，例如J55、K55、N80、L80、C90、T95、P110、Q125、V150等。井况、井深不同，采用的钢级也不同。在腐蚀环境下要求套管本身具有抗腐蚀能力，在地质条件复杂的地方还要求套管具有抗挤毁性能。

随着套管钻井技术的发展，套管替代钻柱进行钻井作业，除承受拉、压、外挤和内压力以外，还将承受复杂的弯曲、扭转和动态交变应力的作用。

(2) 钻柱，主要包括钻杆、钻铤、方钻杆及其构件。钻柱构件包括钻杆接头、转换接头和各种短节等。钻柱是快速优质钻井的重要工具，是连通地面与地下的枢纽。在转盘钻井时是靠它来传递破碎岩石所需的能量，给井底施加钻压，以及向井内输送钻井液等。用井下动力钻具钻井时，依靠钻柱输送驱动井下动力钻具转动的能量，并承受钻头和动力钻具的反扭矩。合理的钻井技术参数及其他技术措施，只有在正确使用钻柱的前提下才能实现[2]。

钻柱是实现安全高速钻井的重要工具，使用工况十分恶劣，除承受拉、压、弯和扭转载荷外，还承受各种形式的强烈振动，是所有油气井管柱中受力最复杂的管柱。钻井过程中发生早期刺穿、断裂等失效事故，轻则打捞，损失钻时，重则导致全井报废，往往造成更大的经济损失。据统计，国外发生不同程度钻柱失效事故的油气井占总井数的14%，而每起事故的直接经济损失高达106000美元[3]。我国由于钻具质量问题和使用不当造成的事故在全部事故中约占70%。这些事故中10%与钻柱振动直接相关，钻柱振动是引起底部钻具失效的主要原因之一。我国各油田每年发生钻杆事故约五六百起，经济损失巨大；每年进口各种规格的钻杆就要耗用数亿元人民币的外汇[4]。因此，了解钻柱的受力与运动，合理地组合与使用钻具，对避免各种井下钻具事故，实现高效优质钻井具有十分重要的现实意义。

(3) 采油管柱(杆)。在开采原油时，如果油井的自身能量不能将井筒中的原油举升到地面，就需要采用以机械采油为主的方式进行人工举升。采油管柱是机械采油系统的组成部分，位于井筒内，所起的作用是将地面的能量传递至井筒中的原油，并且将油气从井下举升到地面。采油管柱分为普通原油采油管柱与稠油采油管柱两大类。普通采油管柱种类繁多，已形成系列化，目前现场应用较多、技术比较成熟的有两类：有杆抽油泵采油管柱和无杆泵采油管柱。有杆抽油泵采油管柱又分为普通有杆抽油泵采油管柱和特殊有杆抽油泵采油管柱两大类。其中只有油管、抽油杆、标准抽油泵、筛管，以及丝堵组成的采油管柱被称为普通有杆抽油泵采油管柱；在特殊井况及产出液的油井中，需要在管柱上配套使用辅助工具或特殊抽油泵才能够完成原油开采，这种管柱被称为特殊有杆抽油泵采油管柱。

目前我国的稠油油藏蒸汽吞吐技术已基本配套，形成了深达1600m的蒸汽吞吐系列，成为我国稠油开采的主导技术。热采工艺主要有蒸气吞吐法、蒸气驱油法、气-汽驱油法和火烧油层法等。注蒸汽采油是开采稠油时应用最广泛、效益较高的方法之一。影响注蒸汽采油效益至关重要的因素是高温在油气井管柱内产生的热应力，此应力可能使套管产生屈服变形或断裂、注汽管柱发生屈曲。为此需要利用热弹性力学理论，来开展套管和隔热油管的力学分析，以防止热采油井套管的热破坏。

§1.2 油气井管柱力学的发展简述

1.2.1 石油管柱力学问题的复杂性

1) 油气井管柱动力学的非线性

油气井管柱在一个细长、狭窄的三维井眼内工作，受到定向井、水平井、高曲率狗腿井眼的几何限制。例如，钻井中的钻柱在重力、钻压、扭矩、钻井液浮力和井壁约束等作用下，产生三维变形。一方面随井眼轴线的弯曲而弯曲，这一变形被称为管柱的初位移(参见图1-1)；另一方面，管柱在运动过程中相对井眼轴线也有变形，这种变形被称为计算位移。管柱大变形主要表现在初位移部分，计算位移相对很小。大曲率井眼中管柱产生大挠度，但管柱很长且柔性较好，变形一般仍然保持在弹性范围内，是小变形，属于管柱的几何非线性问题。

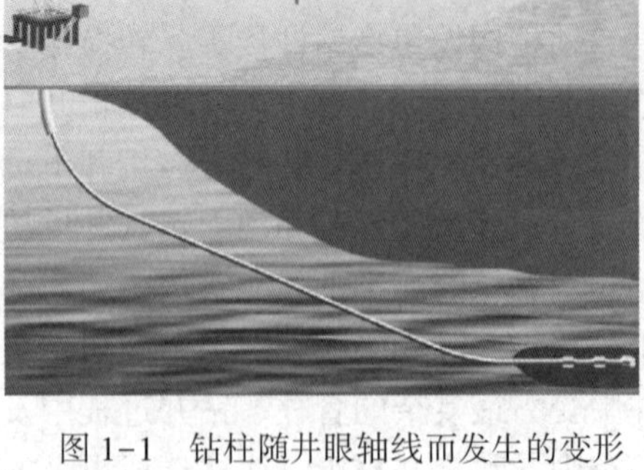
图1-1 钻柱随井眼轴线而发生的变形

旋转钻柱位移受到井筒限制，抽油杆在上下运动过程中也会发生与套管壁之间的摩擦，从而产生钻柱与井壁、运动杆(管)与套管之间的接触边界问题。这些接触的位置、形式未知，并且随时间变化，属于管柱的接触非线性问题。因此从严格的意义上讲，石油管柱力学问题是一个包含接触非线性和几何非线性的三维二重非线性动力学问题。所谓三维指的是井眼轴线在三维空间的变化。二重(或双重)指的是油气井管柱变形的几何非线性和接触非线性。

接触问题是由边界条件的非线性性质引起的，这主要表现在两方面：一是接触表面的改变，即自由表面边界的一部分转变为接触边界；或者反之，由接触边界放松接触，而蜕变成为自由边界；二是接触面的变形、摩擦和滑移。随着载荷和位移的改变，接触表面可能在滑移状态与黏结状态之间相互转变，而滑动时有摩擦力。因此，在接触过程中，接触边界上作用的力和变形是非常复杂的，要求得精确的解析解十分困难，甚至是不可能的。随着载荷的增加或减小，在接触面上会出现弹塑性变形，使管柱屈曲变为大变形问题、接触问题和摩擦问题的耦合，使其求解过程变得更为困难和复杂。

目前对接触问题的求解只能采用数值计算的方法，其中非线性有限元法是求解这一问题最有效的途径。在接触过程中，物体的控制方程与一般有限元模型的控制方程是一致的，但在接触界面上，需要增加动力学和运动学条件，其中的关键是接触物体之间的不可侵入条件。

现考虑两个物体的接触问题，分别用 Ω^A 和 Ω^B 表示，如图 1-2 所示。物体边界分别用 Γ^A 和 Γ^B 表示。在接触问题中，物体 A 为主控体(如钻柱)，物体 B 为从属体(譬如井壁)，接触界面包含两物体的交界，用 Γ^C 表示。接触不可侵入条件指的是，在接触面上的任何一点 C 肯定满足：

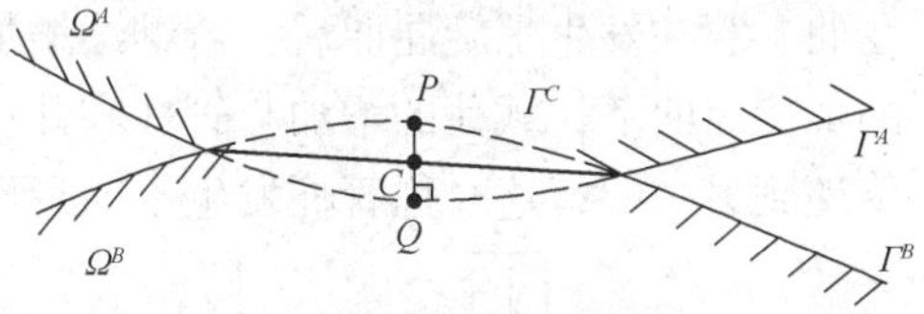

图 1-2 两物体接触问题示意图

$$C \subset \Gamma^A \quad 且 \quad C \subset \Gamma^B$$

并且如果 P 是 Ω^A 的内点，在发生接触变形后 P 点仍然属于物体 Ω^A，而不会侵入到物体 Ω^B 的内部；反之，若 Q 是 Ω^B 的内点，在发生接触变形后 Q 点仍然属于物体 Ω^B，也不会侵入到物体 Ω^A 的内部形成独立点。

当两物体发生接触时，两个物体在接触界面上满足：

(1) 两接触物体不可侵入条件；

(2) 面力必须满足动量守恒；

(3) 横跨接触界面的法向面力不能为拉力。

接触界面状态可分为分离、黏结、滑移接触等多种形式。对于这些不同类型的接触，接触界面的位移和力的形式各不相同。

非线性一般有三种：材料非线性、几何非线性和状态非线性。材料非线性在管柱力学分析中还未见报道。管柱的几何非线性表现为管柱结构发生大位移、大挠度、大转动，其力学分析是建立在变形之后。目前，针对三维弯曲井眼管柱的几何与接触二重非线性力学问题，它的变形和受力，既没有实验结果，也没有可供比较的测量数据，更无法得到它的解析解。为了获得管柱在不同工况下的运动、受力和变形规律，一般都需要进行必要的简化。由于简化途径和方式的不同，就形成了各种油气井管柱力学的计算方法。

2）油气井管柱的失稳与屈曲

受井眼约束的油气井管柱的屈曲对石油工程中的诸多方面（如钻井、完井、测井、试井、压裂、封堵、采油等）都有严重的影响。钻柱的屈曲会引起钻头偏斜，形成“狗腿”。带封隔器管柱的屈曲会引起封隔器的脱封，甚至破坏。油管的屈曲增加了套管和油管的磨损，增加了能耗。特别是近几年来，水平井、大位移井及挠性油管的广泛应用，管柱经常处于后屈曲状态工作，严重的屈曲会引起管柱的破坏和锁死，因而限制了连续管的工程应用，以及定向井或水平井的大位移延伸。

受井眼约束的管柱，由于其横向变形受井眼约束的限制，其屈曲行为与一般欧拉杆的屈曲行为有明显的不同，具体可参见图 1-3。当管柱所受的轴向压缩载荷较小，未达到失稳弯曲临界载荷时，管柱处于直线平衡状态。当轴向压缩载荷达到或超过失稳临界力时，管柱将发生弯曲，但这是一种平面弯曲，可以近似看成为一个正弦波状的弧形。对于非常细长的油气井管柱来说，如果没有安装扶正器，这种弯曲基本上都会发生。由于一般情况下管柱下部的轴向压缩作用力比失稳弯曲的临界压力大很多，而且径向间隙相对于细长的管柱来说是很小的，因此一旦受压，管柱很快、甚至在瞬间就会发生下部的正弦弯曲，参见图 1-3(c)。管柱发生正弦弯曲后，载荷的继续增加将使管柱正弦弯曲的构型发生改变，而形成所谓的屈曲，如图 1-3(d)所示；而且随着轴向载荷的增大，其横向变形增加。但当载荷达到另一临界值时，管柱的屈曲构型将会变成螺旋状，并与井壁保持连续接触，这时称管柱发生了螺旋屈曲。管柱发生螺旋屈曲后，若继续增加载荷将会使管柱与井壁之间的接触力激增。在严重的螺旋屈曲下，载荷的增加与管柱和井壁之间摩阻的增加相平衡，即不能将管柱一端的载荷传递到另一端，这时称管柱发生了“锁死”。

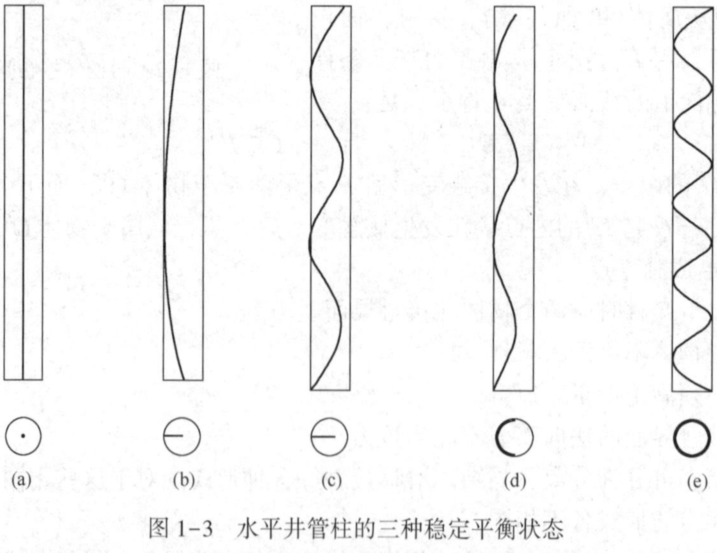

图 1-3　水平井管柱的三种稳定平衡状态

受井眼约束的管柱发生屈曲之后，屈曲构型随载荷的增加而变化。除了保持稳定的正弦屈曲构型、螺旋屈曲构型及它们之间的转化外，在每种屈曲构型中管柱的变形模态也会随载荷的增加而变化，因此可以说受约束管柱的屈曲为复杂的多次屈曲。另外，管柱屈曲涉及管柱的三维屈曲构型、弯扭耦合作用、屈曲微分方程的强非线性、管柱与约束管壁接触和脱离、屈曲构型的跳跃性变化、摩擦与屈曲进程的耦合及管柱自重、井壁形状、端部约束条件等因素的组合影响，使问题变得非常复杂。

1.2.2　油气井管柱力学研究回顾

1）直井管柱稳定性及其屈曲分析

人们对钻柱力学的理论研究可以追溯到1929年。1929至1950年间，人们探索了“利用钻柱自重钻直井”、“直井的走向”、“钻柱的纵向弯曲”等问题。

在上世纪50年代，钻井力学的奠基人A. Lubinski较系统地研究了直井中钻柱的受力与变形，导出了钻柱在垂直平面内的弯曲方程[5]：

$$\frac{d^3y}{dx^3}+x\frac{dy}{dx}+c_d=0 \tag{1-1}$$

式中　x——井眼方向线，m；

y——管柱的挠度，m；

c_d——无因次系数

$$c_d=\frac{F_B}{q_m\times m}$$

F_B——钻头横向偏斜力，N；

q_m——单位长度管柱在钻井液中的重量，N/m；

m——无因次单位长度，m

$$m=\sqrt[3]{\frac{EI}{q_m}}$$

EI——管柱的抗弯刚度，$N\cdot m^2$。

针对式(1-1)，A. Lubinski还给出了该方程的级数解，利用边界条件推导得到钻柱在垂直平面内发生失稳弯曲的临界载荷计算公式：

$$F_{cr}=k\left(\frac{EI}{q}\right)^{\frac{1}{3}}q \tag{1-2}$$

式中　k——系数，$k=2.04$；

q——管柱的线重量，N/m。

另外，还给出了失稳弯曲钻柱与井壁接触点位置、钻头偏转角等的计算方法。

随后A. Lubinski建立了描述底部钻具组合纵向受力与变形的微分方程，并提出诸如“所有直井在钻进过程中都会出现倾斜”、“井眼中运动钻柱会发生多次弯曲”、“钻柱是柔性体，只绕自身轴线自转而不公转”、“钻柱弯曲主要源于钻柱重量产生的钻压，而井壁、钻井液等因素对钻柱的影响均可忽略不计”等学术观点。Lubinski、Woods还对斜直井管柱进行了模型试验。通过试验观察到管柱在井眼内的螺旋屈曲现象，并注意到井斜角对管柱临界载荷有较大的影响。通过对试验数据的拟合，得到管柱在斜直井中发生螺旋屈曲的临界载荷计算公式：

$$F_{cr}=2.85(EI)^{0.504}q^{0.496}\left(\frac{\sin\alpha}{r}\right)^{0.511} \tag{1-3}$$

式中　α——井斜角，rad；

r——井眼与管柱之间的间隙，m。

1957年，Lubinski、Blenkarn等对抽油井油管及抽油杆柱的螺旋弯曲进行了研究，首次提出了抽油杆和油管在轴压及内外压作用下发生空间螺旋弯曲的概念，以及内压引起管柱失稳的的概念[6]。

1962 年，Lubinski、Althose、Logan 等[7]又研究了带封隔器管柱的螺旋屈曲行为，讨论了鼓胀效应、活塞效应、温度效应，以及螺旋屈曲效应等几种基本效应引起管柱轴向位移的计算问题。提出了“虚构力”的概念，利用能量法导出了管柱发生螺旋屈曲后螺距与轴向压缩力、内外压力所产生的“虚构力”之间的关系，以及因螺旋屈曲管柱轴向位移的计算公式。这些研究奠定了垂直井封隔器管柱力学研究的基础，所给出的算法是带封隔器管柱设计和作业参数选择重要的理论依据，被广泛应用于井下作业管柱的设计和施工中。

70 年代末到 80 年代初，Hammerlindl 在 Lubinski 螺旋屈曲理论的基础上，进一步讨论了带封隔器多级组合管柱的受力、应力和位移的计算问题；讨论了液体压力对管柱屈曲性能的影响和“中性点”的计算，研究了多封隔器管柱及其中间封隔器的受力计算问题[9~11]。这些研究进一步扩大了理论的适用条件和应用范围。

与垂直井封隔器管柱力学的研究结果不同，A. Lubinski 在随后的研究中纠正了钻柱会发生多次弯曲的结论，并形成了一些经典假设。例如，“底部钻具组合在上切点以上紧贴下井壁，研究时只需对上切点以下的钻柱段进行受力与变形分析”、“钻柱下端为铰支”等，这些研究成果也对钻柱力学的发展起到了极大的推动作用。

1964 年，Paslay 等利用能量法对管柱在斜直井中的稳定性进行了理论分析，导出了管柱发生正弦弯曲时临界载荷的计算公式[12]：

$$F_{cr}=\frac{(1-\nu)^2EI}{(1-\nu)(1-2\nu)}\left(\frac{\pi}{L}\right)^2\left[n^2+\frac{1}{n^2}\frac{q\sin\alpha}{EIr}\left(\frac{\pi}{L}\right)^4\right] \tag{1-4}$$

式中 L——管柱的长度，m；

n——正弦弯曲的半波数；

ν——材料泊松比。

1984 年，Dawson、Paslay 等给出了无限长管柱失稳弯曲的临界载荷计算公式[13]：

$$F_{cr}=2\left(\frac{EIq\sin\alpha}{r}\right)^{0.5} \tag{1-5}$$

他们把该式作为斜直井钻柱失稳临界载荷的计算公式。

80 年代初，曾宪平[14]、张宁生[15]、江汉采油工艺所[16]等结合 Lubinski、Hammerlindl 等人的文献，对封隔器管柱的受力、应力及变形作了系统的分析。1986 年，窦益华[17]采用加权残值法对管柱的受力变形进行了分析求解。1988 年，龚伟安[18]用弹性力学方法分析了液压作用下管柱的弯曲问题，论证了液压作用下管柱弯曲的“虚构力”是真实存在的力，并对液压作用下管柱的失稳条件、“虚构力”、中和点及零轴向力点进行了阐述。

2）底部钻具组合力学的发展

在 20 世纪 60 年代，定向井工艺技术的研究得到了大的发展。在此期间，学者们研究了井眼曲率对底部钻具组合（Bottom Hole Assembly，简称 BHA）受力、变形的影响，以及多稳定器底部钻具组合受力问题，在理论上认识到了多稳定器满眼钻具和近钻头稳定器的作用，并且逐步认识到井斜力和方位力对井眼轨迹变化的重要影响。

1977 年，Walker 首先应用最小势能原理对常规底部钻具组合进行了两维分析，继而与 Friedman 合作建立了钻柱静力三维小挠度力学分析的数学模型，并用微分方程理论和伽辽金法对数学模型进行了近似求解[19]。

1978年，美国Amoco公司的Millheim等用有限元法对底部钻具组合进行静力分析，率先研究了BHA的动态特性及其对井眼轨迹的影响[20]。他们以钻头机械侧向力为依据，设计了适用于钻不同软硬地层的各种底部钻具组合，并对它们的造斜特性进行了评估。

1986年，何华山首次建立了钻柱静力大挠度控制方程，并使用有限差分法求其数值解[21]。他还建立了一个钻头与地层相互作用的矢量模型，确立了钻进方向与钻头的合力、钻头指向及地层法向之间的一种数学关系[22]。

20世纪70年代至80年代中期，随着计算机和数值计算技术的快速发展，钻柱力学的研究进展迅速，并取得了丰硕的成果。具体体现在以下几个方面：

(1) 探索、发展了多种管柱力学求解方法，如微分方程法、能量法、差分法和有限单元法；

(2) 引入了井斜力和方位力的概念，实现了底部钻具组合的建模和力学分析；

(3) 随着计算机技术的发展，对底部钻具组合的力学性能由一般的静力计算发展到管柱的动力学分析；

(4) 在建立钻柱力学模型时适当考虑了钻柱的转动和摩擦，提出了软管柱模型。

在20世纪80年代至90年代，钻柱力学研究的一个突出特点就是进行了底部钻具组合的纵横弯扭三维受力分析，除分析井斜力外还着重分析了方位力。1982年以来，白家祉和苏义脑应用三弯矩方程分析底部钻具组合的受力和变形[23~31]，应用该理论可以完成井下动力钻具、带弯角、变截面组合的钻柱三维力学分析，计算简便，对现场钻井设计、施工起到了很大的推动作用。有关纵横弯曲连续梁法可参见第四章的介绍。

1988年以来，高德利应用加权余量法完成了底部钻具组合的三维小挠度力学分析，并对二、三维大挠度问题进行了探讨[32~35]。该方法是国内学者独立提出的第二种BHA分析方法，他还提出了一个钻头与地层相互作用的三维钻速方程[36~38]。1992年以来，李子丰分别建立了底部钻具三维小挠度、大挠度静力分析模型，选用加权余量法、加权目标函数和最优化方法确定了钻柱与井壁的切点位置，解决了多元非线性微分方程组的求解问题[39~41]；建立了三维钻速方程与反演模型，并且开展了井眼轨迹预测研究[42~46]。

上述研究工作的开展为定向井、水平井钻井，以及导向钻井实践提供了理论依据。

3）三维空间管柱屈曲问题的研究

1988年，Mitchel运用梁柱在三维空间的静力平衡方程、变形几何方程和物理方程，首次导出了考虑自重作用下管柱在斜直井眼中发生失稳弯曲时，变形计算及正压力计算的微分屈曲方程[47]：

$$EI\left[\frac{\mathrm{d}^4\theta}{\mathrm{d}x^4}-6\left(\frac{\mathrm{d}\theta}{\mathrm{d}x}\right)^2\frac{\mathrm{d}^2\theta}{\mathrm{d}x^2}\right]-\frac{\mathrm{d}}{\mathrm{d}x}\left[F(x)\frac{\mathrm{d}\theta}{\mathrm{d}x}\right]+\frac{q}{r}\sin\alpha\sin\theta=0 \tag{1-6a}$$

$$\frac{N}{r}=EI\left[4\frac{\mathrm{d}\theta\mathrm{d}^3\theta}{\mathrm{d}x\mathrm{d}x^3}+3\left(\frac{\mathrm{d}\theta}{\mathrm{d}x}\right)^2\right]+F(x)\left(\frac{\mathrm{d}\theta}{\mathrm{d}x}\right)^4-\frac{q}{r}\sin\alpha\cos\theta \tag{1-6b}$$

式中 θ——管柱偏转角，rad；

α——井斜角，rad；

$F(x)$——管柱轴向力，N；

N——正压力，N。

并给出了该方程在 $\alpha=0$ 条件下垂直井中的数值解。1995 年，Mitchell[48] 又根据方程(1-6)研究了井斜对管柱螺旋屈曲的影响，给出了方程(1-6)在 $\alpha\neq0$ 时的数值解。他还确定了管柱从直线状态到平面正弦弯曲状态，以及从平面正弦弯曲到螺旋屈曲状态过渡的临界点。1996 年，Mitchell 提出了一种分析斜直井管柱屈曲行为非线性方程数值求解的实用方法，简化了计算公式[49]。

1990 年，Yu Che Chen 等利用能量法导出了管柱在水平井中发生正弦及螺旋弯曲时，临界载荷的计算公式[50]：

$$F_{\text{crs}}=2\left(\frac{EIq}{r}\right)^{0.5} \tag{1-7a}$$

$$F_{\text{crh}}=2\sqrt{2}\left(\frac{EIq}{r}\right)^{0.5} \tag{1-7b}$$

并通过试验证明了所导出临界载荷计算公式的合理性。由于不能连续加载，其试验结果没有给出临界载荷的准确测试结果。当 $\alpha=\pi$ 时，给出的试验拟合公式与上式很接近。

1993 年，Wu Jiang 等利用能量法分析了管柱在大位移井、水平井中的螺旋屈曲和摩擦阻力的计算问题，给出了螺旋屈曲临界载荷计算公式[51~52]：

$$F_{\text{crh}}=2\left(2\sqrt{2}-1\right)\left(\frac{EIq\sin\alpha}{r}\right)^{0.5} \tag{1-8}$$

由于管柱在弯曲井眼中的变形和载荷描述比直井要复杂得多，因此弯曲井眼中管柱稳定性和螺旋屈曲的分析也很复杂。1993 年，He XiaoJun、Kyllingstad[53] 通过类比分析认为屈曲前井壁对管柱的法向支反力与管柱临界载荷之间存在一定的关系。在水平井眼中，井壁作用于管柱的法向支反力 $f_n=q$，而在弯曲井眼中其法向支反力为

$$f_n=\left[\left(q\sin\alpha+F\frac{\text{d}\alpha}{\text{d}x}\right)^2+\left(F\sin\alpha\frac{\text{d}\phi}{\text{d}x}\right)\right]^{0.5} \tag{1-9}$$

式中 ϕ——井眼方位角，rad；

x——井眼方向线。

分别将方程(1-7a)与(1-7b)中的 q 用公式(1-9)中的 f_n 代替，可得弯曲井眼中临界载荷的计算公式

$$F_{\text{cr}}^4=\left(\beta\frac{EI}{r}\right)^2\left[\left(q\sin\alpha+F_{\text{cr}}\frac{\text{d}\alpha}{\text{d}x}\right)^2+\left(F_{\text{cr}}\sin\alpha\frac{\text{d}\phi}{\text{d}x}\right)\right] \tag{1-10}$$

当 $\beta=4$ 时为正弦弯曲，当 $\beta=8$ 时为螺旋屈曲。同时利用小尺寸模拟试验，证明了他们所提出的弯曲井眼中管柱发生螺旋屈曲临界载荷计算公式的合理性。

1993 年，Yu Che Chen、Sarmad Adan 等[54] 考虑重力及井眼弯曲的影响，用能量法得出了水平井眼、弯曲井眼的临界正弦和螺旋屈曲载荷。1995 年，Kyllingstad[55] 利用力和力矩平衡关系式导出了公式(1-10)，用最小能量原理推出了方程(1-7a)和(1-7b)，并通过数值方法得出的临界螺旋屈曲载荷为：

$$F_{\text{crh}}=1.45\sqrt{\frac{4EIf_n}{r}} \tag{1-11}$$

在该公式中 1.45 比 $\sqrt{2}$ 大 2.5%，相当于 $\beta=8.41$。

考虑摩擦时，由确定的位移和力边界条件，不能完全确定摩擦力的大小和方向。管柱的内力、应力和变形状态不仅与最终的受力状态有关，而且与载荷的加载、卸载历程，即载荷

谱有关，是边界条件的多值函数。

1984年，Johancsik等[56]提出了定向井中钻柱摩阻和摩擦阻力矩计算的软管模型，但该模型仅适用于稳定状态的管柱。1986年，Mitchell[57]提出了考虑摩擦时垂直井眼中管柱螺旋屈曲分析的简单模型，分析了摩擦对钻压传递效率以及管柱轴向位移的影响。1993年，He Xiaojun等[53]分析了管柱在弯曲井眼中处于稳定状态及螺旋屈曲状态时的摩擦力计算方法，并提出了“自锁”的概念。同年，Wu Jiang[51]也分析了水平井中管柱螺旋屈曲时的摩擦力计算问题。1995年，Wu Jiang[58]研究了水平井、斜直井和弯曲井眼中管柱正弦及螺旋屈曲时的摩擦力计算问题。1996年，Mitchell[59]提出了基于位移分析，考虑摩擦影响的管柱屈曲综合分析方法，其分析结果表明摩擦对管柱的载荷和位移分布有很大的影响。同年分析了弯曲井眼中流体对管柱受力的影响，得到了总的流体负载[60]：

$$\begin{aligned}\vec{W}_{\mathrm{f}}=&[p_{\mathrm{o}}A_{\mathrm{o}}-p_{\mathrm{i}}A_{\mathrm{i}}+\mathrm{d}p_{\mathrm{fi}}A_{\mathrm{i}}+\alpha\mathrm{d}p_{\mathrm{fo}}A_{\mathrm{o}}]\vec{\tau}+[x\rho_{\mathrm{o}}v_{\mathrm{o}}A_{\mathrm{o}}-\rho_{\mathrm{i}}v_{\mathrm{i}}^{2}A_{\mathrm{i}}+(p_{\mathrm{o}}A_{\mathrm{o}}-p_{\mathrm{i}}A_{\mathrm{i}})]k_{\mathrm{o}}\vec{n}\\&-(\rho_{\mathrm{o}}A_{\mathrm{o}}-\rho_{\mathrm{i}}A_{\mathrm{i}})[\vec{g}-(\vec{g}\cdot\vec{\tau})\cdot\vec{\tau}]+\vec{W}_{\mathrm{oe}}\end{aligned}\tag{1-12}$$

在国内，1990年金国梁、陈琳等[61]通过对抽油杆柱的屈曲分析，讨论了滚轮接箍扶正器的合理配置问题。1992年，郑永刚[62]对管柱在井眼内的弯曲失稳进行了研究，用流体力学方法分析了浮力对管柱的作用，从理论上证明了浮力不可能使管柱弯曲失稳。但他认为“虚构力”是不存在的，管柱内外压仅引起轴向应变，在自由伸长的情况下不能引起轴向应力，因为自由伸长的管柱受内外压作用属于平面应力问题。1993年，冯建华[63]依据Lubinski等人的管柱受力分析理论，建立了双封隔器复合管柱受力分析的数学模型，并结合油田实际，介绍了封隔器受力及其承受压差的计算方法。1994年，李子丰等[64]研究了水平井中管柱受压扭的几何非线性弯曲，建立了管柱的微分方程和边界条件，并作为特例分析了无重管柱的螺旋屈曲。同年，彭勇、王启玮[65]根据能量法原理，导出了水平井段井下钻具组合稳定性分析的临界载荷计算公式，并用最优化理论解决了钻具组合变形曲线的半波数难以直接确定的问题。

在以下三点的基本假设下：①管柱变形是线弹性的；②管柱横截面为圆形；③剪力对管柱变形的影响不计。1995年，李子丰[66]等对油气井管柱进行了力学和运动学分析，建立了几何方程、运动平衡方程和本构方程。同年，高宝奎、高德利[67]研究了斜直井中钻柱的屈曲问题，并考虑了几种极限情况下的屈曲行为。1994年至1996年间，高国华[68]等对水平井眼、垂直井眼和弯曲井眼中管柱的屈曲行为进行了系统的研究。通过微元体的受力分析，结合静力平衡方程、变形几何方程和物理方程导出了三维弯曲井眼中的屈曲方程：

$$\frac{\mathrm{d}^4\theta}{\mathrm{d}\zeta^4}+2\frac{\mathrm{d}}{\mathrm{d}\zeta}\left\{\left[\beta-\left(\frac{\mathrm{d}\theta}{\mathrm{d}\zeta}\right)^2\right]\frac{\mathrm{d}\theta}{\mathrm{d}\zeta}\right\}+\sin\theta=0\tag{1-13a}$$

$$n=-\left(\frac{\mathrm{d}\theta}{\mathrm{d}\zeta}\right)^4+4\frac{\mathrm{d}\theta\mathrm{d}^3\theta}{\mathrm{d}\zeta\mathrm{d}\zeta^3}+3\left(\frac{\mathrm{d}^2\theta}{\mathrm{d}\zeta^2}\right)^2+2\beta\left(\frac{\mathrm{d}\theta}{\mathrm{d}\zeta}\right)^2+\cos\theta\tag{1-13b}$$

$$\frac{\mathrm{d}\beta}{\mathrm{d}\zeta}=\mu n-\eta_1\cos\alpha\tag{1-13c}$$

式中　$q_{\mathrm{e}}=q+\rho_{\mathrm{i}}A_{\mathrm{i}}g-\rho_{\mathrm{o}}A_{\mathrm{o}}g$，$m_{\mathrm{s}}=\dfrac{q_{\mathrm{e}}}{EIr}$，$\zeta=m_{\mathrm{s}}x$，$F_{\mathrm{e}}=F+p_{\mathrm{i}}(x)A_{\mathrm{i}}-p_{\mathrm{o}}(x)A_{\mathrm{o}}$，$\beta=\dfrac{F_{\mathrm{e}}}{2E\,\mathrm{Im}_{\mathrm{s}}^2}mx$，$n=\dfrac{N}{q_{\mathrm{e}}}$；$\mu$ 为摩擦系数；θ 管柱偏转角，rad。

该方程有三种不同形式的解，即零解、周期解(或拟周期解)和螺旋线解(或拟螺旋线解)，对应于三种平衡状态，即稳定平衡状态、正弦弯曲状态和螺旋屈曲状态。1997年，黄祯[69]应用动力场分析的方法建立了油管柱在井下阻卡时，上提负荷的力学模型，推导出计算上提负荷的理论公式。同年又建立了深井油管柱受压扭几何非线性弯曲的微分方程和边界条件，分析了细长油管柱的螺旋屈曲特性，给出了油管柱螺旋屈曲变螺距的计算方法[70]。1998年，刘凤梧[71]采用解析法对无重管柱在承受扭矩作用时的屈曲行为进行了分析，求出了其解析解，得出了受压扭组合作用的管柱屈曲构形为精确的螺旋线的结论。随后在1999年，又对水平井的情况进行了研究，考虑自重的影响，用小参数摄动法对方程进行求解，讨论了自重对管柱屈曲的影响[72]。

从大体情况来看，在上世纪80年代以前，油气井管柱力学的研究工作主要侧重于管柱在垂直井眼中的稳定性和螺旋屈曲分析。80年代以后，特别是90年代以来，由于定向井、水平井、大位移井等工程应用的需要，研究的重点转向了斜井、水平井以及弯曲井眼中管柱的稳定性、屈曲以及自锁分析。国内外许多学者分别利用解析方法、能量方法、数值方法和试验方法对管柱在垂直井、斜直井、水平井和弯曲井眼中的稳定性和屈曲行为进行了理论和试验研究。研究表明，管柱在井眼中有多种不同的平衡状态和空间构形：稳定状态、正弦弯曲状态、螺旋屈曲状态和自锁状态，在这种不同的平衡状态之间存在相应的临界点。上述文献分别从不同的侧面对临界载荷的确定方法，以及不同平衡状态下管柱与井壁之间正压力、轴向力和扭矩分布的计算进行了阐述。这些研究成果对油气井钻井、采油、测试等作业起到了重要的指导作用。

4）钻柱动力学的研究

在20世纪60年代，Finnie、Dareing等人就开始了直井钻柱纵向和扭转振动初步的试验分析。而近代钻柱动力学研究则是从20世纪80年代开始的，主要的研究对象是底部钻具组合动力学。80年代初，Millheim和Apostal[20]在静力分析的基础上引入惯性力和摩擦力，建立了井下钻具的三维有限元模型，对钻柱振动问题进行了比较系统的研究。V. A. Dunayevsky等人在1984~1985年研究了钻柱参数共振区与转速的关系，并首次从理论上给出了钻柱横向振动的原因。Mitchell和Allen在1987年采用谐波有限元分析方法首次对井底钻具进行系统的数值研究。Skaugen则从随机的观点出发分析了钻柱的振动，研究了钻头准随机振动对钻柱轴向振动的影响。1989年，Vandiver等人研究了钻柱的弯曲和旋转运动，指出引起弯曲振动的原因主要有两个——钻铤旋转、井下钻具初弯曲引起的钻压波动与弯曲振动的耦合。总体而言，当时的钻柱动力学研究只是静力学问题的进一步延伸与深化。

进入20世纪90年代，下部钻具组合动力学分析得到进一步发展，研究对象也从零散、部分发展到整体，并开始从全井钻柱动力学的系统特性出发来研究管柱的运动和受力状态。在这个阶段建立了直井眼全井钻柱系统的纵向振动力学模型、扭转振动力学模型、横向振动力学模型，美国学者还建立了直井中钻柱系统的纵横扭耦合振动力学模型。研究了全井钻柱的屈曲行为、涡动行为、钻柱与井壁的碰撞与摩擦、钻井液对钻柱系统的黏滞作用等，并取得了一定的研究成果。1992年Mirzajanzade等人通过对钻柱纵向振动所进行的全面分析，建立了钻柱振动的非线性数学模型，探讨了钻柱振动中可能出现的突变、混沌现象，首次比较系统地研究了钻柱非线性振动问题。1993年Antonio Fasano等研究了钻柱的非线性共振响应和管柱的涡动特征。在90年代中期，屈展等[73][74]研究了钻井液对管柱涡动的影响。

D. R. Pavone 和 J. P. Desplans[75]通过测量井下钻柱的振动发现了钻柱运动的黏滑现象。1997 年 B. L. van Vrande 等人[76]通过建立具有近似光滑不连续摩擦力作用的单自由度和 2 自由度模型，研究了由于干摩擦诱导的周期性振动现象，这些研究和发现极大地推动了钻柱动力学的发展，解决了一些现场难题，起到了非常积极的推动作用。

在钻柱非线性动力学研究上，钻柱的不规则运动与钻头-岩石、钻头-钻柱、井壁-钻柱的摩擦、碰撞效应密切相关。利用各种碰撞和摩擦模型，结合管柱动力学模型开展钻柱运动、受力动态的研究，揭示管柱运动的规律性成为本世纪初以来钻柱动力学研究的热点。T. Richard[77]在 2001 年建立了 PDC 钻头管柱、钻头与岩石相互作用，采用速度弱化摩擦系数公式的钻柱黏滑扭转振动模型。Marcelo T. Piovana 等人[78]考虑了岩石结构性摩擦和其它因素的摄动对管柱冲击运动的影响，推导了一个具有 12 个自由度钻柱直杆单元的有限元模型，引入了钻柱受拉刚度强化和受压段弱化的影响，实现了全井钻柱的有限元法动力学模拟，分析了非线性模型和线性模型在转盘钻井非线性振动行为上的差异性；指出了钻柱，尤其是底部钻柱的横向运动导致了大量的冲击振动效应。C. Germay 等人[79]则通过钻头破岩的状态时滞和干摩擦不连续作用，建立了“PDC 钻头+钻柱系统”轴向和扭转振动耦合的集中参数模型，开展了旋转钻井系统动力学响应的分析研究。

在黏滑振动机理研究上，M. P. M. Hendriks 在 2004 年建立了用于分析钻柱扭转和横向振动的室内模拟实验装置，分析了各种摩擦条件下钻柱的黏滑振动机理[80]，并从数值模拟和实验两个方面，研究了各种摩擦特征对可变转子系统中摩擦诱导极限环运动的影响，证实了摩擦诱导极限环运动是由低角速度下的 Stribeck 速度弱化效应和高转速下的黏性摩擦之间存在的一种难以直观描述的平衡。H. Nijmeijer 等人[82]研究了在管柱挠曲、质量偏心和干摩擦效应综合作用下管柱扭转和横向振动之间的耦合效应，获得了管柱质量偏心程度与摩擦诱导扭转振动区域大小之间的联系。

在如何消除钻柱黏滑振动的探索研究上，文献[83]建立了一个用于研究钻柱黏滑振动的二自由度模型，对不同作业条件下钻柱的黏滑振动现象进行了仿真计算。为了降低钻柱的黏滑振动，对各种基于经验的方法，如地面转盘转速控制、井下钻压调节等方法进行了评估，提出了地面转速和井下钻压分开调节控制井下黏滑振动的思路。在钻头和岩石相互作用过程中，钻柱存在极限环运动。为了消除这种不利影响，一种可行的选择是改变钻井参数组合，如提高转盘转速，降低钻压，改变钻井液性能，或在钻头处引入一种额外的摩擦。另一种选择是引入新的控制方法(主动或被动的)，以补偿钻柱的黏滑振动，其中有软扭矩旋转系统(STRS)、钻柱顶部减震器、降阶 PID 转速控制器、线性 $H\infty$ 控制器等。文献[84]提出了一种消除钻柱黏滑振动的装置——D-OSKIL，文献[85][86]则通过室内实验证实了 D-OSKIL 的有效性。

另外，在 2002 年，P. D. Spanos 等人[87]建立了管柱与井壁为赫兹接触条件的钻柱横向振动有限元模型，并采用蒙特卡罗模拟法对钻柱的横向振动进行了模拟计算，取得了很好的效果。李茂生等根据连续介质力学和非线性有限元理论，给出了钻柱碰撞井壁过程控制方程，并建立了相应的有限元列式。采用显式时间积分方法求解了基于拉格朗日算法的碰撞动力学方程，在此基础上开展了钻柱与井壁碰撞的非线性有限元分析[88,89]。文献[90]介绍了由 APS 科技开发公司研制的新工具——主动减振器(AVD)，能够在 BHA 处检测钻柱的振动，并通过主动调节阻尼系数来减少这种危害。

就钻柱振动的应用研究而言，利用钻柱振动的地面测量实现钻井安全、地质和井下钻具工况的预测预报，即钻具振动检测与分析技术，也在近几年得到了快速的发展。在现场钻柱振动测量中，获得的钻具振动资料主要用于井下钻具工况诊断和地层岩性预测分析，甚至进行岩性密度、孔隙度定量计算，总体概括为工程应用和地质应用两个方面。在2000年王珍应等开展了井场振动信号的测量分析，探讨了通过钻柱振动识别井底岩性的方法[111]。文献[112]研究了从钻柱振动信号中获取地下岩性、进行岩层边界识别的可行性。高岩等对牙轮钻头钻进时钻柱的轴向振动进行了测量，开展了利用钻柱振动资料识别井下岩性的探索。

5）全井管柱系统仿真

由于研究底部钻具组合无法全面了解钻柱在井眼中的运动状态，无法准确计算和分析整个管柱的承载情况，人们开始认识到了全井钻柱系统动力学特性的重要性。为此，学者们建立了直井眼中全井钻柱系统的纵向、扭转、横向振动力学模型。Clayer等人在上世纪90年代研究了地面和井底边界条件对三牙轮钻头和钻柱振动的影响，将钻柱与地面结构作为一个系统来讨论，首次分析了钻柱顶部和底部边界条件对钻柱振动的影响。文献[91]建立了全井钻柱有限元模型，在模型中考虑了钻柱的接触非线性和几何非线性作用的影响。实现了对整个钻柱的受力与变形分析，以便了解钻柱在井眼中的接触状况。

况雨春等采用有限元集中参数模型，将钻柱及钻头简化为弹簧-阻力-质量系统，并将系统离散为N个相同长度的单元，以得到钻柱系统在整体坐标系中的动力学方程组，并采用HOUBOLT法对其进行求解。在此基础上实现了牙轮钻头纵向/横向振动的动力学仿真[92,93]、牙轮钻头及钻柱系统扭转振动的仿真[94]、钻柱-钻头-岩石系统动态行为的仿真[95]。

韩致信(2002)等提出了钻柱纵向自由振动的离散力学集中参数模型，根据拉格朗日方程推导建立了相应的数学公式和特征值计算式，研究了钻柱纵向固有振动频率[96]，以及钻柱纵向自由振动[97]。

邱利琼(2002)采用能量法求出单元的动能和势能，利用拉格朗日方程建立了钻柱系统动力学有限元模型，求出了系统质量矩阵、刚度矩阵、阻尼矩阵及系统载荷矩阵，利用微分方程的数值计算方法对钻柱运动进行计算机仿真[98]。

刘清友从系统动力学的角度出发，根据汉密尔顿原理和有限单元法，建立了全井钻柱纵向、横向扭转耦合振动动力学模型，实现了牙轮钻头动力学特性的仿真研究[99]，牙轮钻头纵向、横向、扭转振动动力学仿真模型[100]，钻头钻柱系统非线性耦合动力学仿真[101]；开展了侧钻钻柱三维二重非线性问题的研究[102]，提出了基于元胞自动机的钻柱动力学模型[103]。朱才朝等开展了钻柱结构与井壁岩石相互作用下系统耦合非线性动力学的研究[104]。

随着水平井、大斜度定向井、分支井等钻井技术的进步，钻柱力学也得到了前所未有的发展。

§1.3 石油管柱力学的研究方法

在石油管柱力学的长期发展中，经过不断的优化和比较，形成了几种比较典型的研究方法。这些方法包括经典微分方程法、能量法、有限差分法、纵横弯曲连续梁法、有限元法、差分法和加权余量法等。

经典微分方程法是管柱力学中应用最早的研究方法，该方法要求在满足材料力学基本假设的前提下建立钻柱线弹性的经典微分方程。这种方法在考虑因素较多时，建立的微分方程很复杂，求解也比较困难。

能量法是一种求解简单弹性力学问题的方法。它要求势能函数不仅要满足弹性力学的控制方程，而且要满足边界条件，通过解形式的假设及有关参数的确定，可得到问题的解答。有关能量法求解油气井管柱力学方面的内容，可参见第五章的介绍。

有限差分法是一种近似方法。它是通过对管柱进行力学分析得到相应的微分方程式，再通过适当的差分转换将位移控制方程转化为差分的形式求解。由于差分方程的系数是可变的，因此可以很容易考虑非线性的影响；同时，由于可以适当调整差分区间，能够比较容易地考虑井眼的约束。但要得到精确的解答，差分区间必须取得很小，使得矩阵的维数增加，降低了计算速度。对于油气井管柱力学而言，有限差分法是一种有效的近似计算方法。

纵横弯曲连续梁法是一种精确解法，这种方法是将钻柱视为相互联系的纵横弯曲连续梁，应用材料力学中的三弯矩方程建立一组非线性代数方程，该方程物理概念清楚，计算简单，速度较快，在国内得到了推广和应用。但这种方法是将三维空间问题分解成 2 个独立的二维问题求解，忽略了扭矩及可能的力和变形的耦合问题，力学模型过于简化。

有限元法也是一种近似数值计算方法，这种方法是通过将钻柱分解为有限的离散梁单元，再通过适当的合成将这些单元组合成一个整体，用以代表原来的钻柱状态，并最终得到一组以节点位移为未知量的代数方程组。有限元法的物理概念清楚、简单，实用性强。不限制钻柱的材料和几何形状，且对单元尺寸也无严格的要求，还可以比较容易地考虑非线性的影响。目前发展的接触有限元法，考虑了钻柱、稳定器与井壁之间的初始接触摩擦力，力学模型比较准确。由于考虑因素较多，解题的速度是这几种方法中最慢的，但有限元法可以较好地满足各种复杂问题的求解。

加权余量法是一个求解微分方程定解问题的强有力的数值方法，具有简便、准确、计算工作量小、残差可知等优点，已成功地用于下部钻具组合的大、小挠度力学分析中。当然，要进一步提高精度就得增加试函数项数，这也会增加一些运算量。表 1-1 罗列了管柱力学研究方法及其适用范围。

表 1-1　管柱力学研究方法及其适用范围

管柱力学研究方法	空间维数		状　态		挠度大小	
	二	三	静态	动态	小	大
能量法	√	×	√	×	√	×
经典微分方程法	√	×	√	×	√	×
纵横弯曲法	√	×	√	×	√	×
差分法	√	√	√	√	√	×
加权余量法	√	√	√	√	√	√
有限元法	√	√	√	√	√	√

§1.4　石油管柱力学参数动态测试技术

随着几何导向钻井技术、地质导向钻井技术和钻井闭环自动控制技术的发展与进步，钻柱力学参数动态测试技术也得到了迅速的发展。钻柱力学参数测试方法有二种：一种是对井场实钻参数资料的提取，以现有的 MWD、LWD 和智能钻杆等测试手段为基础，发展专用的测试技术，以提高钻柱力学动态特性的测试精度；另一种则是在实验室条件下对钻柱力学的某些动态参数进行模拟实验和测试。该方法能够减少许多干扰因素，降低测试成本。

下面将对井场钻柱力学动态参数测试工具做一简单的介绍。

1）测量接头

在钻井过程中，钻具振动与钻具及其组成部分的动力学特性有关。国外从 20 世纪 60 年代就开展了钻具振动问题的研究，围绕地面测量和井下测量进行探索。世界上第一次大规模的井下钻柱参数的矿场测量，是在 1964~1966 年由埃索开发研究公司用磁带机进行井下测量来完成的，所测的参数包括钻压、扭矩、钻柱弯曲力矩、钻柱内外液体压力等。图 1-4 就是所测得的不同部位钻柱弯曲力矩的波形。

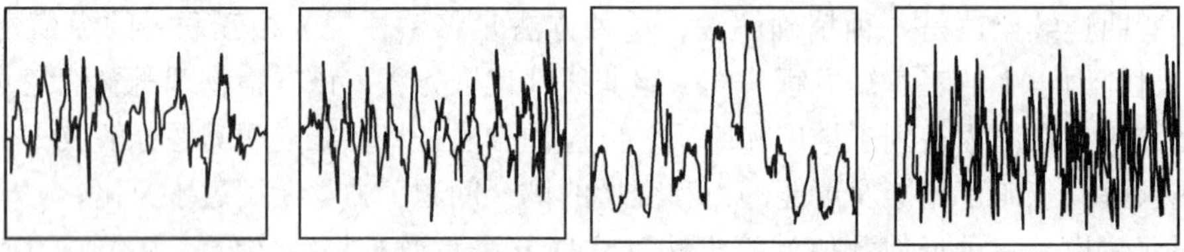

(a)钻杆处　(b)钻铤上部　(c)钻铤下部

图 1-4　不同部位钻柱弯曲力矩的测量结果[109]

1968 年美国 EPR 公司曾研制出一种测量和记录井下钻柱受力和运动的工具，并成功地进行了现场试验。主要测量参数有轴向力、扭矩、弯曲力、轴向加速度、周向加速度、径向加速度和钻柱内、外钻井液压力共 8 个参数。1984 年 Amoco 公司开发出了高级钻具分析与测量系统。Y. M. Jan 和 F. J. Schuh 介绍了可用于普通钻机的扭矩、悬重测量仪，扭矩传感器装在方钻杆末端，在钻杆外壁开槽，槽内装电缆，将信号传到方钻杆顶端处理，悬重则在方钻杆的顶端测量。与此同时，法国 Elf Aquitaine 公司在钻具动力学的理论和技术上取得了进一步的研究成果，90 年代初研制出一种地面接头(参见图 1-5)，可以用来测量钻头、底部钻具组合和钻柱的共振现象，提出了声频钻井的概念，并于 1998 年研制出钻进动态控制装置。

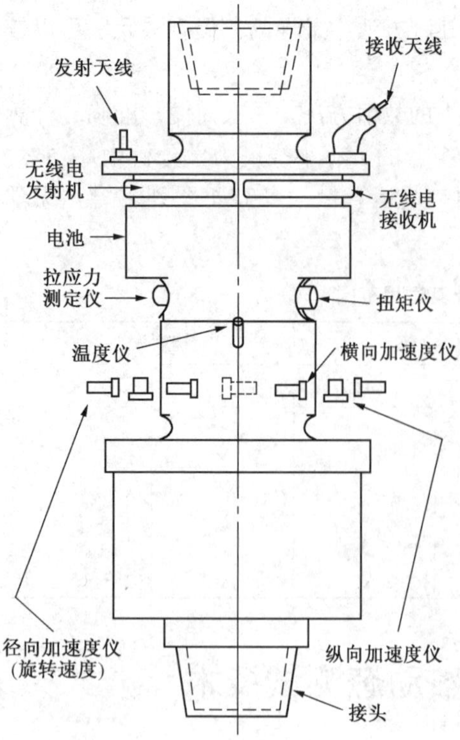

图 1-5　钻井动力短节

在 90 年代初，Herry 介绍了一种用在顶部驱动系统中的 DDCU 系统，用以测量顶驱的扭矩和悬重。1994 年，美国 Amoco 公司和 Sperry Sun 公司的研究人员联合发表了关于钻头和钻柱动力学实测研究的文章，开展了钻头的回旋和钻柱扭转振动的研究，并对比了室内试验和现场试验之间存在的差异，在此基础上开发了井下钻具组合动力学分析程序，并在 MWD 系统上装置钻柱动力学传感器

(DDS)，进行实时数据收集、处理、参数优化，以避免钻柱共振，减小振动。1995~1996 年休斯公司的 Dykstra 等人利用有限元方法，对钻柱的静力学屈曲和动力学振动进行了分析及数值模拟，并做了大量的实验。在此基础上，贝克休斯公司应用该动力学模型自主开发了底部钻具组合动力学分析软件及相应的振动/黏滑监测工具与 VSS（Vibration/Stick Slip）软件，用于实时监测井下钻柱的动力学状况，对钻柱的有害振动进行早期预警[105]。近几年来，国际录井公司开发了独具特色的 DLS VIBRA 钻具振动分析软件包，专门用于检测钻具的扭转振动强度，并进行分析预报。Y. Polsky 等介绍了能够在高温(225℃)正常工作的井下随钻参数测量仪，能实现近钻头管柱振动参数的动态测量[106]。

国内的许多学者也对底部钻具组合振动问题进行了大量的研究，但由于受到技术条件等各方面因素的限制，多数是通过建立理论模型，由理论研究的途径进行的。在水平井地质导向钻井过程中，井下钻具振动易导致井下 FEWD 测量仪器损坏，胜利油田的钻井工作者们通过井下传感器 DDS 监测了井下钻具的振动。王德桂等对钻柱近钻头力学特性测量系统进行了研究探索[107]，开发的井下测量接头一般可以实现钻柱的轴向力、扭矩、钻压、弯曲应力、加速度、内、外压力和环境温度等 9 个参数的实时测量。另外，郭学增、高岩等开展了利用钻柱振动信号进行钻柱工况诊断与井底岩性识别的研究[113~117]。

2）智能钻杆

钻井目标复杂化对井眼轨迹的控制精度提出了越来越高的要求。随钻测量(MWD)、随钻测井(LWD)、地质导向和旋转闭环导向钻井系统是提高井眼轨迹控制精度的重要手段，得到了推广应用。目前所用的 MWD 和 LWD 的数据传输途径是钻井液脉冲或电磁波，但它们的数据传输速率太慢，不能很好地满足现代油气勘探开发对钻井井下数据传输的新要求。近些年国外一直在探索新的数据传输方式，包括声波、光纤和有缆钻杆。目前，声波信道和用于常规钻杆的光纤信道尚在研究中。在有缆钻杆领域，目前投入商业应用的只有美国 Intelli Serv 公司的“软连接”有缆钻杆，即所谓的智能钻杆(图 1-6)。

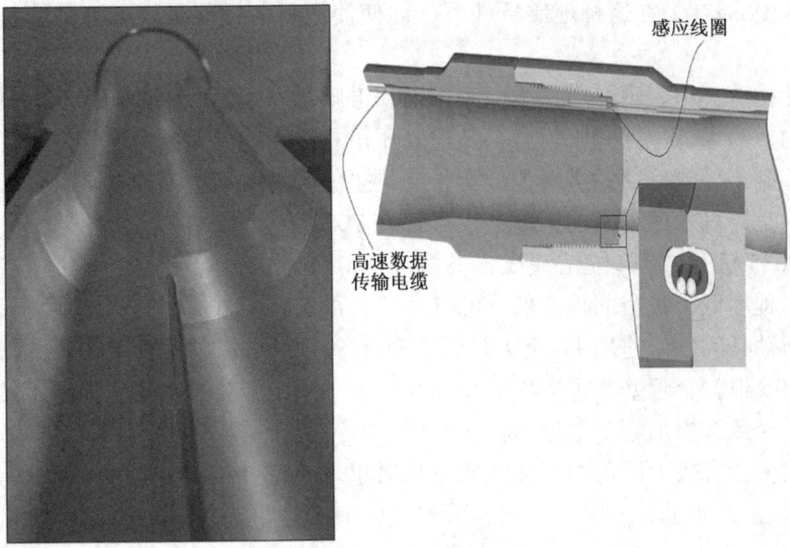

图 1-6　智能钻杆

智能钻杆实质上是一种有缆钻杆，电缆之间通过电磁感应实现“软连接”：把电缆嵌入钻杆，钻杆接头两端的电缆各有一个感应环；钻杆紧扣以后，两感应环并不直接接触，而是通过电磁感应原理实现信号在钻杆间的高速传输。其主要特点是：

(1) 数据传输高速、大容量、实时，传输速率高达57600Byte /s；

(2) 真正实现双向通信；

(3) 适用于包括欠平衡钻井、气体钻井在内的任何井况下的数据传输。

智能钻杆已于2007年投入商业化应用，是钻井井下信号传输技术的一个重大突破和重要里程碑。它已获得了哈里伯顿、贝克休斯、斯仑贝谢和威德福等国际一流油田技术服务公司的认可和支持，具有良好的应用前景。

随着钻柱动态力学参数测试技术的进步，必将极大地推动钻柱力学的研究与发展。

§1.5 石油管柱力学面临的问题与挑战

如何提高探井的钻井速度，是解决勘探周期长、提高勘探效率所面临的突出问题。目前，石油工业的勘探开发目标进一步面向复杂地区、面向滩海、面向深层和低压低渗储层发展，钻采技术面临新的挑战。目前，油气井管柱面临的问题主要有以下几个方面：

1) 钻探条件更加恶劣

随着勘探开发领域的扩大，使钻井延伸到复杂的地质条件，以西部地区的塔里木盆地、准噶尔盆地、吐哈盆地为例。这几个盆地油气层埋藏均比较深，特别是塔里木盆地，油气层埋深达4000~6000多米，准噶尔盆地埋深4000~5000多米。这些地区的钻井特点是：井深、部分地区井下有多套高低压地层(包括高压气层)、多套高压盐水层、盐岩层，以及存在高陡构造等情况，给钻井和完井带来新的问题和困难，也使油气井管柱工作环境变得异常苛刻。

例如在塔里木柯克亚区块，一般深度6500m左右，预测的井底压力为132MPa，预测的最大关井压力为105MPa，最高井底温度为146℃，CO_2含量为0.27%(摩尔分数)，Cl^-浓度较高为70127.19mg/L。在这种地质条件下，即使使用目前性能最好的油井管柱，仍然存在较大风险。

山前高陡构造突出表现在塔里木库车山前、准噶尔盆地南缘、四川川东等地区，由于地层倾角的制约，为保证上部井眼打直，被迫轻压吊打，影响了钻井速度。对于超深井由于上部井斜难以控制，导致后期钻进时上部套管的严重偏磨。

最典型的是塔里木库车山前，单井投资都在7000万元/口井以上(却勒1井7300万元，秋参1井1.0635亿元)，单位钻井成本高达14040元/m。由于该地区地震、钻井难度大，钻探地质认识程度低，投资回报率低。油气井管柱的突出问题是9⅝″套管磨损、套管挤毁、钻杆磨损及断钻具问题。迪那11井9⅝″套管在2259~2993m井段磨损破裂，却勒1井因磨损甩掉钻杆195根，套管壁严重磨损，却勒6井由于采用了自然造斜，提高了钻速，但由于上部井斜大，导致磨损加剧，甩掉钻杆538根。

新区块大多含有较为严重的腐蚀介质，如塔里木轮南油田CO_2含量0.6%~2.5%，分压0.7~3.5MPa。最严重的是罗家寨气田，天然气中H_2S含量为10.49%，CO_2含量为10.41%，具有高压、高含H_2S、高含CO_2，以及高含Cl^-、地层水等恶劣的腐蚀介质环境。由于具有较大的地形高差，罗家寨气田的开发主要采用丛式井、水平井等开采方式，这对油气井管柱而言又是一个巨大的挑战。

2）钻采技术发展迅速

为了满足不断加大的勘探开发力度，为高产、稳产以及进一步降低油气田开发成本，普遍采用钻采新技术来提高钻井速度、钻井质量与油气采收率。这些新技术包括：

（1）深井、超井、高温高压井钻完井技术；

（2）水平井、大位移井、分支井钻完井技术；

（3）欠平衡钻完井技术；

（4）小井眼钻完井技术；

（5）套管钻井技术；

（6）膨胀管技术；

（7）稠油热采技术；

（8）高陡构造、逆掩推覆体防斜打快技术；

（9）连续油管采油(气)技术；

（10）智能钻完井技术。

这些新工艺、新技术中都涉及油气井管柱的力学问题，对管柱力学提出了新的要求。

总之，油气勘探向纵深发展，地质条件日益复杂，深井超深井、复杂结构井、水平井、大位移井、欠平衡井和山前构造井等高难度工艺井对油气井管柱的性能和质量提出了更高的要求；海洋石油工业的发展和国际油气勘探开发，需要研究海洋复杂环境下和海外陌生环境下油气井管柱的安全可靠性和使用寿命。高温高压、高腐蚀环境、地层蠕动、海洋环境等苛刻工况，需要数量更多的抗拉、抗压、耐高温、抗挤毁、耐腐蚀等特殊性能的油井管柱。随着石油工业的快速发展，对油气井管柱的需求量将大幅度增加，品种、规格、类型更多，对性能、质量提出更高的要求，也对石油管柱力学的发展与应用提出了新的挑战。

§1.6 油气井管柱力学的应用

油气井管柱力学的主要研究内容包括：

（1）管柱的运动状态；

（2）管柱力学基本方程；

（3）管柱的稳态拉力和扭矩、底部钻具三维力学分析、钻柱振动与稳定性；

（4）油气井管柱优化设计；

（5）管柱系统的失效预测与故障诊断。

油气井管柱是油气钻采工程中最重要的入井工具。油气井管柱在充满流体的狭长井筒内工作，在各种力的作用下，处于十分复杂的受力、变形和运动状态。对油气井管柱进行系统全面、准确的力学分析，可以达到如下目的[108]：

（1）快速、准确、经济地控制油气井的井眼轨道；

（2）准确地校核各种管柱的强度，优化管柱设计；

（3）优化油气井井身结构；

（4）及时、准确地诊断、发现和正确处理各类井下问题；

（5）优选钻采设备和工作参数。

作业与思考题

1. 什么是油气井管柱？油气井管柱的组成与功能有哪些？

2. 石油管柱力学问题的复杂性体现在那几个方面？

3. 什么是石油管柱的几何非线性和接触非线性？

4. 什么是接触问题的不可侵入条件？当两个物体发生接触时，在接触界面上应当满足什么条件？

5. 什么是油气井管柱的弯曲失稳？管柱屈曲有哪些类型？

6. 简要解释石油管柱正弦弯曲、螺旋屈曲和管柱自锁。

7. 石油管柱力学的研究方法有哪些？各有什么特点？

8. 石油管柱力学目前面临的问题与挑战有哪些？

第二章 油气井管柱的服役条件和失效模式

油气井管柱是保证钻井、完井和采油(气)安全可靠性以及油气井使用寿命的重要基础。钻柱或套管柱损坏有时会导致油井报废。钻柱是实现安全高速钻井的重要工具，使用工况十分恶劣，除承受拉、压、弯、扭等载荷外，还承受各种形式的强烈振动，是所有油气井管柱中力学行为最为复杂的管柱。

油套管柱使用工况条件恶劣，失效事故频繁发生。例如油管柱和套管柱通常要承受几十甚至上百个兆帕的内压或外挤力，几千千牛的拉伸载荷，还有高温及强腐蚀介质的作用。套管柱是保证油气井安全和使用寿命的主要基础，套管的寿命直接决定油井寿命，油井的寿命又决定了油田寿命，油田套损对油田的综合开发效益有较大的影响。油气井管柱的安全可靠性、使用寿命和经济性对石油工业关系极其巨大，全国各油田每年因套管损坏造成的油井破坏或报废，其经济损失就达几十亿元。

油管柱是试油试气、采油采气的惟一通道，发生油管事故，虽然不像套损那样导致全井报废，但每年由于更换油管、原油漏失、报废油管造成的经济损失也非常巨大。在深井、超深井、高压井进行测试作业过程中一旦发生事故，往往会造成严重的后果，不但会造成油气井失效，还会导致人员的伤亡。

因此，考察油气井管柱服役条件，研究它们的失效模式，对管柱生产、优化设计和合理使用都有十分重要的意义。

§2.1 管柱的服役条件

油气井管柱的服役条件是指油气井管柱在使用过程中所承受的工作载荷、地质条件、环境介质、温度等影响因素[1]。油气井管柱在使用过程中需要考虑两个方面的环境影响因素：

(1) 地质工矿：油气井管柱在钻井或采油采气过程中，必然受到地质条件的影响；

(2) 井眼环境工况：管柱工作过程中要受到环境介质的影响，其中包括工作温度、接触介质，以及地层应力变化等。

从油气井管柱的受力条件来看，需要考虑以下两个因素：

(1) 管柱所受的载荷性质，包括静载荷、冲击载荷、交变载荷、局部压入载荷等；

(2) 管柱的加载次序(即载荷谱)和应力状态(拉、压、弯、扭、剪切及其复合)。

不同管柱所受到的这两方面的影响不同，从复杂程度和危险性讲，钻柱所受的服役条件最复杂，失效概率最高；从危险性来讲，套管失效最危险，套管柱失效常常导致油气井报废。

2.1.1 钻柱服役条件

钻柱的工作状态可以分为钻进和起下钻两种工况，相应的工作条件为：

(1) 起下钻时钻柱处于悬持状态，由于自重和井眼内部流体浮力的作用，钻柱下部受压，上部受拉；越往上钻柱承受的轴向拉力就越大，在井口处达到最大。

在钻进过程中，下部钻具为了给钻头施加钻压，使得有一段钻柱受到轴向压应力的作用。一般认为中和点以下的钻柱受压，中和点以上的钻柱受拉。上部钻柱越接近井口承受的轴向拉力就越大。

(2) 在转盘钻井过程中钻柱处于旋转状态，承受扭矩和离心力的作用。在轴向压力和离心力的共同作用下，钻柱会发生弯曲。弯曲的钻柱在钻进时以一定的转速旋转，必然承受交变应力的作用。

除了由于管柱质量偏心导致旋转管柱离心力，引起管柱弯曲以外，井眼弯曲也会引起管柱弯曲，特别是在井眼偏斜、方位变化大的狗腿处，旋转着的钻柱将承受很大的交变应力和应变。

(3) 除拉、压、弯、扭载荷外，钻柱还承受强烈的冲击与振动，以及起下钻过程中猛提猛刹引起的钻柱瞬时动载。

(4) 钻柱内壁承受钻井液高液压力的作用、钻井液及含砂固相的高速冲刷，外壁受套管或井壁的摩擦。

(5) 地层中的腐蚀介质(H_2S、CO_2、Cl^-、O_2等)对钻柱的腐蚀作用。

2.1.2 套管柱服役条件

套管柱在建井、完井和油气生产过程中长期承受载荷和环境的作用，通常有：

(1) 下套管柱首先需要上卸扣，螺纹之间所承受到的摩擦力大小直接影响螺纹的黏扣和泄漏，同时管柱要承受轴向载荷、外挤力及内压力三种外载。在某些情况下，也承受弯、扭载荷。

(2) 在采用射孔方法完井的生产套管柱，需承受射孔弹的大能量高温瞬时冲击载荷。

(3) 在生产过程中还要承受环境方面对套管柱的影响，如承受油、气及地下水中腐蚀介质的浸蚀和温度的影响。

(4) 由于在长时间的油、气开采，以及为提高产量而采取的一些增产措施(如注水开发等)会引起地应力的改变，从而使地层间发生相对位移或膨胀，对套管柱产生径向载荷。

(5) 套管的磨损。技术套管的磨损是普遍存在的问题，钻井期间影响套管磨损的主要因素有：钻杆与套管的接触力、狗腿严重度、钻井液成分和套管钢级等。在井眼的狗腿处，钻井与采油过程中套管均会受到钻柱或抽油杆运动件的冲击、摩擦作用，使套管发生定向磨损，壁厚变薄，强度下降，导致套管在较小的载荷下发生变形。套管磨损、变形将极大地影响后续的钻井、完井和采油作业。

(6) 套管的腐蚀磨损。腐蚀磨损是一个受许多因素影响的复杂过程，这些因素包括材料因素、电化学因素、固相颗粒因素和力学因素四方面，给腐蚀磨损问题研究带来了很大的困难。腐蚀与磨损的交互作用，实质上是电化学因素和力学因素对材料的共同作用。研究表明，当腐蚀与磨损共存时，绝大多数情况下腐蚀磨损程度大于两者的加和。

(7) 随着套管钻井技术的发展，套管替代钻柱进行钻井作业，除了受拉伸、压缩、外挤和内压力的作用之外，还承受复杂的拉压、扭转、弯曲和动载的作用。

2.1.3　油管柱服役条件

对于抽油机井而言，油管柱承受载荷及工作特点如下：

(1) 油管所承受的载荷随着油泵的上、下冲程发生周期性的变化，两者之差大体上相当于液柱作用力以及液柱与油管间摩擦力之和，这种轴向拉—压交变载荷容易引起油管柱疲劳。

(2) 根据油井情况的不同，油管柱还承受不同程度的弯曲应力。

(3) 腐蚀介质是油管柱重要的工作条件。

(4) 环境温度(井下温度、稠油热采等)也是不可忽视的因素。

§2.2　管柱的主要失效模式

由于力学、化学等的作用，油气井管柱在使用过程中会发生各种类型的失效。概括起来，油气井管柱的失效模式可用“脱、漏、黏、挤、破、裂、磨、蚀”八个字概括。

“脱”指的是管体螺纹从接箍内滑脱；

“漏”指的是螺纹连接处失去密封，在管柱内外压差作用下发生泄漏；

“黏”指的是螺纹连接过程或使用过程中发生黏连或黏扣；

“挤”指的是管体挤毁；

“破”指的是管体受内压爆破；

“裂”指的是拉断、错断、纵裂、射孔开裂，以及疲劳、应力磨蚀开裂等；

“磨”是指油气井管柱的磨蚀，如套管与钻柱之间的磨损，井壁对钻柱的磨损；

“蚀”指的是油气井管柱的化学腐蚀及应力腐蚀。

2.2.1　钻柱的失效模式与原因分析

1) 钻柱的失效模式

据文献[3]的统计和估算表明，钻柱断裂事故在14%的井上发生，平均每发生一次损失106，000美元，这是正常消耗以外的巨额费用。我国各油田每年发生钻具事故约五、六百起，经济损失巨大。钻柱主要承受动载作用，失效概率很高。钻柱失效有两个显著特点：

(1) 是探井、新区块钻具断裂事故率远大于开发井、老区井；

(2) 钻具失效尤其是疲劳引起的失效是影响钻井作业综合效益突出的瓶颈问题。

如何预防钻柱失效一直是石油工业的重要课题之一。随着浅层资源的不断枯竭，今后越来越多地钻深井、超深井，钻具的安全可靠性就成为一个十分突出的问题。

(1) 钻杆和加重钻杆失效分析

钻杆失效事故占钻柱总失效事故的50%~60%，钻杆主要失效形式是管体刺穿，其次是管体断裂、接头螺纹刺漏后断裂；主要失效原因是腐蚀疲劳。以下是钻杆和加重钻杆常见的一些失效现象。

① 脱扣(图2-1)

a. 划眼引起脱扣　划眼脱扣可发生在钻具的任何部位。当钻头或扶正器承受划眼扭矩，

图 2-1 脱扣

然后又突然释放这一瞬间，底部钻具的惯性导致的正向转动可在管柱螺纹连接较松处脱扣。

b. 大直径井钻杆脱扣 钻头和扶正器直径大，钻进或划眼时扭卡严重。当过大的扭矩释放时，底部钻具的惯性加速导致钻杆脱扣。大井眼使用小钻铤，使钻铤的相对刚度较小。钻铤弯曲后与井壁碰撞引起憋钻与跳钻，摩擦使钻具积累扭转变形能。摩擦消失后，扭矩变形能释放，并转换为加速的动能，下部钻具的转速高于上部钻具的转速引起脱扣。

② 涨扣

大井眼钻进，钻柱所受的扭矩过大或憋钻。地面上扣扭矩不够，下井后憋钻引起无控制再紧扣均会导致钻杆涨扣。

③ 钻杆本体刺漏(图 2-2)

钻杆接头内加厚附近的钻杆本体为承受弯曲应力集中区。当钻杆接头与不能形成泥饼的井壁接触时，接触摩擦系数大，摩擦力足以激发钻柱涡动。在涡动状态下弯曲应力交变频率成倍增加。钻杆内泥饼起点前 5~10 倍钻杆内径处紊流加剧，该处钻杆内壁金属氧化层被冲蚀掉，加速了钻杆内壁的应力腐蚀。

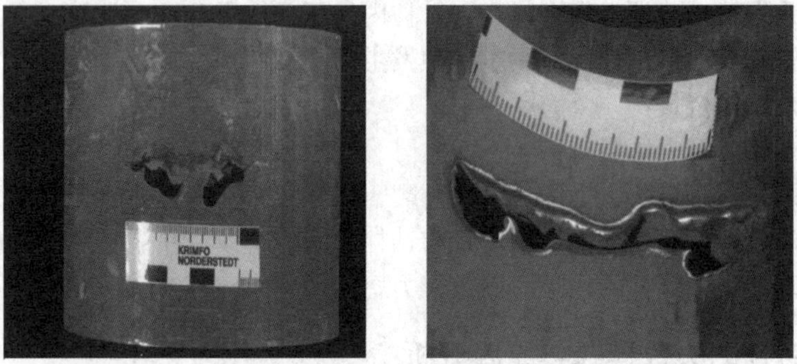

(a)管体外部 (b)管体内部

图 2-2 钻杆本体刺漏

美国曾对 1785 例钻杆失效进行了详细的统计分析，表明冲蚀损坏竟占 2/3 左右。当然，造成冲蚀的原因很多，如螺纹结构与制造质量，上卸扣操作是否得当，螺纹脂质量与涂抹等。但是，接头反转、反复弯曲、频繁敲击这些因素是钻柱旋转时长期存在并起作用的，是高冲蚀破坏的主要因素[109]。由于钻杆在井下工作时存在涡动现象，中间杆体也会接触井壁，使其弯曲应力在体内变得比较均匀，因此那些应力集中比较突出的部位，像加厚过渡区就是损坏率最高的部位。外裂纹、内裂纹和管柱冲蚀，都与钻杆涡动运动有关。

(2) 下部钻具组合失效分析

在深井和超深井钻井中，底部钻具组合部件失效是很频繁的现象。

① 光钻铤失效

这一类钻铤失效与扶正器段的弯曲振动无关，但与扶正器引起的扭卡有密切的关系。脱扣现象可能发生在从钻头到钻杆的任何部位，其机理基本相同。钻头与岩石相互作用，钻具、特别是扶正器与井壁相互作用造成扭卡、扭摆振动，加之地面上扣扭矩不足，引起脱扣。而断扣多发生在公扣处，随机原因多。此外，扶正器“蹩”或扭矩过大也会引起公扣断裂。

② 带扶正器下部钻具组合失效

与扶正器使用有关的钻具失效包括：扶正器本身公扣或母扣断、脱扣、涨扣、倒扣，与扶正器相连的钻铤或配合接头的公扣或母扣断、涨扣、倒扣，钟摆或造斜钻具长跨距内钻铤的连接处断。主要失效形式是扶正器螺纹或与扶正器相连的钻铤或接头螺纹断，距顶扶正器之上，1~2 单根内钻铤螺纹断；其次为脱扣。

大跨矩钻铤段纵横弯曲、质量偏心、横向振幅及弯曲应力集中，在扶正器上下 3m 以内，造成紧靠扶正器处弯曲应力大。扶正器或钻铤与井壁接触的摩擦力可能激发钻柱的涡动，使弯曲应力交变频率成倍增加。处在正进动和反进动相互转变的过渡区，在刚性井壁上的撞击形成冲击载荷。两钻铤间连接配合接头刚度不匹配和扶正器设计未考虑刚度匹配，导致严重应力集中，使下部钻具组合在使用过程中失效。

③ 配合接头失效

配合接头用于不同直径或不同扣型钻具的过渡，现场钻井工作者已接受了螺纹连接匹配的概念，但配合接头设计却不讲究连接匹配。当接头两端刚度不匹配，在接头和其相连的钻铤承受弯曲载荷时，接头小端弯曲应力集中，在相同弯矩作用下，小端弯曲应力大，疲劳抗力低。配合接头失效包含本身螺纹断裂(主要是公扣)和与之相连的钻具螺纹断裂。

④ 震击器失效

震击器失效均指震击器接头脱扣或本体断。震击器失效与钻具动力学有关，震击器本体长，直径大，轴心细。在旋转钻进时，震击器本体与井壁摩擦、碰撞，横向摆动大。防止震击器失效的技术是在震击器下端加欠尺寸扶正器，用以减小横向摆动。

(3) 钻柱失效的主要形式

钻柱失效形式有疲劳、脆性、韧性断裂、腐蚀、磨损及黏扣等。图 2-3 为钻柱断裂裂口截面图。据统计，钻柱疲劳失效占总失效的 61%，脆性断裂失效占 17%，两者之和达 78%。在疲劳失效中，最易发生疲劳的是钻铤等底部钻具螺纹部位，其比例占疲劳总数的 56%。其次是钻杆管体部位，占 27%，钻杆接头直角台肩根部疲劳失效占 12%。螺纹连接是钻柱组件中最薄弱的环节，据文献[125]对 303 起钻具失效的统计中，钻具本体断裂 32 次，本体刺漏 49 次，其它 222 次均为螺纹失效。连接螺纹失效占失效总数的 73.3%。

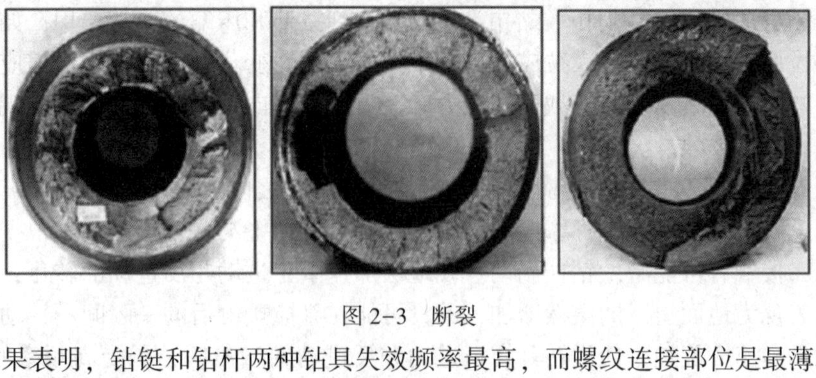

图 2-3 断裂

统计结果表明，钻铤和钻杆两种钻具失效频率最高，而螺纹连接部位是最薄弱环节，最常见的两种失效形式是疲劳和脆性断裂。因此，控制钻具螺纹和钻杆发生的疲劳及脆性断裂失效，将会大大减少钻柱失效所造成的损失。

2）钻柱失效力学原因分析

从大量资料的分析中可以得出，绝大多数的钻具失效都是疲劳引起的。疲劳极限与应力集中有明显的关系，凡产生应力集中的各种因素均使疲劳极限降低。在钻具组件中连接螺纹是引起应力集中的最直接、最关键的因素，导致钻具疲劳破坏的一个关键因素是由于钻具连接螺纹部位的交变弯曲应力集中。钻具在井下要发生弯曲，在旋转时就会承受交变弯曲应力。由于钻具本身刚度大，而其螺纹连接部分比其管体刚度小，螺纹连接部位容易弯曲。弯曲的钻具在井下旋转时承受交变应力。

国内外大量的实践证明，在平均应力远小于屈服应力的情况下，交变应力作用的部位上微小不规则的小裂纹逐渐发展成为人的裂纹而破坏，这叫高周低应力疲劳破坏。有的交变应力循环数并不多，但平均应力相当高，也会产生疲劳破坏，这叫低周高应力疲劳破坏。这两种形式在钻具连接螺纹疲劳破坏中都存在。构件在交变应力的作用下，当最大应力低于屈服极限时，也可能发生疲劳破坏。试验表明，在同一循环特性下交变应力的最大值越大，破坏前经历的循环次数越少。反之，降低交变应力中的最大应力，便可以使破坏前的循环次数增加。连接螺纹应力集中是由于螺纹部位复杂而特殊的截面形状引起的，交变应力则是钻具动力学因素造成的。钻具螺纹连接部位本身是薄弱环节，是应力集中区，在该部位产生微小裂纹，引起疲劳破坏。钻具连接螺纹失效主要是由于承受弯曲交变载荷，弯曲最剧烈的部位是螺纹消失端的扣底部分，再加上严重的应力集中现象，连接螺纹成为最容易失效的部位。

钻具在井下的运动和受力是十分复杂的，其中横向弯曲振动是引起交变应力的直接原因。严重的钻具振动对钻具相当有害，其中钻具的横向振动在绝大多数情况下都会引起钻具的损坏。井眼偏心、下部钻具组合的初始曲率、钻具在使用期间的磨损、热加工处理等都可能造成钻具的质量不平衡，而下部钻具组合在使用扶正器后，受轴压钻铤质量偏心，两扶正器之间，扶正器与钻头之间，顶扶正器之上钻铤质量偏心等，都加剧了钻具质量的不平衡程度。这种质量不平衡是引起钻具横向振动的根源，也使交变应力作用加剧[126]。

钻井过程中，振动和碰撞载荷非常激烈。早期由于现场经验和测试手段的限制，人们通过地面观测和分析，认为钻具的动态运动是纵向振动和扭转振动，随着井下随钻技术的不断完善，研究人员发现在接近井底的一段钻具内，横向振动异常突出，是导致钻具动态不稳定和疲劳破坏的重要原因之一。横向振动使钻具在旋转下横向变形弯曲，进而引起离心力的作用，进一步加剧横摆和弯曲，最终导致钻具弓状弯曲，产生钻具偏磨和急剧磨损现象。另外，横向振动也加剧了钻具刺扣、黏扣，使钻具受到拉伸和压缩的交替作用，如果钻具承受较高的轴向拉应力，其值在最大拉应力和最小拉应力之间变化，不会出现压缩应力，这种持续的拉应力减低了钻具承受交变载荷的能力。一旦发生横向振动和纵向振动的耦合振动，其作用是加速钻具的失效。

带扶正器的底部钻具组合的横向振动使钻具与井壁之间产生碰撞接触或扶正器切削井壁，形成振动激扰源，产生附加摩擦阻力矩。扶正器或钻铤与井壁接触后，根据转速和摩擦系数的大小，接触有可能激发钻柱涡动。硬地层加速了正进动与反进动的转化，正进动向反进动的转化表现为地面扭矩的突然增加，钻具可能在碰撞接触后的一瞬间不转动，并吸收能量，致使钻具高速度旋转，使得钻具在正进动和反进动的过渡区，承受高频率的交变应力，且幅值大。由于运动的不稳定性，碰撞-摩擦可能是最主要的形式。这在硬井壁井段表现得尤为突出，从而加速钻具螺纹的疲劳破坏，是硬地层经常发生螺纹失效的主要原因。钻具在井下承受交变弯曲应力，加之大跨距钻铤横向振动，使得扶正器附近应力的交变频率高，加剧了钻具螺纹的疲劳失效，是造成扶正器或配合接头下端公扣断的原因。

横向振动激发的扭转振动使钻具在旋转运动时产生波动，从而导致钻具内的交变应力变化没有规律性，时快时慢，反过来又促进了钻具的横向振动。钻具的这种横向与扭转的耦合振动，加剧了钻具的疲劳破坏。分析表明，蹩钻时钻柱所积蓄的扭矩一旦释放出来，钻柱瞬间的自转转速比转盘转速高几倍，甚至十几倍之多，下部钻具组合在极小的环形空间突然加速，必然产生难以想象的高速反转。正是这种周期性反转引起的剧烈横振会使质量很大的下部钻具中的薄弱环节很快产生异常损坏。

在深井、超深井勘探开发过程中，随着井深的增加，钻具受力情况越来越复杂，钻具失效次数增多，当井深超过3000m时，钻具事故明显增加。在180起钻具事故中，超过3000m后的失效次数为131起，占全部失效总数的70%左右，所以深井钻具失效是勘探开发过程最为担心的问题之一。

2.2.2 套管的失效模式与原因分析

1）套管的失效模式

因复杂工况引起石油套管失效的原因，归纳起来主要有以下五大类：①高压注水；②盐岩层“塑性流动”；③地下水腐蚀浅层套管；④疏松砂岩油层大量出砂；⑤地层倾角较大、断层较多引起套管错断，以及注蒸汽热采井中存在着和局部缩径变形相对应的局部高应力等。根据近几十年对套管失效的大规模调查研究和系统分析，可归纳出套管破坏的形式大致分为四种：变形、错断、破坏和腐蚀穿孔；其中破坏又可分为挤裂、爆破和拉伸三种。

据不完全统计，我国套损井的数量已达20000口以上，在各油田发生的油套管失效事故中可以分为两大类：

（1）由于管材本身质量或施工不当引起的油套管柱失效；

（2）由于地质工况引起的套管柱失效。

在第一类事故中，又可以分成管材本身质量事故和施工引起的事故。由于油气井管柱均是靠螺纹将一根根约10m长的钢管连接成数千米的钢管，在钢管本体不发生问题时，管柱在各种工况条件下的密封性能优劣和泄漏事故绝大部分发生在螺纹部位。近年来在各个油田都发生过黏扣(图2-4)、泄漏事故，许多事故都是由于油套管螺纹连接部分失效引起的，给石油工业造成巨大的经济损失。

在进行多年的跟踪调查发现，因管材质量或施工措施失效而影响管材使用寿命的因素主要是黏扣与滑脱。这两种失效形式占到总失效的80%左右，其中黏扣又占到一半以上。引起油套管黏扣的因素比较复杂，有材料本身质量问题，也有现场操作问题。

图2-4 黏扣

除黏扣、泄漏、滑脱、腐蚀等到失效外，油管最主要的失效模式是螺纹部位的疲劳。引起油管疲劳的主要因素是螺纹部位的高应力集中、工作中的交变应力、材料质量不良、螺纹加工质量欠佳、连接不当等。

套管滑脱失效在套管失效事故中占有较大的比例，由此造成重大经济损失，一般每起滑脱事故造成的经济损失为30~100多万元，严重者使整口井报废。

对我国14个油田1983~1997年共计97起套管事故进行统计发现，套管滑脱的位置多数位于井口附近，发生滑脱的时间一般在下管套和试压过程中居多。从发生滑脱事故的套管规格来看，大管径的套管(ϕ333.9mm、ϕ244.5)易发生滑脱。从钢级来看，低钢级(如J55)占多数。

在钻井和试油过程中，套管要承受内压载荷，如果设计不当或管材本身质量欠缺，也会导致管体破裂，这种失效引起的损失巨大，往往导致整口井报废。

由于地质工况因素引起的管材失效情况也非常严重，主要表现为套管变形、错断、挤毁、腐蚀等损坏，套损井数量每年以10%~20%增加。由于套管损坏，导致窜层、天然气泄漏等问题，一方面影响勘探开发的正常进行，另一方面由于储层破坏，使开采难度进一步加大，导致注采井网层系布局越来越不合理。

在油气井投产后，受到开采工艺、地层条件和作业条件的影响，往往会在投产后期出现事故，危及油井的寿命。影响油气井寿命的主要因素有：

(1) 超深井、大位移井在钻进过程中，由于受地层构造和钻井参数的影响，往往会造成技术套管的磨损。这种磨损一方面对钻井、完井作业产生直接影响，另一方面，造成后期开采使用寿命降低。如果这种磨损出现在螺纹部位，将造成泄漏和连接强度降低。

(2) 热采井注蒸汽吞吐热采工艺。由于受高温过热蒸汽的影响，在注蒸汽时管柱受热应力影响伸长，螺纹连接与管体受压应力；在吐油时温度下降，管体收缩，螺纹连接与管体受拉应力。每单井吞吐一次管柱受一次压缩与拉伸的交变应力，一般API圆螺纹套管经过3次注蒸汽后就会发生套管事故。

(3) 长期高压注水开采工艺。在低压油井开发过程中，往往采用高压注水工艺提高采收率，挖掘中低渗透层的潜力。由于注水层压力的不均匀性，使得地层原有的平衡体系发生改变，造成地层滑动或错动，对套管柱产生破坏。目前影响我国油井寿命的最主要因素是这一类套管损坏。

(4) 各种介质长期腐蚀破坏。管柱失效事故中约有60%以上都与其在钻井液中的腐蚀行为有关。美国一家钻井公司曾作过这样的统计，在该公司所有降级或报废的钻杆中，因内壁全面腐蚀、点蚀、腐蚀疲劳等造成的占75%以上。我国石油管材研究所对1999年以来钻柱构件失效分析的统计表明，70%的失效是直接或间接由腐蚀引起的。可见，腐蚀是造成钻柱失效的主要原因，并且腐蚀带来的附加检查、维修和事故处理等使得钻井效率下降，费用增加。图2-5为管柱腐蚀的实物图。

以目前国内的情况来看，以下三种情况的腐蚀最为普遍。

① 硫化氢、二氧化碳应力腐蚀破坏，以及硫化氢、二氧化碳、氯离子、水共存情况下的腐蚀。硫化氢应力腐蚀破坏，如四川气田威23井P110套管在法兰与套管连接焊缝处脆断，引起大火40多天，损失达1000多万元。而CO_2腐蚀很快形成点蚀导致油套管迅速腐蚀穿孔，这种情况在大部分油田都存在。

② 电化学腐蚀。由于未被水泥封固的套管外表面要受到地下水质不同形式的电化学腐蚀，注水井在封隔器以上死水井段的套管内壁同样也要受到来自不同水质电化学腐蚀。

长庆油田陇东地区在742~804m井段，受洛河水的腐蚀，从完钻到套管穿孔最长为66

个月，最短只有16个月。

③ 环氧霉菌腐蚀。注水井中封隔器以上死水井段除了电化学腐蚀外，还有环氧霉菌腐蚀，这种腐蚀对套管腐蚀穿孔也是相当严重的。如河南油田、长庆油田均有环氧霉菌腐蚀损坏套管的情况。

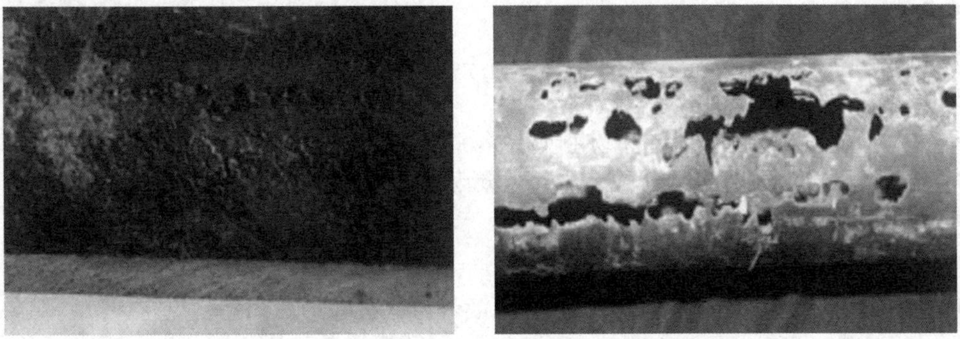

图2-5　管柱的腐蚀

2）套管柱磨损分析

20世纪80年代，为了更真实地模拟钻井现场的实际情况，全面考察套管磨损的各种影响因素，Best等人开发了卧式全尺寸套管磨损试验机，使用套管与钻杆的实际尺寸、材料和实际钻进条件来模拟套管的磨损情况，详细考察与套管接触部件的运动形式、套管结构、材料、受力条件以及钻井液类型等因素对套管磨损的影响，利用有限元法分析磨损对套管接头泄漏、抗挤毁强度和抗内压强度的影响。

引起套管柱磨损的因素很多，主要有钻杆柱(包括钻杆接头、钻杆本体)、钢丝绳、电缆、井眼狗腿严重度、钻井液成分、套管和钻杆材料等。在钻井和修井作业期间，钻具在井中旋转以及起下钻，将不可避免地对套管柱内壁造成磨损。研究表明，钻杆往复移动对套管造成的磨损作用要比钻杆旋转小得多。套管的磨损速度主要取决于接触力的大小，接触力越大，对套管的磨损程度影响越显著。

一般说来，实际井眼总是弯曲的，井眼弯曲程度用狗腿严重度表示。套管在井眼弯曲处要随之弯曲，狗腿度越大，套管弯曲得越严重。钻杆在通过这些弯曲套管的地方，钻杆一侧与套管壁接触，并产生正压力，当钻柱拉力一定时，钻杆与套管壁之间的正压力随狗腿度增大而增大，从而加速了钻杆与套管之间的磨损。狗腿度对套管磨损有严重影响，不单是由于狗腿度增大了钻杆与套管壁之间的正压力，而且还表现在狗腿严重处钻杆、钢丝绳、电缆等始终与套管的同一局部接触，这样它们对套管的磨损始终在同一局部，形成局部磨损。这大大地加速了套管的磨损，从而使套管的使用性能，特别是抗挤毁和抗内压爆破性能迅速降低。

钻井液成分对套管的磨损有重要影响。几种不同类型的钻井液成分在实验室内进行的8 h测试结果表明，清水产生套管磨损最大，壁厚减少达46%。水基钻井液与清水相比磨损要小，壁厚减少只有28%，这是由于水基钻井液中的重晶石粉具有润滑作用。在水基钻井液中加入约31%的重晶石，由于重晶石使钻柱与套管表面分离而没有直接接触的缘故，套管磨损显著降低。非加重油基钻井液与非加重水基钻井液相比，套管磨损得到很大的改善，能显著降低套管的磨损。

作业与思考题

1. 什么是油气井管柱的服役条件？具体包括哪些内容？
2. 简述钻柱的服役条件。
3. 简述套管柱服役条件。
4. 简述油管柱服役条件。
5. 石油管柱的主要失效模式有哪些？
6. 钻柱的主要失效形式和失效原因是什么？
7. 钻柱失效有哪几种类型？最主要的失效方式有哪些？
8. 下部钻具组合失效的主要形式是什么？
9. 简述钻柱失效的原因。
10. 套管柱失效的主要形式有哪些？简述各种形式失效的原因。
11. 石油管柱腐蚀破坏主要有哪几种情况？

第三章　油气井管柱单元运动与受力分析

§3.1　管柱的运动分析

各种油气井管柱因其用途不同，其运动状态也各不相同，具体可描述如下：

(1) 在所有的石油管柱中，钻柱的运动状态最复杂，有自转、公转、涡动运动、轴向运动和振动，而振动包括纵向振动、扭转振动、横向振动等几种基本的形式；

(2) 套管在下入时以轴向运动为主，下入后固井注水泥过程中有少量的旋转运动；

(3) 油管在下入时以轴向运动为主，正常工作时有较弱的纵向振动；

(4) 抽油杆(管)则做周期性纵向振动，或者做旋转运动(螺杆泵)。

而一个完整的管柱力学问题，包括以下几个方面：[108]

(1) 管柱的运动分析；

(2) 管柱受力-变形分析；

(3) 管柱力学边界条件分析，包括初始条件和边界运动、受力约束条件。

下面就针对石油管柱，开展管柱运动和受力分析。

3.1.1　管柱旋转运动分析

钻柱的旋转运动可以分为自转、公转、涡动和扭转振动，以及与纵向振动、横向振动之间的耦合振动等。在“钻头-钻柱-岩石与井眼”组成的系统中，钻头破岩过程伴随的各种振动现象均与冲击、碰撞和摩擦存在密切的关系。这些非线性接触作用过程，与井眼的几何非线性结合，使得在三维狭小井眼空间内的钻柱呈现出极为复杂的受力、变形和运动状态。

在转盘钻井中整个钻柱处于不停的旋转状态，作用在钻柱上的力除拉力和压力外，还有由于旋转产生的离心力。离心力的作用有可能加剧下部钻柱的弯曲变形，钻柱上部受拉伸部分由于离心力的作用，也可能呈现弯曲状态。

在钻进过程中，通过钻柱将转盘扭矩传递给钻头，在扭矩的作用下弯曲钻柱一般不会呈平面弯曲状态。A. Lubinski 曾指出，在钻压、离心力和扭矩的联合作用下，钻柱轴线一般呈变节距的螺旋弯曲状。在井底螺距最小，往上逐渐加大。螺旋线形状与钻压、扭矩、井壁摩擦力、离心力、自重等因素有关。这样一个螺旋形弯曲钻柱在井眼内是怎样旋转的呢？这是一个十分复杂的问题，至今尚未研究透彻。根据井下钻柱的实际磨损和工作情况来分析，钻柱在井眼内的旋转运动可能有如下几种形式：

1) 自转

自转时钻柱像一根柔性轴，围绕自身轴线旋转，参见图 3-1(a)。钻柱自转时，在整个圆周上与井壁接触，产生均匀磨损。弯曲钻柱自转时，在交变弯曲应力的作用下容易发生疲劳破坏。在软地层弯曲井段，钻柱自转容易形成键槽，起钻时可能造成卡钻事故。

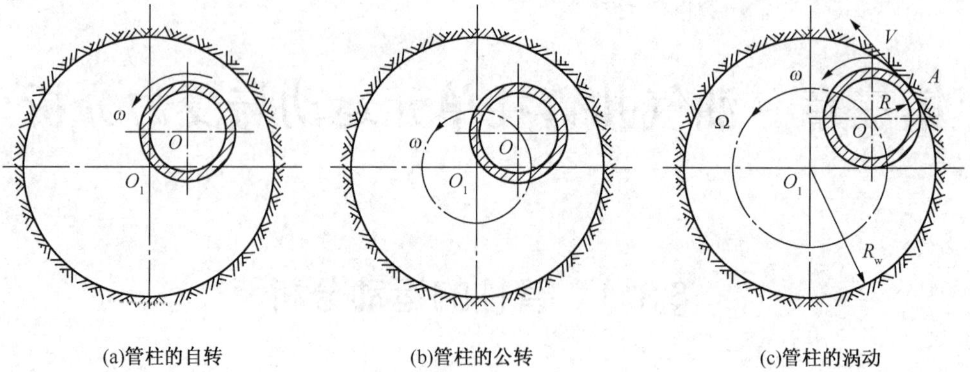

图 3-1　管柱的自转、公转与涡动

A. Lubinski 认为，钻柱在井下工作时一般只绕自身轴线旋转。这时，钻柱与井壁之间摩擦所消耗的能量最少[2]。按照这种观点，转盘钻井和井下动力钻具钻井时钻柱的运动并没有多少差别，所不同的是转盘钻井时的钻柱自转，其受压弯曲部分钻柱会产生交变应力，而存在钻柱疲劳。弯曲钻柱自转这一论点十分重要，A. Lubinski 等学者正是在这个基础上研究了钻柱的弯曲和井斜问题。在钻柱自转的情况下，离心力的总和等于零，对钻柱弯曲没有影响。这样，钻柱弯曲就可以简化成不旋转的钻柱弯曲问题，研究起来就容易多了。

使用井下动力钻井时，钻头破碎岩石的旋转扭矩来自井下动力钻具，其上部钻柱一般是不旋转的，故不存在离心力的作用。另外也可用水力载荷给钻头加压，这就使得钻柱受力情况变得比较简单。

2）公转

公转时的钻柱像一个刚体围绕着井眼轴线旋转并沿着井壁滑动，参见图 3-1(b)。钻柱公转时不受交变弯曲应力的作用，但产生不均匀的单向磨损，即偏磨，从而加快了钻柱的磨损和破坏。

前苏联专家萨尔基索夫认为，无论钻柱是空转还是钻井，离心力会对钻柱的失稳和弯曲产生影响，在压力、拉力、离心力和扭矩的联合作用下，钻柱轴线弯曲成平面正弦波形状，其半波长度沿钻柱逐渐变化，整个钻柱按转盘的旋转方向和转速旋转。

从理论上讲，如果钻柱的刚度在各方向上是均匀一致的，那么钻柱采取哪种运动形式就取决于外界阻力，如钻井液阻力、井壁摩擦力等，一般都采取消耗能量最小的运动形式。当钻柱自转时，旋转经过的行程比其他运动形式都小，克服钻井液阻力及井壁摩擦力所消耗的能量较小。因此，一般认为弯曲钻柱旋转的主要形式是自转，但也可能产生公转或两种运动形式的结合，既有自转，也有公转。

3）公转与自转的结合——管柱的涡动

（1）涡动的定义

钻柱在绕自身轴线旋转的同时，在钻柱与井壁摩擦力等因素的作用下，有时会产生绕井眼轴线的公转，这种运动称为钻柱的涡动。钻柱围绕井眼轴线旋转，同时围绕自身轴线转动，即不是沿着井壁滑动而是滚动。在这种情况下，钻柱磨损均匀但受交变应力的作用，循环次数比自转时低很多。

钻柱涡动易导致强烈的横向振动，加速钻柱的磨损和疲劳破坏。钻头的涡动，特别是

PDC 钻头的涡动，易使钻头牙齿损坏。认识钻柱的涡动，对全面了解钻柱的运动形式具有十分重要的意义。

(2) 涡动的实验研究

我国学者章扬烈在上世纪 80 年代通过室内模拟实验发现，当钻柱在井内以转盘转速顺时针旋转时，由于离心力的作用，除钻柱上部和下部很短一部分管柱由于本身的刚性没有贴至井壁外，钻杆各接头均贴向井壁，并且在井壁与钻柱之间摩擦力矩的作用下，以一定的角速度按逆时针方向绕井眼轴线旋转。

考察钻柱模型在不同井中的运动后发现[109]：①无论是空转还是钻进过程中，在受压和受拉段均会出现钻柱的反转运动；②井眼与钻柱之间的环形间隙越小，转盘转速越高，越容易出现反转运动；③钻杆接头反转运动的轨迹一般不是圆形，它时刻改变而且不具有规律性。钻杆接头常常有跳离井壁和敲击井壁的现象。反转运动使钻柱的运动状态变得复杂，从而造成复杂的受力与变形。

(3) 涡动运动的理论分析

① 钻柱涡动的基本假设

为了研究方便做如下基本假设：(a)钻柱和钻头的横截面为圆形；(b)井眼横截面为圆形；(c)钻柱或钻头与井壁一直处于接触状态。

② 涡动角速度的确定

参见图 3-1(c)，若钻柱或钻头的半径用 R_o 表示，井眼半径用 R_w 表示，钻柱或钻头的自转角速度为 ω，公转(涡动)角速度为 Ω，则钻柱或钻头与井壁接触点 A 处的相对滑动速度为

$$v=(R_w-R_o)\Omega+R_o\omega$$

相对滑动速度与钻柱、钻头、岩石性质、钻压、转速等许多因素有关，是一个很难确定的量。

相对滑动速度与涡动角速度的关系曲线如图 3-2 所示。滑动摩擦力引起的相对滑动速度的范围为 $0\sim R_w\omega$。

若 $\Omega<0$，则有反向涡动发生。在相对滑动速度为零时，求得反向涡动的极限角速度

$$\Omega_{min}=-\frac{R_o\omega}{R_w-R_o}$$

因为钻柱或钻头的反向涡动是自转和摩擦力引起的，所以在不考虑钻柱扭转振动时，$v\geqslant0$，$\Omega\geqslant\Omega_{min}$。为此，反向涡动时，$\Omega_{min}\leqslant\Omega<0$

当 $\Omega=0$ 时，则无涡动发生，钻柱和钻头绕自身轴线旋转。

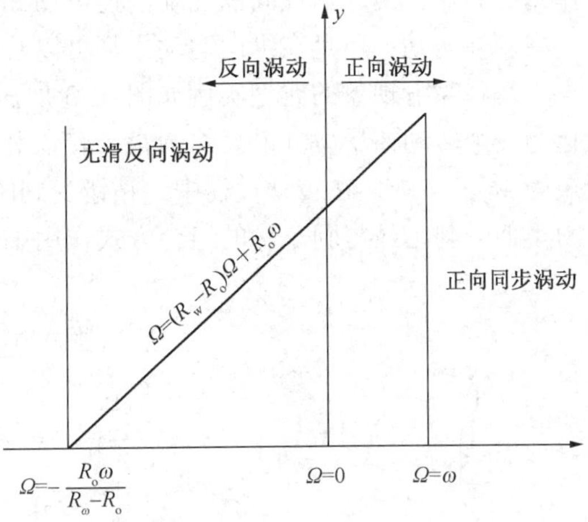

图 3-2　钻柱涡动的基本关系式

当 $\Omega>0$ 时，则有正向涡动发生；当钻柱和钻头完全公转时，即涡动角速度与自转角速度一致，正向涡动角速度取得极大值：$\Omega_{max}=\omega$。

通过上述分析得出，在滑动摩擦力的作用下钻柱和钻头涡动角速度范围为：

$$-\frac{R_o\omega}{R_w-R_o}\leqslant\Omega\leqslant\omega \tag{3-1}$$

若考虑到钻柱的振动，以及其它外力的推动，有可能出现 $\Omega<\Omega_{min}$ 或 $\Omega>\Omega_{max}$ 的情况。

（4）涡动的危害

钻柱的涡动会造成很大的危害，这包括：

① 使转盘扭矩增大。文献[109]认为，空转钻柱往往会耗费很大一部分功率正是由于反转造成的；

② 加速钻柱的弯曲疲劳破坏；

③ 造成钻杆大量的冲蚀破坏。反转会造成钻杆体对井壁的撞击，并产生疲劳裂纹。API对失效钻杆的统计表明，有2/3的钻杆是冲蚀损坏的；

④ 加速钻杆接头和套管的磨损。在无特殊防护措施的情况下，应当避免在小环隙下高速旋转钻柱，以防止钻杆接头对套管的频繁敲击，引起套管的快速磨损。钻柱发生纯滚动涡动会引起钻柱、钻头的偏磨，钻铤和钻头的这种偏磨发生在与井壁接触的同一母线上；

⑤ 造成各类钻头的先期损坏；

⑥ 若令 $n_s=\dfrac{R_o}{R_w-R_o}$，它表示转盘旋转一周，钻柱（钻头）涡动过程中与井壁（井底）接触的次数。当 n_s 为整数时，在稳定的涡动运动状态下，钻头的涡动会引起钻头对井底的定点破碎，产生幅状波纹。

4）整个钻柱或部分钻柱作无规则的旋转摆动

这种运动形式很不稳定，常常造成钻柱的强烈振动。

5）管柱在非线性摩擦扭矩作用下的黏滑转动

钻头和钻柱都存在黏滑运动现象，它是由钻头、钻柱与井底、井壁之间的接触非线性引起的。所谓钻柱黏滑现象指的是钻柱在运动过程中，由于受到井底岩石和井壁的非线性接触作用的影响，引起钻柱间歇性地高速运动和黏滞静止的一种周期性运动。管柱的黏滑运动无论在管柱转动，还是在纵向运动中都可以观察得到。

解释黏滑现象的典型实例如图3-3所示，该图将钻杆简化为弹簧，而将下部的钻铤简化为一个转动惯量（I_p）很大的圆盘。转盘和钻铤的转动角速度分别为 Ω_{p-1} 和 Ω_p，相应的扭矩为 M_{p-1} 和 M_p。在转动过程中，钻铤受到图3-3（c）或（d）形式的摩擦阻力的作用，这种阻力类似于刹车鼓与刹车片的组合方式作用于钻铤表面。

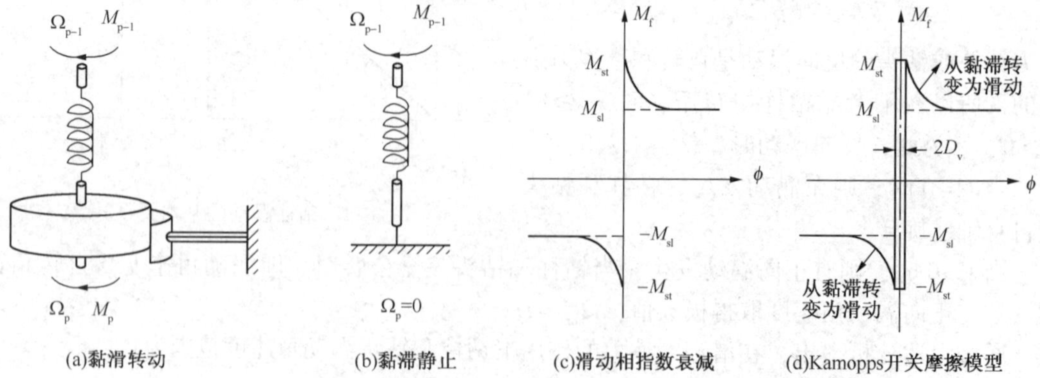

图3-3 钻柱一维扭转黏滑振动模型和摩擦力矩作用模型

钻柱系统的转动运动动态特性可以描述如下：

（1）在滑动状态下，有：

$$I_p\ddot{\phi}_p+B_p\dot{\phi}_p+k_p(\phi_{p-1}-\phi_p)=M_p \qquad \forall\dot{\phi}_p\neq 0$$

且

$$M_p=-|M_{st}|\frac{\dot{\phi}_p}{|\dot{\phi}_p|} \tag{3-2}$$

（2）在黏滞状态下，有：

$$k_p(\phi_{p-1}-\phi_p)=M_p \qquad \forall|M_p|<|M_{st}| \tag{3-3}$$

式中　I_p——转动惯量，$kg\cdot m^2$；

B_p——线性阻尼系数，$N\cdot m/(rad\cdot s^{-1})$；

k_p——弹簧刚度，$N\cdot m/rad$；

ϕ_p——转角，rad；

M_p——作用在钻铤柱上的扭矩，N·m；

M_{p-1}——转盘扭矩，N·m；

M_{st}——打破管柱静态需要施加的扭矩，N·m；

M_{sl}——滑动情况下作用在管柱上的扭矩，N·m。

黏滑振动的具体过程可以解释如下：

（1）当管柱处于黏滞静止状态时，随着转盘驱动上部钻柱转动，管柱发生扭转变形，$\phi_{p-1}-\phi_p$ 不断增大。由于 $\phi_{p-1}-\phi_p$ 增大，导致 $k_p(\phi_{p-1}-\phi_p)$ 的增大；

（2）当 $k_p(\phi_{p-1}-\phi_p)=M_{st}$ 并继续增大时，管柱克服了钻井液和井壁岩石对管柱的摩擦阻力矩，产生转动；

（3）由于管柱转动后的外部摩擦扭矩迅速下降，导致管柱的加速转动。这种加速转动可以产生 2~6 倍转盘角速度的波动；

（4）当管柱高速旋转时，积聚在管柱中的扭转变形能迅速释放，下部管柱驱动 BHA 转动的扭矩也随之减小，管柱做旋转减速运动，引起管柱旋转角速度下降；

（5）随着角速度的下降，管柱的黏性阻力增长，并驱使管柱进入黏滞静止状态，并转至（1）。

上述（1）~（5）就是在黏滑状态下管柱运动一个周期的简要描述。管柱的黏滑运动模型有多种形式，例如，一维、二维和多维黏滑运动模型。而摩擦力或摩擦力矩模型也可以有不同的描述，最常见的有如下几类：①速度弱化模型；②黏滞与库仑摩擦力模型；③具有不同复杂性程度的斯特里贝克效应模型，如 Karnop 和 LuGre 模型[84][138]。

图 3-4 就是在现场测量得到的，井下与地面转速在黏滑运动时的变化曲线[106]。

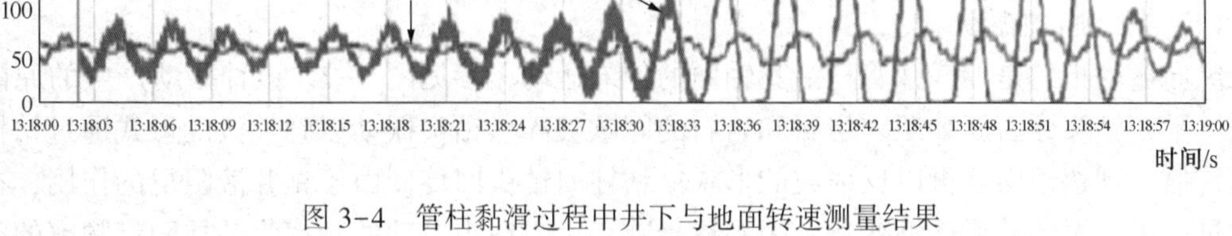

图 3-4　管柱黏滑过程中井下与地面转速测量结果

若给定图 3-4 所示的某钻柱动力学系统参数如为：$I_p = 160.256\text{kg}\cdot\text{m}^2$，$B_p = 1\times10^{-4}\text{N}\cdot\text{m}/(\text{rad}\cdot\text{s}^{-1})$，钻杆扭转刚度 $k_p = 372.927\text{N}\cdot\text{m/rad}$。钻铤所受的黏滑振动摩擦扭矩如图 3-5(a)所示；系统运动的初始条件为：$\Omega_{p-1}=0$，$\Omega_p=0$，$\omega_{p-1}=60\text{r/min}$，$\omega_p=0\text{r/min}$。采用动力学系统数值仿真方法，在转盘角速度 $\omega_{p-1}=60\text{r/min}$ 恒定条件下计算得到仿真结果参见图 3-5(b)~(d)。

从仿真结果来看，在恒定转盘转速的条件下，钻铤黏滑运动导致转盘输入扭矩的很大波动，甚至出现负值。钻柱黏滑运动不仅降低了钻井效率降低，同时也会对动力机产生极为不利的影响，造成钻柱和地面设备的大量振动，引发各种故障。

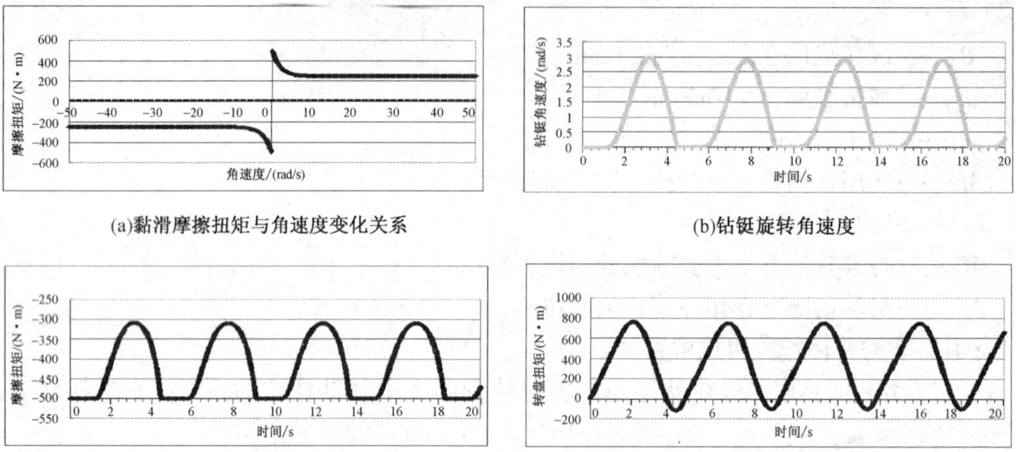

(a)黏滑摩擦扭矩与角速度变化关系　(b)钻铤旋转角速度

(c)钻铤摩擦扭矩　(d)转盘输入扭矩

图 3-5　钻柱一维黏滑振动仿真结果

3.1.2　管柱振动分析

在钻井过程中，用钻柱将钻头送至井眼底部并给钻头传递动力，靠钻头的牙齿与高压射流来破碎岩石，形成井筒；通过钻柱向井下传递高压钻井液，靠钻井液的流动把岩石碎屑携至地面。靠近钻头的一段钻柱，即钻铤的外径和抗弯刚度较大，并在一定位置上安放一定规格的稳定器，由此来控制井眼钻进的方向。下部钻柱一般只有稳定器和钻头接触井壁，钻柱本体不与井壁接触。由于钻头牙齿间断地与地层接触，产生间歇性的岩石破碎，从而导致钻头的不稳定动态运动，引发钻柱的振动。钻柱振动在许多情况下是由于钻柱运动引起的，钻柱、稳定器在任意位置上与井壁的接触碰撞和摩擦，以及钻头破岩过程中的反作用力都可以引起钻柱的扭转、横向和轴向振动，从而导致钻柱黏滑、钻头和 BHA 涡动、跳钻，以及 BHA 共振。

同样地，采油过程中抽油杆(管)的上下或扭转运动，也会引起抽油杆和油管的振动。油气井管柱振动可以分为纵向振动、扭转振动、横向振动、涡动和黏滑等几种基本的形式，参见图 3-6。

(1) 纵(轴)向振动

纵向振动指的是油气井管柱沿其轴向的伸缩运动，参见图 3-7。该种振动产生的原因是井底不平、钻头牙齿间歇压入岩石和岩石的间歇破碎。钻头振动以弹性波的形式通过钻柱向地面传播，到达地面后再以反射波的形式沿钻柱向钻头回传。由于钻井液阻尼的作用，在传播的过程中，振动波形逐渐变化，振幅逐步减小。当钻头振动的频率为钻柱固有频率的整数倍时，钻柱将处于共振状态，在钻柱内会产生相当大的交变应力和振幅，可导致钻柱断裂或黏扣。研究油气井管柱的纵向振动对管柱设计、减振器安放和合理工艺参数的确定(例如，钻柱的转速)有重要的指导意义。

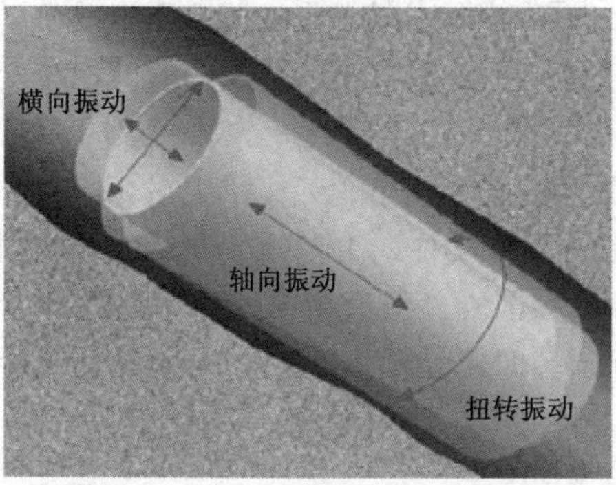

图 3-6　管柱的振动

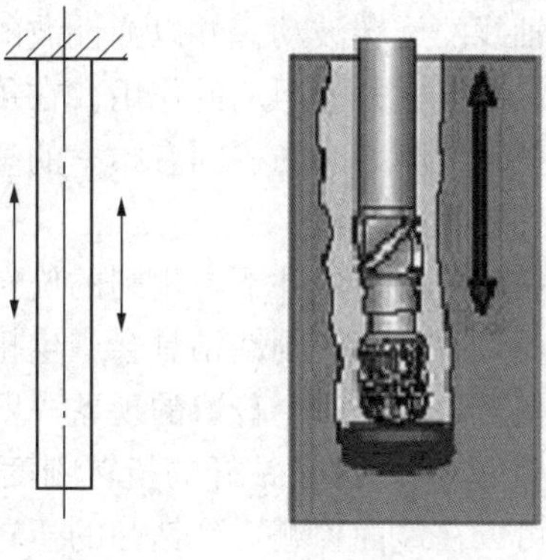

(a)纵向振动　(b)跳钻

图 3-7　钻柱的纵(轴)向振动

钻进时钻头转动，特别是牙轮钻头每转一周，三个牙轮由于牙齿间歇冲击井底的影响会引起钻柱的纵向振动，并在钻柱中性点附近产生轴向交变应力。纵向振动和钻头结构、所钻地层性质、泵量不均匀、钻压及转速等因素有关。当纵向振动周期和钻柱本身的固有振动周期相同，或成倍数时就会产生共振现象。钻柱共振时的振幅急剧增大，导致钻头周期性地脱离并冲击井底的运动被称之为“跳钻”。严重的跳钻常常造成钻头损坏、钻杆磨损加剧，以及迅速的疲劳破坏。

管柱轴向振动通常在转速附近包含一个典型振动主频，参见图 3-8(a)。实际钻柱的旋转和轴向振动主要取决于管柱扭矩和钻压的大小，轴向振动引起的危害是机械钻速慢、钻头蹦齿和钻铤损坏。在某些情况下，钻头黏卡期间钻速的下降能引起足够强度的扭转波动。由于钻速受到钻头转速的控制，周期性的黏滑振动能够在钻头的纵向振动频谱中得到反映，如图 3-8(b)所示。在硬岩石中，钻速波动的轴向振动主频可以高于软岩石一个数量级[139]。

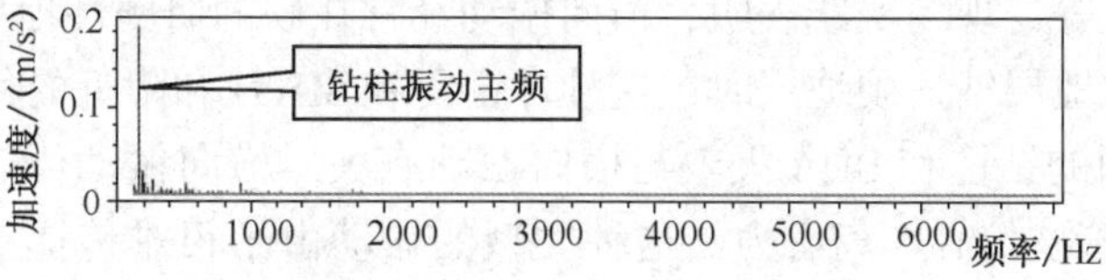

(a)牙轮钻头钻进时钻柱振动信号的频谱

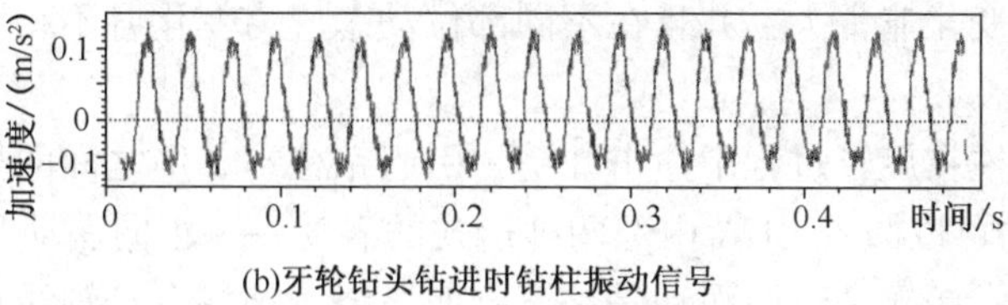

(b)牙轮钻头钻进时钻柱振动信号

图 3-8　牙轮钻头纵向振动信号与频谱

(2) 扭转振动

扭转振动指的是钻柱绕其中心线的扭摆振动。当井底对钻头旋转的阻力不断变化时，会引起钻柱的扭转振动，并产生交变剪应力，降低钻柱的寿命。扭转振动和钻头结构、岩石性质、岩性均匀程度、钻压及转速等因素有关。特别是使用刮刀钻头钻软硬交错地层时，钻柱可能产生剧烈的扭振，出现所谓的“憋跳”现象。

这种振动产生的原因是钻头间歇破碎岩石时所导致的转速变化。扭矩波动使钻柱产生绕自身轴线的旋转波动，并以弹性波的形式通过钻柱向地面传播，到达地面后再沿钻柱向钻头回传。由于钻井液阻尼的作用，在传播的过程中，振动波形逐渐变化，振幅逐步减小。但当钻头振动的频率为钻柱固有频率的整数倍时，钻柱将处于共振状态，钻柱内的剪切交变应力也达到较大的数值。

扭转振动造成井下不规则的旋转运动，从而引起钻铤螺纹的疲劳，钻头损坏，并影响钻井作业效率。旋转刚性钻具会产生扭转振荡，并通过弹性钻柱向上传播。现场测量表明，硬地层扭转振动是一个普遍的现象[140]。激发扭振有许多因素，但最主要的是钻柱与井壁之间的摩擦力[141]。由于钻杆的扭转刚度很小，这就意味着即使是低扰动也能产生很大的旋转位移，可以在地面检测得到钻柱的扭转振动。

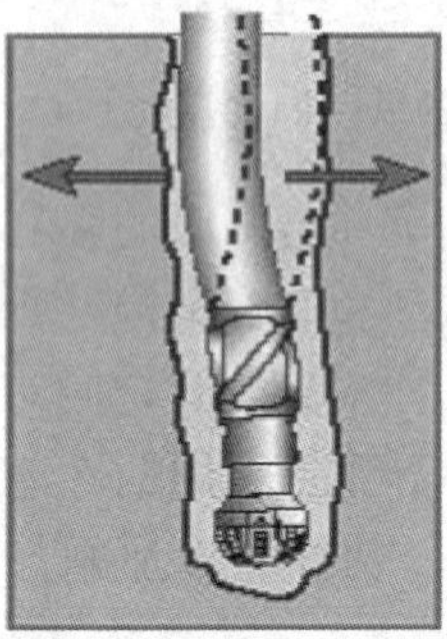

图 3-9 管柱横向振动

(3) 横向振动

横向振动指的是钻柱中心偏离井眼中心轴线，从井壁的一个侧面横向摆动到另一个侧面的冲撞、摩擦运动，参见图 3-9。当钻柱的转速超过某一临界转速时，钻柱将出现横向摆振，其结果是使钻柱产生公转，引起钻柱的严重偏磨。

井下钻柱的横向弯曲振动传播速度比较慢，而且一般需要传播很多个波长之后才能到达地表。频率越低，传播速度就越慢，钻井液和井壁对横向振动的衰减作用非常大。横向振动具有极大的破坏性，因为它的出现可以在地面毫无反映，没有任何迹象。旋转钻具与井壁之间可以产生高达 250g 的横向冲击，这相当于一辆以 150m/h 高速运行的汽车要在近 1m 的距离内突然停止所产生的冲击作用[139]。如果忽略钻柱与井壁之间的接触动态，仅采用一维线性谐波振动来描述钻柱的振动现象，是无法全面揭示钻柱横向振动的运动特征与规律性的。这些冲击可造成各种钻井问题，例如：井眼扩大、钻铤磨损、连接损坏、疲劳失效、脱扣和工具失效等。现场实践表明，横向振动经常在硬的研磨性地层中出现。在转速不变的情况下，当由软地层钻入硬地层时，这种冲击可在 MWD 和附近的稳定器中观察得到。

约 75%不明原因的钻柱和 BHA 失效与横向振动有关。横向振动可以迫使钻柱弯曲、钻头/钻柱涡动，引起管柱偏心与离心力。这种类型的振动由于很难传递至地面，因此不容易在地表检测得到。图 1-4 就是不同部位钻柱弯曲应力井下测试的测量实例。现场 BHA 振动测试表明，弯曲应力变化非常大，并且在不同部位动态应力变化各不相同。

(4) 钻柱的涡动

钻具涡动是由钻柱在旋转过程中撞击井壁，引起钻柱与井壁之间的接触摩擦触发的，参见图 3-10。横向振动可以激发 BHA 内部两种形式的涡动——正向涡动和反向涡动，并且这种涡动运动的出现非常频繁。正向涡动是钻铤弯曲段绕着钻柱自身轴线自转的同时，还绕井眼轴线与钻柱自转相同的方向公转。而反向涡动是钻铤或稳定器绕着钻柱自身轴线自转的同时，还绕井眼轴线与钻柱自转相反的方向作滚动运动[109]。在涡动过程中，钻头不围绕着井眼中心线旋转，而引发螺旋运动。正向涡动主要引起钻铤磨损，而反向涡动主要导致连接失效与钻头的先期磨损，是对钻头寿命影响最大的一种振动形式。

钻头涡动不是钻头发生横向振动的惟一形式。钻头可以发生横向振动，但不一定发生涡动。在大多数情况下，钻头涡动与其它振动形式共生，因此钻头中心线的运动轨迹不是一个圆，参见图3-10(a)。钻头涡动是横向振动现象的一个不可分割的组成部分。这种振动的特征是钻头的瞬时中心围绕着钻头钻进的工作面发生异常移动，因此，钻头的中心与井眼中心不一致。尤其是对于PDC钻头，钻头涡动导致钻头的异常磨损。由于钻头和钻铤之间是刚性连接的，钻铤横向振动可以引发钻头的涡动，钻头的涡动也可以激发BHA的横向振动。

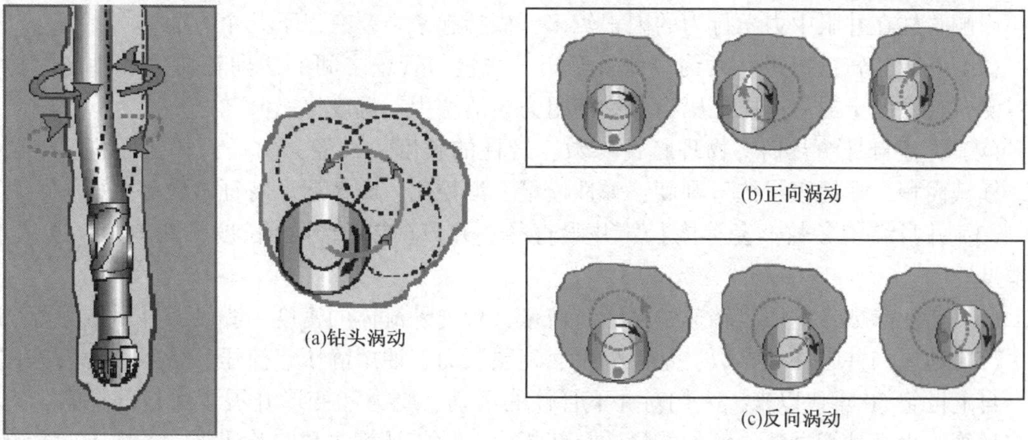

(a)钻头涡动

(b)正向涡动

(c)反向涡动

图3-10 钻柱的涡动

在大多数情况下，涡动出现在软地层，钻压较小的时候，并导致井眼扩大。在硬地层发生钻头反向涡动就可能导致钻头的严重损坏。目前出现了几种尽量减少涡动的方法，例如钻头的抗涡动设计，降低转速或增加钻压也能够有效地降低钻头的涡动。

(5) 管柱的黏滑振动

黏滑是一种特定类型的扭转振动。黏滑包括钻头从速度到几乎为零至高转速旋转的大范围周期性波动，最大转速往往超过转盘转速的两倍。黏滑并不是钻井过程中发生扭转振动的唯一形式，但黏滑对钻速的影响是最不利的，井下约有50%的时间消耗在黏滑振动上[142]。

扭转黏滑通常被认为是低转速下钻进时最具破坏性的振动形式，由于黏滑的不规则运动可以导致钻铤疲劳、钻速下降。对于一段5000m长的钻柱，这种扭转波动运动通常相当于在转盘和钻头之间施加了一个扭转脉冲，在数秒内就可产生“黏结”静止和“滑动”运动。

这种扭转激振是地面转盘角速度的2~6倍，可引发大量的震荡和波动。一旦失控，将损坏钻头和钻柱。由于黏滑运动相当于给钻头施加了一个动态冲击，因此，即使是一个很小的黏滑振动也可以引起钻头的磨损。另外，这种剧烈运动也可以导致钻柱内部的微裂缝扩展、钻柱快速的断裂失效。

重要的是要消除有害的振动。无论明显与否，钻柱有害的振动将极大地提高了钻井成本。不少人认为，估计2%~10%的钻井成本与钻柱振动有关。但有些类型的振动可能是有用的，例如钻头噪音可作为随钻地震信号；还可以利用钻柱振动信号来诊断井下潜在的事故，识别地层边界与岩性[105、106、116、117]。重要的是要了解管柱振动的类型，以及这些振动对钻井作业的影响途径和方式。

上述振动形式在本质上是不相同的，激励它们自振的条件不但与管柱的物理和几何特性有关，而且均依赖于管柱的旋转速度。

§3.2 管柱受力分析

3.2.1 受力分类

影响管柱在井眼中力学行为的因素较多，概括起来主要有以下几个方面：

(1) 外载：转盘扭矩、大钩载荷、弯矩、井壁与管壁之间的法向正压力和轴向摩擦阻力；测试管柱的坐封力、内外压力、黏滞阻力、活塞力、温度等。

(2) 管柱自身的几何、物理特性参数：管柱的长度、外径、内径、内孔面积、外圆面积、横截面积、惯性矩、抗弯刚度、弹性模量、泊松比、摩擦运动特征参数等。

(3) 井身结构参数：套管内径、井眼直径、井段(或套管段)长度、井斜角、方位角、狗腿度等。

(4) 作业参数：钻压、转速、泵压、流量，管内外流体的密度、黏度、井口压力等。

(5) 地层与井眼环境参数：地温梯度、地层压力、油层静压、流压、含水、含气等。

自上世纪50年代以来，人们对井下管柱的运动、受力和变形开展了大量的探索，提出了多种管柱力学计算方法，例如能量法、解析法、数值计算法和实验法等；考虑不同影响因素(内外压、自重、摩擦、端部约束等)，针对不同的井眼条件(垂直井眼、斜直井眼、水平井眼、弯曲井眼)，从不同的侧面(静力计算、稳定性、载荷传递、自锁、强度、变形等)，对这一问题进行了深入、广泛的理论和应用研究，并取得了许多重要的研究成果。

油气井管柱在不同的工作状态下所受的载荷各不相同，主要可以分为以下几种。

1) 轴向拉力和压力

油气井管柱受到的轴向载荷主要有：①由自重产生的拉力，钻井液作用于管柱所产生的浮力，以及因施加钻压而作用在管柱底部的压力；②管柱与井壁、钻井液间的摩擦，起下钻时上提或下放钻柱速度的变化等产生附加的轴向载荷。

在起下管柱过程中由于自重的作用，在井口处的拉力最大，愈向下拉力愈小。在钻进过程中，由于钻压的作用管柱底部还承受轴向压力。

管柱在钻井液中受到钻井液的浮力的作用。浮力的方向正好同重力的方向相反，浮力的作用使管柱上部的拉力减小。

在起下管柱时，管柱与井壁间有摩擦力，此摩擦力在起钻时增加上部管柱的拉伸载荷，而下钻时摩擦力减轻了上部管柱所受拉力。

2) 弯曲应力

引起油气井管柱弯曲分两种情况，一是当管柱位于弯曲井眼内时，管柱为适应井眼几何形状而引起的弯曲；二是由于管柱受压，以及质量分布不均导致旋转管柱离心力的作用，进而引发的弯曲。当管柱处于弯曲井眼中或受压弯曲时，管柱受到弯曲力矩的作用。弯曲的管柱自转时，还将产生弯曲交变应力。有关管柱弯曲应力的简要介绍，请参见§5.2.3。

3) 离心力

当油气井管柱绕井眼轴线公转，或者由于质量不均的管柱绕自身轴线自转时产生离心力，它促使管柱发生弯曲。

4）扭矩

采用转盘钻井时，由于转盘驱动管柱、钻头旋转，并克服管柱与井壁的摩擦，使钻头破碎岩石，管柱内就有轴向扭矩的作用。管柱承受的轴向扭矩在井口处最大，钻头处最小。当采用井下动力钻具钻进时，由于钻头旋转给管柱施加反扭矩，管柱内仍然有扭矩存在；这一扭矩在钻头处最大，越往上越小。

根据材料力学的理论，对于两端受到扭矩 M 作用的薄壁管柱而言，其横截面上的剪应力为：

$$\tau=\frac{M}{W_n} \tag{3-4}$$

式中 τ——作用在薄壁管柱横截面上的剪应力，Pa；

W_n——管柱抗扭系数，$W_n=\frac{\pi d_o^3}{16}\times\left(1-\frac{d_i^4}{d_o^4}\right)$，$m^3$；

d_i、d_o——管柱的内、外直径，m；

M——扭矩，N·m。

对于旋转角速度为 ω，输入功率为 W 的管柱而言，有

$$M=\frac{W}{\omega}=\frac{30W}{\pi n} \quad 或 \quad M=\frac{9549W}{n}$$

式中 W——管柱的输入功率，kW；

n——转速，r/min。

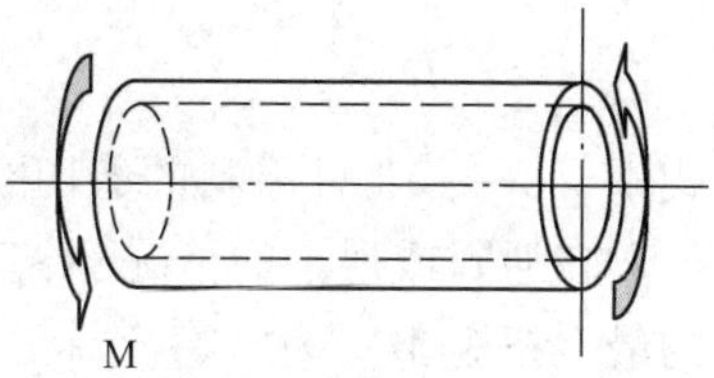

图 3-11 管柱的扭转

因此，管柱的剪切应力随之就可以确定。

在一般情况下，钻柱功率可以分成两个部分：

① 钻柱空转时所需的功率 W_s；

② 旋转钻头破碎岩石所需的功率 W_b。

即 $W=W_s+W_b$

W_s和 W_b受大量因素的影响。正常钻进时与钻头类型、岩石性质、钻柱尺寸、钻压、转速、钻井液性能、井眼几何形状、井眼质量等因素有关。一般情况下常使用经验公式来计算，例如

$$W_s=4.51C\rho_m d_o^2 nL\times10^3\,\text{kW}(当\ n<230\text{r/min}\ 时) \tag{3-5a}$$

式中 ρ_m——钻井液密度，g/cm^3；

L——管柱长度，m；

C——井斜系数，参见表 3-1。

表 3-1 井斜系数 C 随井斜角之间的统计结果

	直　井	6°	15°	25°
C 值	18.8×10^{-5}	31.0×10^{-5}	38.5×10^{-5}	48.0×10^{-5}

对于钻头破碎岩石所需的功率 W_b，有

$$W_b=0.0785\times P_B\times n\times D\times10^{-3}\quad \text{kW} \quad （牙轮钻头）$$
$$W_b=32.175\times P_B^{\ 1.03}\times n\times D\times\psi\times10^{-3}\quad \text{kW} \quad （刮刀钻头） \tag{3-5b}$$

式中 ψ——经验系数，一般取 0.36～0.6；

P_B——钻压，kN。

钻柱旋转时，最危险的情况发生在钻头(或钻柱)突然被卡、遇阻时。此时，旋转钻柱的动能有可能全部转变为形变势能，引起钻柱瞬间扭转，产生很大的扭矩和剪应力。

钻柱的动能有：

$$T=\frac{1}{2}J_o\omega^2$$

$$J_o=\frac{1}{8}(d_o^2+d_i^2)m_d=\frac{\pi}{32}\times(d_o^4-d_i^4)\times\rho_s L=\rho_s LJ_p$$

式中 J_o——转动惯量，kg · m²；

J_p——旋转部分钻柱的极惯性矩，$J_p=W_n\cdot d_o/2$；

m_d——管柱质量，kg；

ρ_s——钢材密度，g/cm³。

钻柱的形变势能：

$$U=\frac{M^2L}{2GJ_p} \tag{3-6}$$

式中 G——管柱材料的剪切刚度，Pa。

在遇阻或遇卡的情况下，若管柱的全部动能都转变为形变能，则满足 $T=U$；对应管柱的最大扭矩 M_{max} 为

$$M_{max}=\omega J_p\sqrt{\rho_s G}=3.31\times n\times J_p\times\sqrt{\rho_s G}\times 10^{-8} \tag{3-7}$$

对应的最大剪切应力

$$\tau_{max}=\frac{M_{max}}{W_n}=1.66\times n\times d_o\times\sqrt{\rho_s G}\times 10^{-2} \tag{3-8}$$

5）内外压力

处在井眼内的管柱内外都受到钻井液压力的作用，不同时期、不同工况下的压力大小各不相同。对于内外受液压力作用时(图 3-12)，可用拉梅公式确定管柱应力状态如下：

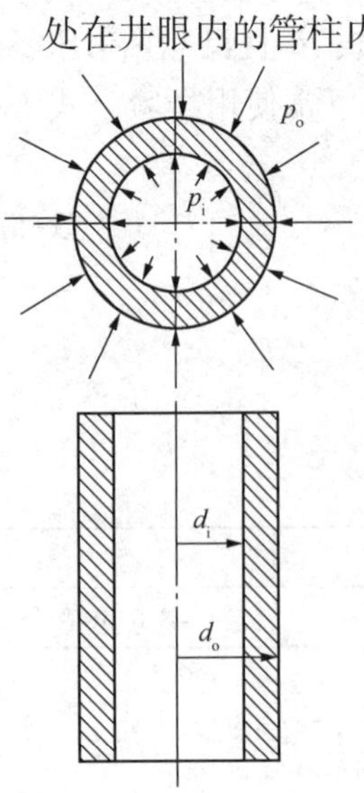

图 3-12 内外压力作用

$$\begin{aligned}\sigma_r&=\frac{d_i^2p_i-d_o^2p_o}{d_o^2-d_i^2}-\frac{d_i^2d_o^2(p_i-p_o)}{d^2(d_o^2-d_i^2)}\\ \sigma_\theta&=\frac{d_i^2p_i-d_o^2p_o}{d_o^2-d_i^2}+\frac{d_i^2d_o^2(p_i-p_o)}{d^2(d_o^2-d_i^2)}\end{aligned} \tag{3-9}$$

式中 p_i、p_o——管柱横截面处的内、外液压力，Pa；

σ_r、σ_θ——管柱径向、周向应力，Pa。

如果允许管柱在轴向上发生伸缩变形，则管柱在内外液压力的作用下处于平面应力状态。由于周向和径向应力联合作用下产生的单元体轴向形变量为：

$$\varepsilon_x=\frac{\mu}{E}[0-(\sigma_r+\sigma_\theta)]=-\frac{\mu}{E}(\sigma_r+\sigma_\theta)$$

式中 ε_x——管柱在内、外液压力作用下的轴向应变。

将σ_r、σ_θ计算式代入上式，可得

$$\varepsilon_x=\frac{2\mu(d_i^2p_i-d_o^2p_o)}{E(d_o^2-d_i^2)} \tag{3-10}$$

如果不允许管柱在轴向发生伸缩变形，则由于周向和径向应力的联合作用，单元体将承受轴向应力的作用。

由于

$$\varepsilon_x=\frac{1}{E}[\sigma_x-\mu(\sigma_r+\sigma_\theta)]=0$$

$$\therefore \quad \sigma_x=\mu(\sigma_r+\sigma_\theta)=\frac{2\mu(d_i^2p_i-d_o^2p_2)}{d_o^2-d_i^2} \tag{3-11}$$

式中 σ_x——管柱在内外压力作用下的轴向应力，Pa。

因此，在计算过程中一定要注意管柱内外压力作用下，引起的应力-应变和管柱实际环境之间的联系和影响。

6）热应力

如果管柱是自由的，那么温度变化必将导致管柱膨胀或收缩，并引起管柱几何尺寸的变化。如果管柱的变形受约束，那么温度的变化将在管柱内产生热应力。

如果管柱可以自由伸缩，则温度变化导致管柱变形的计算公式为：

$$\varepsilon_T=\alpha_T(T-T_0)=\alpha_T\times\Delta T \tag{3-12}$$

式中 ε_T——管柱在温差作用下的轴向应变；

α_T——测试管柱的热膨胀系数，1/℃；

ΔT——温度变化量，℃。

如果管柱不能自由伸缩，则可以根据具体情况确定管柱横截面上的应力大小。

管柱温度效应在某些情况下是一个重要的影响参数，例如热力采油、高温高压深井等。由于问题的特殊性，油气井管柱温度变化在周向和径向上的影响在此不作讨论。

7）动载

在起下钻过程中，由于管柱运动速度的变化，会引起纵向动载，在管柱中产生纵向瞬时交变应力，动载的大小与操作有关。

管柱的纵向运动过程中产生的动载是一个变化量，但在静力学分析中一般只需要考虑在不同工况下管柱动载的最大值，取经验值如下：

$$Q_d=0.2\sim0.3\times(Q-B) \tag{3-13}$$

式中 Q_d——管柱运动引起的最大动载，kN；

Q——管柱在空气中的重量，kN；

B——管柱所受的浮力，kN。

另外，射孔作业对管柱也造成比较大的冲击载荷。在深井中则可以不考虑此动载的影响。

8）管柱与井壁的正压力和摩擦力

由于有井斜和井眼曲率的存在，承受重力和拉力作用的管柱与井壁之间就有正压力存在，当管柱运动时就存在摩擦力。

在实际直井中，管柱和井壁之间也存在摩擦力的作用。此时，摩擦动载一般可以取为：

$$Q_f = 0.2 \sim 0.3 \times (Q - B) \tag{3-14}$$

式中 Q_f——管柱摩擦引起的最大动载荷，kN。

3.2.2 软管模型管柱受力计算

1）什么是钻柱的软管模型

在钻柱软管模型的描述中，需要区别绳索模型和软管模型之间的差异。绳索模型通常具有如下特点：①绳索质量不计、形变不计，只能承受拉力，不能承受压力，且拉力方向沿绳背离受力物体；②绳索内部张力处处相等且等于绳子拉物体的力或物体拉绳子的力；③绳索两端所系物体在任一时刻沿绳索方向的速度分量大小相等、方向相同；④绳索张力变化过程所需要的时间不计。

上述描述说明，绳索模型有以下几个关键点：①绳索没有质量，也不会产生形变；②绳索只能承受绳索轴线上的拉力，不能承受其它形式的力；③除轴向以外，绳索在其它方向上没有刚度，可以发生压、扭、剪切等任意形式的变形。

所谓软管模型指的是：①软管有质量、能够承受轴向扭转与拉压力；②软管沿轴向上的剪切刚度等于0，可以在垂直轴向上发生任意的弯曲变形；③软管在垂直轴向上发生的弯曲变形过程所需要的时间不计。

因此，如果将钻柱看成是软管，则钻柱可以随井眼几何形状的变化发生相应的变形，并在管柱重力的作用下紧贴于下井壁，管柱轴线形状与井眼下井壁曲线形状相同。

2）定向井各井段软管柱轴向力和摩擦力矩 M_f 的计算

假定管柱在井眼内的轴向运动速度为0，绕自身轴线发生自转。在这一假设条件下，按照软管柱模型进行不同井段管柱受力分析如下：

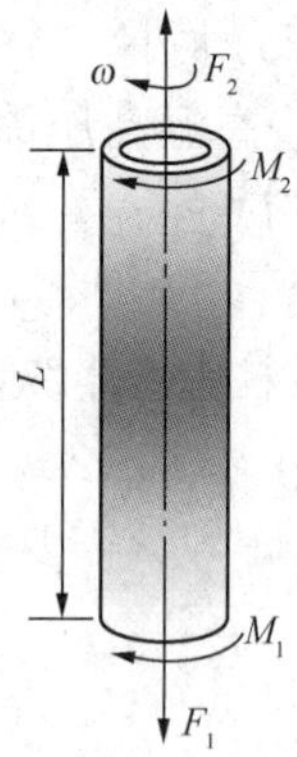

图3-13 直井段管柱受力

在直井段，由于直井眼内不存在管柱对井壁的正压力(可参见图3-13)。采用浮力系数法(参见§3.3.3)显然有

$$F_2 = F_1 + q_1 \times B_f \times L,\ M_2 = M_1 \tag{3-15}$$

式中 F_1、F_2——管柱下端和上端所受的轴向力，N；

M_1、M_2——管柱下端和上端所受的轴向扭矩，N·m；

B_f——管柱的浮力系数。

$$B_f = 1 - \frac{\rho_m}{\rho_s} \tag{3-16}$$

式中 ρ_m、ρ_s——钻井液和管柱材料的密度，kg/m³；

q_1——管柱线密度，N/m；

L——管柱的长度，m。

在增斜井段，假定该井段的曲率半径为 R_2，钻柱外径为 d_2，钻柱的线重量为 q_2，钻柱与井壁之间的摩擦系数为 μ，井斜角变化范围为 $\alpha_1 \sim \alpha_2$，且 $\alpha_1 < \alpha_2$。

取增斜段某一微单元进行受力分析，参见图3-14(a)可得管柱单元在钻井液中的重量

$$dQ = q_2 B_f dL$$

或

$$dQ = q_2 B_f R_2 d\alpha$$

在管柱所受井壁正向作用力 dN 方向及切向上建立力学平衡关系式，可得

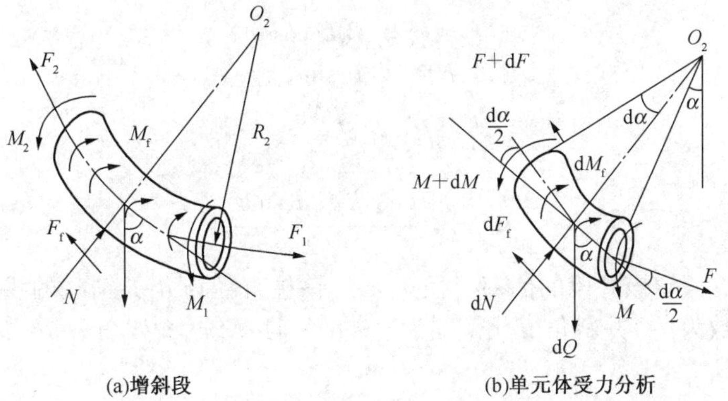

图 3-14　增斜段管柱轴向力和扭矩的计算

$$dQ\sin\alpha - dN - F\sin\frac{d\alpha}{2} - (F+dF)\sin\frac{d\alpha}{2} = 0$$

$$(F+dF)\cos\frac{d\alpha}{2} - F\cos\frac{d\alpha}{2} - dQ\cos\alpha = 0$$

将上式展开，并忽略高阶项，可以推导得到

$$dN = dQ\sin\alpha - F\sin\frac{d\alpha}{2} - (F+dF)\sin\frac{d\alpha}{2} \Rightarrow dN = (q_2 B_f R_2 \sin\alpha - F)\,d\alpha$$

$$dF\cos\frac{d\alpha}{2} = dQ\cos\alpha \Rightarrow dF \approx q_2 B_f R_2 \cos\alpha\, d\alpha$$

对 dF 进行积分，可得

$$F = F_1 + \int_{\alpha_2}^{\alpha_1} q_2 B_f R_2 \cos\alpha\, d\alpha = F_1 + q_2 B_f R_2(\sin\alpha_1 - \sin\alpha_2)$$

∴
$$F(\alpha) = F_1 + q_2 B_f R_2(\sin\alpha - \sin\alpha_2) \tag{3-17a}$$

$$F_2 = F_1 + q_2 B_f R_2(\sin\alpha_1 - \sin\alpha_2) \tag{3-17b}$$

将上式代入 $dM_f = \frac{\mu dN \times d_2}{2}$ 计算式，并进行积分，可得

$$dM_f = \frac{\mu d_2[q_2 B_f R_2 \sin\alpha - F_1 - q_2 B_f R_2(\sin\alpha_2 - \sin\alpha)]}{2} d\alpha$$

$$M_2 = M_1 + \int_{\alpha_2}^{\alpha_1} \frac{\mu d_2[2q_2 B_f R_2 \sin\alpha - F_1 - q_2 B_f R_2 \sin\alpha_2]}{2} d\alpha$$

$$M_2 = M_1 + \frac{\mu d_2}{2}[-2q_2 B_f R_2 \cos\alpha - (F_1 + q_2 B_f R_2 \sin\alpha_2)\alpha]_{\alpha_2}^{\alpha_1}$$

$$M_2 = M_1 + \frac{\mu d_2}{2}[2q_2 B_f R_2(\cos\alpha_1 - \cos\alpha_2) + (F_1 + q_2 B_f R_2 \sin\alpha_2)(\alpha_2 - \alpha_1)]$$

或

$$M_2 = M_1 + \mu q_2 B_f R_2 d_2(\cos\alpha_1 - \cos\alpha_2) + \frac{\mu F_1 d_2(\alpha_2 - \alpha_1)}{2} + \frac{\mu q_2 B_f R_2 d_2 \sin\alpha_2(\alpha_2 - \alpha_1)}{2} \tag{3-18}$$

在斜直井段，假定稳斜段钻柱的线重量为 q_3，管柱外径 d_3，井斜角为 α_w，稳斜段长度为 L_w，如图 3-15 所示。显然轴向力对稳斜段的正压力没有影响，因此有

$$F_2=F_1+q_3B_fL_w\cos\alpha_w \tag{3-19}$$

$$N=q_3B_fL_w\sin\alpha_w \tag{3-20}$$

$$M_2=M_1+\frac{\mu Nd_3}{2} \tag{3-21a}$$

或

$$M_2=M_1+\frac{\mu q_3B_fL_wd_3\sin\alpha_w}{2} \tag{3-21b}$$

在降斜段内，假定该井段的曲率半径为 R_4，钻柱直径为 d_4，钻柱的线重量为 q_4，钻柱同井壁的摩擦系数为μ，井斜角变化范围为 $\alpha_3\sim\alpha_4$，且 $\alpha_3>\alpha_4$，如图 3-16 所示。与增斜段分析类似，可以得到

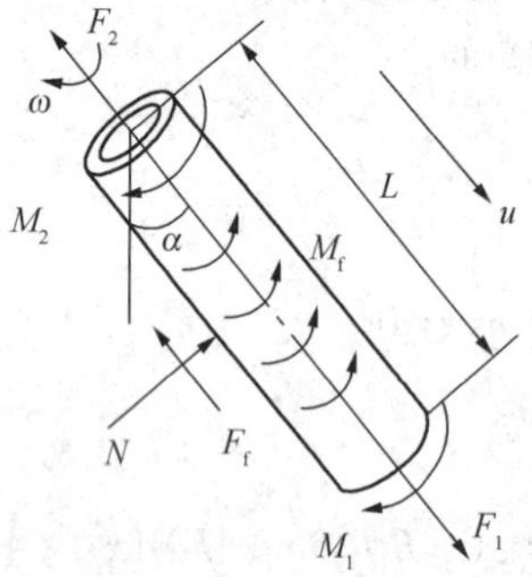

图 3-15　稳斜段管柱轴向力和扭矩分析

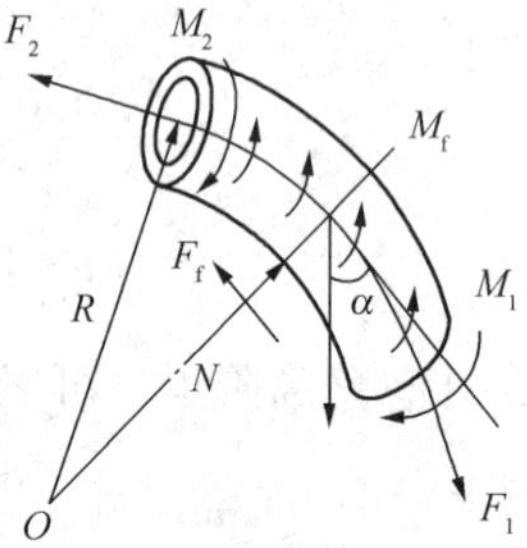

图 3-16　降斜段管柱轴向力和扭矩分析

$$dN=(q_4B_fR_4\sin\alpha+T)d\alpha$$

$$dF\approx q_4B_fR_4\cos\alpha d\alpha$$

对 dF 进行积分，可得

$$F_2=F_1+\int_{\alpha_4}^{\alpha_3}q_4B_fR_4\cos\alpha d\alpha$$

$$F_2=F_1+q_2B_fR_2(\sin\alpha_3-\sin\alpha_4) \tag{3-22a}$$

∴

$$F(\alpha)=F_1+q_4B_fR_4(\sin\alpha-\sin\alpha_4) \tag{3-22b}$$

将上式代入 $dM_f=\frac{\mu dN\times d_4}{2}$计算式，并进行积分，可得

$$dM_f=\frac{\mu d_4[q_4B_fR_4\sin\alpha-F_1-q_4B_fR_4(\sin\alpha-\sin\alpha_4)]}{2}d\alpha$$

$$M_2=M_1+\int_{\alpha_4}^{\alpha_3}\frac{\mu d_4[2q_4B_fR_4\sin\alpha-F_1-q_4B_fR_4\sin\alpha_4]}{2}d\alpha$$

$$M_2=M_1+\frac{\mu d_4}{2}[-2q_4B_fR_4\cos\alpha-(F_1+q_4B_fR_4\sin\alpha_4)\alpha]_{\alpha_4}^{\alpha_3} \tag{3-23}$$

$$M_2=M_1+\frac{\mu d_4}{2}[2q_4B_fR_4(\cos\alpha_4-\cos\alpha_3)+(F_1+q_4B_fR_4\sin\alpha_4)(\alpha_3-\alpha_4)]$$

通过上述管柱所受轴向力和扭矩的推导，可以实现管柱在自转情况下的受力分析。摩擦系数μ 与钻井液类型有关，需要在实验室内测定，一般取经验值为 0.1~0.4。

3.2.3　管柱浮力计算

1）浮力的定义

根据流体静力学对浮力的定义[143]：浮力是作用于浮体或潜体的所有与液体接触表面上

液柱压力的总合力。它在数值上等于浮体(或潜体)排开液体的重量，方向与重力方向相反，其作用线通过浮体(或潜体)浸入液体部分体积的形心(或浮心)。

根据上述定义可以肯定，在静置的情况下作用在井眼内钻柱任一截面上的轴向力，应等于这截面以下的钻柱在钻井液中的重量，即截面以下钻柱的自重减去这段钻柱在钻井液中所受的液体作用力，用方程可表示为：

$$F = Q - B \tag{3-24}$$

式中　F——钻柱的轴向力，kN；

Q——截面以下钻柱的自重，kN；

B——这段钻柱所受的液体作用力的合力，kN。

由于浮力等于它所排开的同体积的液重，则有

$$B = \rho_m g V \times 10^4$$

$$\therefore \quad F = Q - B = \rho_s g V \times 10^4 - \rho_m g V \times 10^4 = \rho_s g V \times B_f \times 10^4 \tag{3-25}$$

式中　B——钻井液作用在管柱上的浮力，kN；

V——管柱体积，m^3；

g——重力加速度，m/s^2；

B_f——浮力系数。

采用式(3-25)计算管柱浮力和轴向力的方法，被称为浮力系数法。

2）液流对管柱作用力的计算

长期以来，钻井界对浮力存在着各种不同的认识与看法。究其原因，主要是钻井管柱在小井眼液流内存在方式的复杂性所引起的。

首先，让我们来了解一下浮力的实质：浮力是由液体静液压力的作用下产生的，是作用浸没于液体中外来物体上的液压静效应，是作用于物体表面上的力。也就是说，是由与液体相接触表面上的静液压力产生，其宏观总效应总是垂直向上的。所以，浮力作用的方向总是与重力作用的方向相反。

但如果考虑直井单一管柱在液体中的情况，参见图3-17(a)。管柱底部与井底紧密接触，静液压力无法传递到管柱低部。显然，此时流体对管柱作用力合力的大小就等于管柱顶部静液压力作用的总和，即

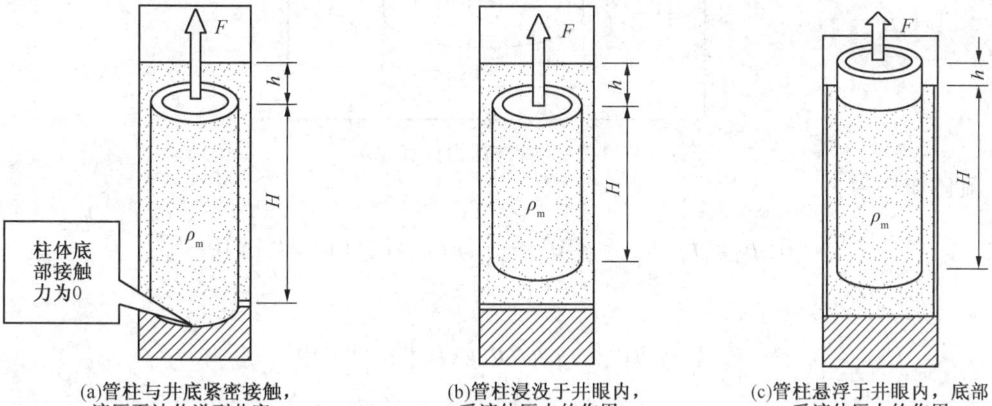

(a)管柱与井底紧密接触，液压无法传递到井底　(b)管柱浸没于井眼内，受液体压力的作用　(c)管柱悬浮于井眼内，底部受液体压力的作用

图3-17　浮力的概念

$$B=-\rho ghA\times10^4$$

$$F=Q+B=\rho_s gHA\times10^4+\rho_m ghA\times10^4$$

式中 A——管柱横截面积，m^2；

h——管柱顶部离液面的距离，m；

H——管柱长度，m。

显然，此时流体对管柱作用力合力的作用方向是垂直向下的，并且 $F\neq\rho_s gHA\times B_f\times10^4$。

对于图 3-17(b)的情况，此时流体对管柱作用力合力大小就等于管柱底部静液压力和管柱顶部静液压力作用的总和，也就是等于管柱所排代的液体重量，即

$$F=Q-B=Q-\rho g(H+h)A\times10^4+\rho ghA\times10^4=\rho_s gHA\times10^4-\rho gHA\times10^4$$

$$B=\rho gHA\times10^4 \qquad 且 \qquad F=\rho_s gHA\times B_f\times10^4$$

对于图 3-17(c)的情况，管柱悬浮于井眼内，流体对管柱作用力合力大小就等于管柱底部静液压力作用的总和，即

$$F=Q-B=Q-\rho gHA\times10^4=\rho_s g(H+h)A\times10^4-\rho gHA\times10^4$$

$$B=\rho gHA\times10^4 \qquad 且 \qquad F\neq\rho_s gHA\times B_f\times10^4$$

因此，尽管以上三种情况物体所排代的液体重量相同，但流体对管柱作用的合力大小却有所不同。

根据前面的结论，我们取一有两种内径相同、外径不同，线重量分别为 q_d、q_c 的管段组成的管柱进行分析，参见图 3-18。显然，在 $A—A$ 截面处

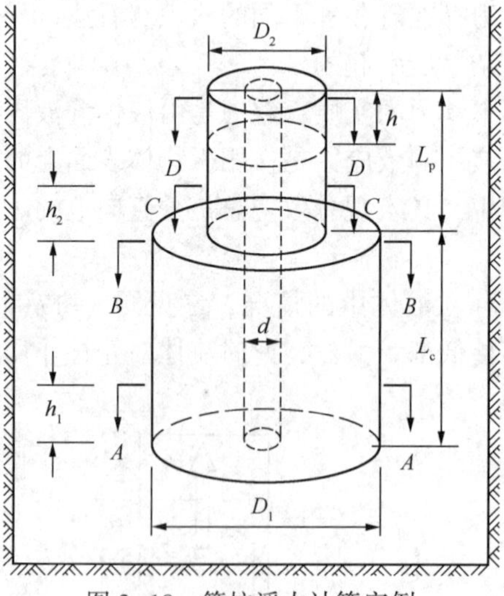

图 3-18 管柱浮力计算实例

流体作用力：

$$B=\rho_m g(L_p+L_c)A_c\times10^4=\frac{\pi}{4}\rho_m g(L_p+L_c)(D_1^2-d^2)\times10^4$$

管柱的轴向力：

$$F=q_d h_1-B=q_d h_1-\rho_m g(L_p+L_c)A_c\times10^4$$

$$F=q_d h_1-\frac{\pi}{4}\rho_m g(L_p+L_c)(D_1^2-d^2)\times10^4$$

在 $B—B$ 截面处，有

流体作用力：

$$B=\rho_m g(L_p+L_c)A_c\times10^4=\frac{\pi}{4}\rho_m g(L_p+L_c)(D_1^2-d^2)\times10^4$$

轴向力：

$$\begin{aligned}F&=q_cL_c-B\\&=q_cL_c-\rho_m g(L_p+L_c)A_c\times10^4\\&=q_cL_c-\frac{\pi}{4}\rho_m g(L_p+L_c)(D_1^2-d^2)\times10^4\end{aligned}$$

显然，A—A 截面和 B—B 截面所受的浮力相等。实际上，在整个下部管段每个截面的浮力是相等的。

在 C—C 截面处，有

流体作用力：

$$\begin{aligned}B&=\rho_m g(L_p+L_c)A_c\times10^4-\rho_m gL_p(A_c-A_p)\times10^4\\&=\rho_m g(L_pA_p+L_cA_c)\times10^4\\&=\frac{\pi}{4}\rho_m g[L_p(D_2^2-d^2)+L_c(D_1^2-d^2)]\times10^4\end{aligned}$$

轴向力：

$$\begin{aligned}F&=q_cL_c+q_dh_2-B=q_cL_c+q_dh_2-\rho_m g(L_pA_p+L_cA_c)\times10^4\\&=q_cL_c+q_dh_2-\frac{\pi}{4}\rho_m g[L_p(D_2^2-d^2)+L_c(D_1^2-d^2)]\times10^4\end{aligned}$$

在 D—D 截面处，有

流体作用力：

$$B=\rho g(L_p+L_c)A_c\times10^4-\rho gL_p(A_c-A_p)\times10^4=\rho g(L_pA_p+L_cA_c)\times10^4$$

$$B=\frac{\pi}{4}\rho_m g[L_p(D_2^2-d^2)+L_c(D_1^2-d^2)]\times10^4$$

轴向力：

$$\begin{aligned}F&=q_cL_c+q_dL_p-B=q_cL_c+q_dL_p-\rho g(L_pA_p+L_cA_c)\times10^4\\&=(q_cL_c+q_dL_p)\times B_f\times10^4\end{aligned}$$

因此，在 C—C 截面和 D—D 截面所受的流体作用力也相等。

采用上述分析方法来计算管柱所受的钻井液液压力合力，被称为压力截面法。

通过前面的推导分析，可以得出以下几点初步的认识

(1) 油气井管柱既非浮体，也非潜体，而是“吊浸体”，参见图 3-19。管柱在井眼内既会与井壁发生接触，也会与井底发生接触。因此油气井管柱所受液体作用力大小必须根据具体情况进行针对性的计算；

(2) 浮力是液体对浮体、潜体或吊浸体作用力的总合力而言的。例如对左边的浮体 1，不能计算左半部分的浮力有多大，右半部分的浮力又有多大，只能进行整体的计算。同样计算钻柱的浮力也无法分成几个部分进行计算；

(3) 浮力是一个总合力的概念，是作用于浮体表面上液柱压力的总合力。

3) 斜井管柱轴向力的计算

在倾斜井眼内，由于重力的作用管柱将躺在下井壁，参见图 3-20，此时，对于管柱浮

力的计算必须采用压力体的方法进行分析。

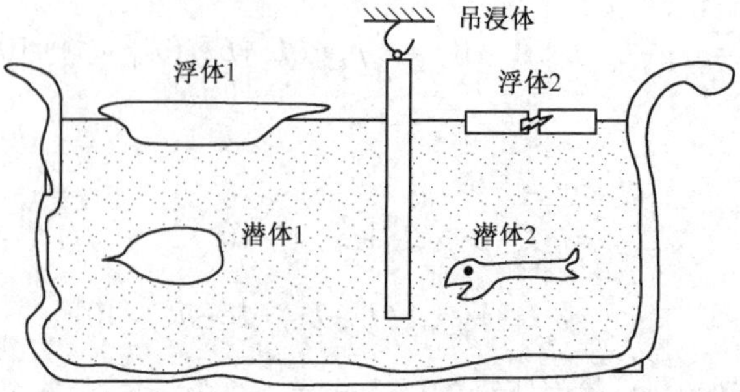

图 3-19 浮体、潜体和吊浸体[16]

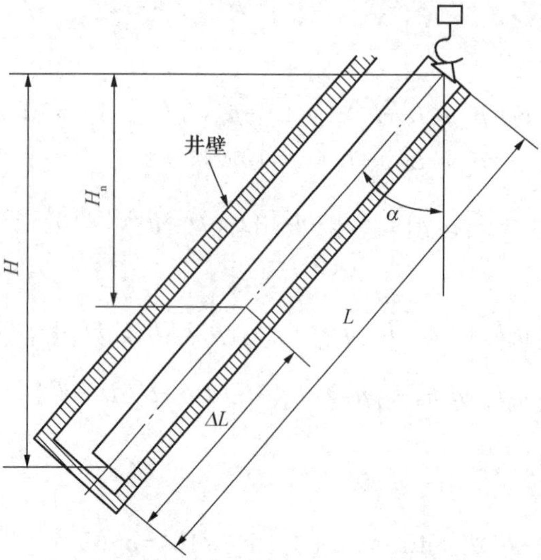

图 3-20 倾斜井眼内的管柱

通过分析可以得出一个普遍的结论：作用在任意一段倾斜管柱上的液体作用力的合力，等于该段管柱的体积排开钻井液液体的重量，即

$$B=\rho_m gV\times10^4=\rho_m gHA\times10^4$$

式中 V——管柱的体积，m^3；

H——管柱长度，m；

A——管柱横截面积，m^2。

因此，作用在管柱上的轴向力为

$$F=\rho_s gHA\times10^4-\rho_m gHA\times10^4=\rho_s gHA\times B_f\times10^4$$

就目前的钻井技术而言，即使采用最先进的自动垂直钻井技术，绝对垂直的井眼也是很难钻成功的。因此，管柱在井眼中或多或少总会产生偏斜与弯曲，可以采用浮力系数法来计算作用在管柱表面的液压力所产生的合力，只不过井眼内某段管柱所承受的液压力合力与流体静力学中所定义的浮力，在概念上存在严格的区别。

进一步的分析还可以得到[144]：①压力截面法是流体静力学计算管柱作用力的基本方法，也是处理各种不同情况管柱受液压作用力的正确方法。采用压力截面法可以计算得到管柱的真实轴向力。②浮力系数法是作用在管柱内外壁面上的液压力通过严密推导得到的，是分析问题的结果，而非分析问题的出发点。浮力系数法是计算管柱有效轴向力的正确方法。有关有效轴向力的概念请参见§3.4。

4）钻柱液压系数的计算方法

在钻柱力学有关计算中，长期存在“浮力系数法”和“压力面积法”的争论。但不管研究者持何种观点，对于“钻柱在液压环境中，线重量将发生变化”这一观点是一致的，所不同的是“钻柱在液压环境中的线重量，是否等于钻柱在空气中的线重量乘以浮力系数?”。

井内液压力(包括静液压力和动液压力) 对钻柱轴向力的影响，最终可归结为使钻柱的线重量发生变化。设钻柱在空气中的线重量为 q，在井眼液压环境中的线重量为 q_m，则可有下式：

$$q_m = q \times B_f \tag{3-26}$$

式中的 B_f 即是浮力系数，文献[145]也将 B_f 称为液压系数。

只要按照式(3-26)计算钻柱的线重量，就等于考虑了液压力对钻柱轴向力的全部影响。由于液压环境的不同，钻柱的浮力系数计算方法也不同。

(1) 管内、外液体相同的情况

管内、外液体密度相等，即 $\rho_i = \rho_o = \rho_m$，则可得

$$B_f = 1 - \rho_m / \rho_s$$

式中　ρ_m——管内外液体密度；

ρ_s——钻柱钢材的密度。

(2) 管内、外液体密度不相等的情况

管内、外液体密度不相等，即 $\rho_i \neq \rho_o$，则有

$$B_f = 1 - \frac{A_o \rho_o - A_i \rho_i}{A \rho_s} \tag{3-27}$$

式中　A_i、A_o——管柱内、外圆面积；

A——管柱的横截面积；

显然，当 $A_o \rho_o = A_i \rho_i$ 时，$B_f = 1$，即钻柱虽然处在液体中，线重量却不会变化。当 $A_o \rho_o < A_i \rho_i$ 时，$B_f > 1$，即钻柱虽然处在液体中，线重量不仅不会减小而且还将增大。在钻井注水泥过程中，当管内为水泥浆而管外为水或较轻的钻井液时就会出现这种情况。

(3) 管内、外液体分段密度不相等的情况

这种情况在钻井注水泥过程中表现最为明显。在这种情况下，应遵循一个最基本的原理或规则，即：各段钻柱的浮力系数值仅与该段钻柱自身的管内、外液体密度有关，而与该段上、下各段钻柱内、外的液体密度无关。所以在这种情况下，可照样使用式(3-26)。

(4) 管内、外液体循环(流动) 的情况

在管内、外液体循环(流动) 条件下，不仅存在液体静压力，而且还存在流动压力。流动压力对钻柱浮力系数的影响也应遵循基本的规则，即：各段钻柱的浮力系数值，仅与该段钻柱自身在管内、外液体的垂深方向的流动压力梯度有关，而与流动压力的具体值无关。压力梯度是个代数值，假设沿垂深方向增加为正，反之为负。

管内流体的流动压力梯度为

$$G_i = \frac{\Delta p_i}{\Delta H} \tag{3-28a}$$

管外流体的流动压力梯度为

$$G_o = \frac{\Delta p_o}{\Delta H} \tag{3-28b}$$

式中 Δp_i和Δp_o——分别为该段钻柱管内外流动压力差；

ΔH——该段钻柱所在井段的垂深增量。

显然，在正循环条件下，$G_i<0$，$G_o>0$；在反循环条件下，$G_i>0$，$G_o<0$。可以推到得到

$$B_f = 1 - \frac{A_o(\gamma_o + G_o) - A_i(\gamma_i + G_i)}{A\gamma_s} \tag{3-29}$$

式中 $\gamma_o = \rho_o g$；$\gamma_i = \rho_i g$。

式(3-29) 还可写成

$$B_f = 1 - \frac{A_o\gamma_o - A_i\gamma_i}{A\gamma_s} - \frac{A_o G_o - A_i G_i}{A\gamma_s} \tag{3-30}$$

在正循环条件下，显然总是出现$A_o G_o - A_i G_i > 0$，与不循环条件相比较，钻柱的浮力系数总是减小的。

§3.3 管柱稳定性分析

3.3.1 压杆稳定理论

1）压杆的稳定

1744 年 Euler 首次对细长压杆进行稳定性分析，提出了压杆稳定的著名公式。欧拉压杆稳定公式所涉及的概念就是稳定理论中所谓分支点的概念。1885 年，A. Poincare 明确了稳定的概念，并将其推广使用到流体力学的层流稳定问题中。稳定理论与非线性理论密不可分，只有通过对几何非线性关系以及材料非线性本构关系的深入研究，才能更好地揭示压杆或管柱复杂的屈曲现象。

任何物体的平衡可能具有三种形式：稳定平衡状态、不稳定平衡状态和随遇平衡状态。当结构所受载荷达到某一值时，若增加一微小的增量，结构的平衡位形就会发生很大的改变，这种情况叫做结构失稳或屈曲，相应的载荷称为屈曲载荷或临界载荷。结构构件的失稳类型多样，以杆件为例，杆件维持原有平衡状态的能力称为杆件的稳定性。一般将轴向受压的等截面直杆称为理想压杆。在两端为铰支的情况下，理想压杆的平衡有以下几种情况(图 3-21)：

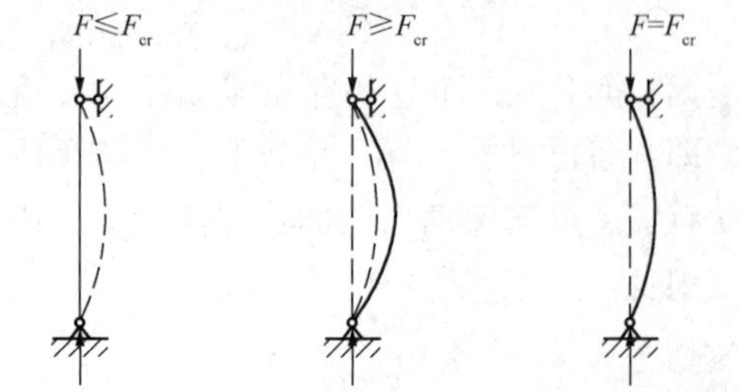

图 3-21 压杆的平衡

（1）当 $F<F_{cr}$时，干扰力的影响可能使杆件发生微小的弯曲。但是，当干扰力去掉之后，杆件能够由微小弯曲回到直线位置，恢复原有的平衡状态，这种现象称为压杆的稳定平衡状态。

（2）当 $F>F_{cr}$时，干扰力去掉后，杆件不能回到直线状态，继续弯曲失去承载能力，这种现象被称为压杆的不稳定平衡状态。

(3) 当 $F=F_{cr}$ 时，干扰力去掉后，杆件在干扰力作用下的微弯位置保持平衡，不再回到直线位置，此时被称为压杆的随偶平衡状态。

压杆由直线稳定平衡过渡到不稳定平衡称为失去稳定，简称失稳。压杆处于稳定与不稳定的临界状态时，其轴向压力称为压杆的临界力，用 F_{cr} 表示。

图 3-22(a)表示受压直杆载荷与挠度的关系曲线，OA 为失稳前的平衡路线，称为主路线，AB 为失稳后的平衡路线，称为副路线，主路线与副路线的交点 A 称为分支点，相对于分支点的载荷即为结构的屈曲载荷或临界载荷。分支屈曲的特征是在稳定平衡基本状态附近存在着另一个相邻的平衡状态，而在分支点处发生从基本平衡分支到屈曲平衡分支的转换。对有些结构的稳定性分析发现，在载荷-位移曲线中不存在明显的分支点，而存在极值点，即在变形途径中存在着一个最大载荷；达到最大载荷值后，变形会迅速增大而载荷反而下降，这样的屈曲称为极值点屈曲。在大多数工程实际中，结构屈曲失稳是以极值点屈曲形式出现的，如图 3-22(b)所示。对于理想油气井管柱，在承受一定压力载荷作用下发生的失稳现象为分支点屈曲。

2) 压杆的临界力

在一端固支和一端铰支的条件下，长度为 L，压杆受力为 F。当压杆屈曲时，压杆的下端产生水平反力 R，固定端处产生水平的力和力偶，如图 3-23 所示。根据静力平衡，两个力大小相等但方向相反，且 $M=RL$，离固定端为 x 处的弯矩为

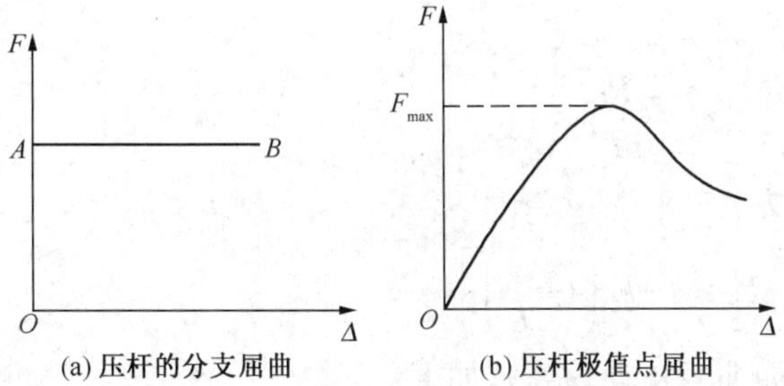

(a) 压杆的分支屈曲　　(b) 压杆极值点屈曲

图 3-22　压杆的分支与极值点屈曲

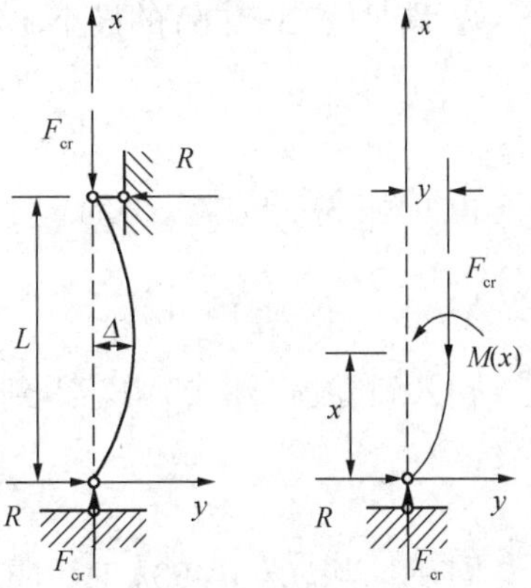

图 3-23　压杆受力分析

$$M(x)=Fy-R(L-x) \text{ 且 } EIy''=-M(x)$$

则压杆的变形平衡方程为

$$EIy''+Fy-R(L-x)=0 \tag{3-31}$$

式中　E——压杆材料的弹性模量，Pa；

I——压杆截面惯性矩，m^4；

y——压杆变形挠度，m。

上述微分方程的通解为

$$y=c_1\sin kx+c_2\cos kx+\frac{R(L-x)}{F} \tag{3-32}$$

其中 $k^2=\dfrac{F}{EI}$，c_1、c_2 为待定常数，一端固支一端铰支的边界条件为

$$y(0)=y'(0)=0$$
$$y(L)=0 \tag{3-33}$$

将这些条件用于方程式(3-33)中，得出

$$c_2+\frac{RL}{F}=0$$
$$kc_1-\frac{R}{F}=0 \tag{3-34}$$
$$kc_1\tan kL+c_2=0$$

为了使屈曲的平衡形式成为可能，需要求出方程(3-34)的非平凡解。方程(3-34)为待求未知数 c_1、c_2和 R 的齐次方程，仅当系数的行列式为零时，方程组才具有非平凡解，从而得到屈曲方程为

$$\begin{vmatrix} 0 & 1 & \frac{L}{F} \\ k & 0 & -\frac{1}{F} \\ \tan kL & 1 & 0 \end{vmatrix}=0 \tag{3-35a}$$

展开行列式，得出：
$$kL=\tan kL \tag{3-35b}$$

kL 满足式(3-35b)的最小非零值为 $kL=4.493$，其相应的临界载荷为

$$F_{cr}=(kL)^2\frac{EI}{L^2}=20.19\frac{EI}{L^2} \tag{3-36}$$

由方程(3-34)中，得到

$$c_1=\frac{R}{kF},\ c_2=-\frac{RL}{F}$$

代入到方程(3-32)中，得到挠度曲线方程

$$y=\frac{R}{Fk}\left[\sin kx-kL\cos kx+kL\left(1-\frac{x}{L}\right)\right] \tag{3-37}$$

同理，当 $kL=4.493n$ 时，得压杆临界屈曲载荷计算公式如下：

$$F_{cr}=(nkL)^2\frac{EI}{L^2}=n^2\frac{2.04\pi^2 EI}{L^2} \tag{3-38}$$

3）Euler 失稳

式(3-38)为理想弹性压杆一端固支和一端铰支条件下的临界载荷，通常称为 Euler 载荷，这是根据 Euler 压杆理论推导得到的。由 Euler 解求得的临界力是多值的，它与压杆屈曲的波数有关，n 表示失稳弯曲的半波数，则临界力为 n^2F_{cr}。相应的挠度曲线方程可表示压杆的屈曲状态。Euler 压杆理论是采用小变形理论，研究在临界状态下无穷小偏离初始平衡状态的位形来确定所需的载荷，是用于预测理想弹性压杆的理论屈曲强度。通过 Euler 压杆理论的屈曲分析可以得到压杆的屈曲临界载荷和屈曲模态。

在分析压杆的稳定性时，把压杆抽象成为中心受压直杆，压杆只有轴向压缩变形，为了检验压杆直线状态下的平衡是否是稳定平衡，必须加横向干扰力。实际压杆可能会有微小的初曲率，荷载可能会有偶然偏心以及材质不均匀等因素，使压杆除产生压缩变形外，还产生

附加的弯曲变形。为了便于分析，把以上产生弯曲变形的诸因素统一用微小偏心距 Δ 来表示，把压杆的计算模型取为如图 3-23 所示的偏心压缩。在轴向力 F 的作用下，管柱将产生主要变形——轴向压缩和次要变形——微弯曲。

压杆失稳是抽象的概念，其实质是随压力的增加，次要变形(弯曲)转化为主要变形，压力达到临界值时，弯曲变形迅速增加，压杆丧失工作能力。构件的失稳只有在特定的受力形式下才会发生，例如，具有微小偏心距的受拉杆，随拉力的增加弯曲变形将逐渐减小，不会出现失稳现象。

在实际油气井管柱结构中，往往存在缺陷，如由于制造、施工中造成的几何缺陷，或者是由于加载偏心造成了附加弯矩等。这些几何或载荷的缺陷有时虽然很小，但对于缺陷敏感的结构，其稳定性将受到很大的影响，导致实际承载能力和理论值之间的很大差距。为了准确计算实际结构的承载能力或实际结构在实际载荷下的变形状态，对于一个带有几何缺陷，或者外部载荷扰动的实际结构，在分析结构的屈曲载荷和变形状态时，应在计算中引入这些缺陷，以得到符合实际的计算结果。但在实际应用中，结构的缺陷数据(如几何缺陷的大小和分布形式等)往往难以精确获得。

一种常见的处理方法是，根据分析对象的实际情况，采用弹性屈曲模型的线性组合作为理想的初始缺陷，即首先通过特征值分析得到理想结构的弹性临界载荷和相应的屈曲模态，然后根据屈曲模态的某种线性组合形式设定一定量值和分布的初始缺陷，并加入到非线性计算中。例如，对于抽油杆柱的非线性计算，首先对抽油杆柱进行特征值分析计算，得到抽油杆柱的屈曲模态，并按一定的比例因子把相应的屈曲模态施加在抽油杆柱的模型中，以考虑抽油杆柱初始缺陷对变形和承载能力的影响[146]。

3.3.2 油气井管柱稳定性分析

1) 失稳的描述

油气井管柱存在直杆稳定和弯曲失稳两种状态，而弯曲失稳又可以划分为正弦弯曲和螺旋屈曲两种变形形态。如果规定轴向压力为正，则管柱失稳就是指管柱所受的有效轴向力大于管柱临界弯曲力时，管柱产生平面或空间螺旋屈曲的一种现象。

处于液压作用下的管柱，在轴向力和内外压力的联合作用下，其应力状态可以表示为

$$\sigma_{ij}=\begin{bmatrix}\sigma_r & 0 & 0\\ 0 & \sigma_\theta & 0\\ 0 & 0 & \sigma_x\end{bmatrix}$$

如果引入平均应力的概念，则平均应力为：$\sigma=\dfrac{1}{3}(\sigma_r+\sigma_\theta+\sigma_x)$。应力张量 σ_{ij} 可以表示为

$$\sigma_{ij}=\begin{bmatrix}\sigma_r & 0 & 0\\ 0 & \sigma_\theta & 0\\ 0 & 0 & \sigma_x\end{bmatrix}=\begin{bmatrix}\sigma & 0 & 0\\ 0 & \sigma & 0\\ 0 & 0 & \sigma\end{bmatrix}+\begin{bmatrix}\sigma_r-\sigma & 0 & 0\\ 0 & \sigma_\theta-\sigma & 0\\ 0 & 0 & \sigma_x-\sigma\end{bmatrix} \tag{3-39}$$

显然，应力张量中的第一项是一个应力球，在它的作用下只会产生伸缩变形，而不会引起偏斜应变。而后面第二项如果有哪一项不会 0，就会产生偏斜应变。对于油气井管柱而言，周向偏斜应变($\sigma_\theta-\sigma$)引起扭转，径向偏斜应变($\sigma_r-\sigma$)引起管柱截面失圆，这两种偏斜

应变不影响管柱的弯曲失稳。而 $\sigma_x-\sigma\neq0$ 会引起管柱弯曲，并继而导致管柱失稳。

若定义压缩为正，拉伸为负。由于拉伸不会引起管柱弯曲，因此理论上管柱失稳的条件是 $\sigma_x-\sigma\geqslant0$，由此可得管柱失稳的临界条件是

$$\sigma_x-\sigma=0 \tag{3-40}$$

将 $\sigma=\frac{1}{3}(\sigma_r+\sigma_\theta+\sigma_x)$ 代入上式，有 $\sigma_x=(\sigma_\theta+\sigma_r)/2$。利用拉梅公式，可得

$$\sigma_x=\frac{d_i^2p_i-d_o^2p_o}{d_o^2-d_i^2}=\frac{A_ip_i-A_op_o}{A} \tag{3-41}$$

由于 $F=\sigma_xA=\sigma_x\times\pi(d_o^{\,2}-d_i^{\,2})/4$，是管柱实际所受轴向力的大小。因此，对于管柱的稳定性，有以下临界关系式

$$F-(p_oA_o-p_iA_i)=0 \qquad (F\text{ 假定压力为正}) \tag{3-42}$$

2）油气井管柱稳定性判据

设管柱 x 横截面处的真实轴向力为 $F(x)$，定义有效轴向力为

$$F_e(x)=F(x)-[p_o(x)A_o-p_i(x)A_i] \tag{3-43}$$

式中 p_i——管柱内液体压力，Pa；

p_o——管柱外液体压力，Pa；

A_i——管柱内圆截面积，m^2；

A_o——管柱外圆截面积，m^2。

式(3-43)可以作为管柱发生屈曲变形的判据，具体表述如下

$$F_e(x)=F(x)-[p_o(x)A_o-p_i(x)A_i]\begin{cases}>F_{cr} & \text{管柱失稳}\\ =F_{cr} & \text{临界状态}\\ <F_{cr} & \text{管柱稳定}\end{cases} \tag{3-44}$$

3.3.3 油管柱临界弯曲力的计算

1）无流体作用下临界力的计算

根据材料力学理论，管柱在自重作用下，下部自由端沿轴向加压时，压杆弯曲的临界压力计算公式为：

$$F_{cr}=\frac{0.79\pi^2EI}{L^2} \tag{3-45}$$

式中 F_{cr}——管内外无流体作用时，长度为 L 管柱的临界弯曲力，N。

F_{cr} 随 L 的增大迅速减小。以外径为 73mm，内径为 62mm 的油管柱为例，由式(3-45)可以计算得到表 3-2 的结果。从表 3-2 可以看出，当 L 大于 500m 时，$F_{cr}<4.3$N。一个很小的轴向力干扰，就有可能导致管柱的失稳弯曲。因此，一般情况下可以忽略管柱在空气中由于自重产生的轴向失稳临界力的影响，即 $F_{cr}\approx0$。

表 3-2 F_{cr} 与管柱长度 L 的关系

L/m	F_{cr}/N	L/m	F_{cr}/N
500	4.28	10	10748.62
200	26.87	5	42994.48

当管柱在自重的情况下发生弯曲时，底部管柱产生弯曲，而上部管柱保持垂直。底部的轴向作用力越大，直线段管柱的长度就越短。因此，在管柱上存在这样一个分界面，在该界面以下的管柱发生弯曲，该界面以上管柱保持直线稳定状态，称该分界面为管柱的弯直界面（参见图3-24）。

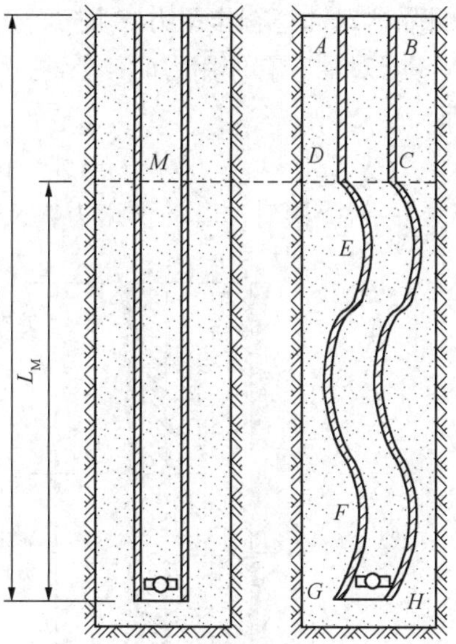

图3-24　油管柱的弯曲

2）有流体作用下临界力的计算

（1）管柱临界力分析

如图3-25所示，在井内有流体时，在弯直界面上除了受到 F_{cr} 以外，还受到流体作用的影响。此时弯直界面处管柱内外压力分别为 P_{iM} 与 P_{oM}。根据式（3-44）有

$$F_{crl}=F_{cr}+A_oP_{oM}-A_iP_{iM} \qquad (3-46)$$

分析 F_{crl} 可以得出：

（a）当 $F_{crl}=0$ 时，弯直界面既不受拉也不受压。

（b）当 $F_{crl}>0$ 时，弯直界面受轴向压缩力作用。

（c）当 $F_{crl}<0$ 时，弯直界面受轴向拉伸力作用。

这就是说，弯直界面处的有效轴向力可能是拉伸力，也可能是压缩力，还可能既不受拉也不受压，这是井内有流体时弯直界面受力与井内无流体时弯直界面受力的最重要的区别。

（d）当 $P_{oM}=P_{iM}=0$ 时，即弯直界面及其以上部分无流体情形，$F_{crl}=F_{cr}$。

（e）当 L 很长时（井内大多数情况满足这一条件），F_{cr} 可以忽略不计，此时弯直界面受力为：

$$F_{crl}=A_oP_{oM}-A_iP_{iM}$$

根据前面的分析和推导，可以得出油管柱是否弯曲的判别式，具体如下：

$F-F_{crl}>0$　油管弯曲

$F-F_{crl}<0$　油管不弯曲

$F-F_{crl}=0$　油管不弯曲，此截面为弯直界面

（2）F 的计算

a）封隔器对油管没有作用力时

管柱除重力外只受到流体作用力时，根据管柱是否弯曲的判别式可知，当 $p_0 \geqslant p_i$ 时油管不会发生弯曲。在此状态下，管柱呈直线状态。

管柱不弯曲时，其竖直方向受到的力为活塞力 F_{ps}（向上的力为正，向下的力为负）满足下式：

$$F_{ps}=(A_o-A_p)p_o-(A_i-A_p)p_i$$

式中　A_p——密封腔直径包围的截面积，m^2。

对上进行整理，可得

$$F-F_{crl}=A_p(p_i-p_o) \qquad (3-47)$$

显然，当 $p_i \leqslant p_o$ 时，管柱不发生弯曲，当 $p_i>p_o$ 时，管柱弯曲。

b）封隔器对油管有作用力 F_p 时

当封隔器对油管有作用力时，管柱下端受到的轴向力为活塞力与封隔器对油管的作用力之和，即

$$F=(A_o-A_p)p_o-(A_i-A_p)p_i+F_p$$

式中　F_p——封隔器对油管的作用力，N。

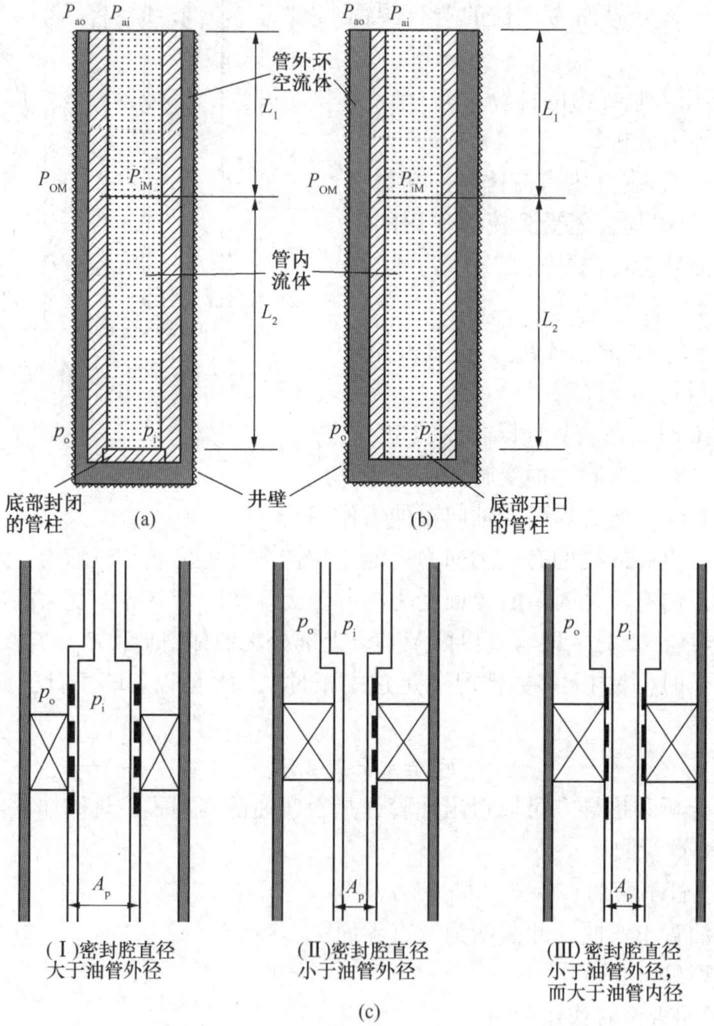

图 3-25　压力截面法计算管柱轴向力

情况Ⅰ：$F_{ps}=A_o p_o-A_i p_i$

情况Ⅱ：$F_{ps}=(A_o-A_i)p_b$，$p_i=p_o=p_b$

情况Ⅲ：$F_{ps}=A_p(p_i-p_o)+A_o p_o-A_i p_i$

由此可得出该状态下管柱是否弯曲的判别式

$$F-F_{crl}=A_p(p_i-p_o)+F_p\begin{cases}>0 & 弯曲\\ \leqslant 0 & 不弯曲\end{cases} \tag{3-48}$$

因此，只要 F_p 满足式 $A_p(p_i-p_0)+F_p\leqslant 0$，管柱就不会发生弯曲。这时油管受到的力是活塞力和封隔器对油管的作用力。如果油管底部的液流内外作用压力为 p_i、p_o，弯直界面以下管柱

的长度为 L_2，进一步的推导可以得到

$$\begin{aligned} F-F_{\mathrm{cr1}} &= A_o(p_o-P_{oM})-A_i(p_i-P_{iM})-q_sL_2+F_p+F_f \\ &= F_p+F_f-(q_s-q_o+q_i)L_2 \\ &= F_p+F_f-qL_2=0 \end{aligned}$$

式中　$q_o=A_o\rho_o g$，是单位长度的油管按照外径 d_o 排开管外流体的重量，N/m；

$q_i=A_i\rho_i g$，是单位长度的油管按照内径 d_i 排开管内流体的重量，N/m；

q 是单位长度油管在流体中的重量，N/m；

$F_f=A_p(p_o-p_i)$。

由此可得

$$F_p+F_f=qL_2 \tag{3-49}$$

例 3-1　已知某单一封隔器管柱，封隔器井深为 4327m，油管外径为 0.073m，油管内径为 0.062m。油管内外均为清水，$p_i=4.243\times10^7\mathrm{N/m^2}$，$p_o=6.243\times10^7\mathrm{N/m^2}$，$A_p=5.539\times10^{-3}\mathrm{m^2}$，$F_p=2.5\times10^5\mathrm{N}$，$q_s=94.83\mathrm{N/m}$。

求：(1) 判断油管是否弯曲；

(2) 如果油管发生弯曲，求弯直界面处的弯曲临界力。

解：(1) 油管发生弯曲的判别式为：

$$F-F_{\mathrm{cr}}=A_p(p_i-p_o)+F_p=1.392\times10^5\mathrm{N}$$

即 $F-F_{\mathrm{cr}}>0$。根据判别式可知，油管发生弯曲。

(2) $A_o=\pi\times d_o{}^2/4=4.185\times10^{-3}\mathrm{m^2}$

$A_i=\pi\times d_i{}^2/4=3.019\times10^{-3}\mathrm{m^2}$

$q_o=A_o\rho_0 g=41.045\mathrm{N/m}$

$q_i=A_i\rho_i g=29.607\mathrm{N/m}$

$q=q_s-q_o+q_i=83.392\mathrm{N/m}$

在弯直界面处：

$$F_f=A_p(p_i-p_o)=5.539\times10^{-3}\times(4.243-6.243)\times10^7=-1.1078\times10^5$$

$$F_f+F_p=Q=qL_2$$

$$L_2=(F_f+F_p)/q=1669.465\mathrm{m}$$

$$P_{oM}=P_o-q_oL_2/A_o=4.606\times10^7\mathrm{N/m^2}$$

$$P_{iM}=P_i-q_iL_2/A_i=2.606\times10^7\mathrm{N/m^2}$$

弯直界面处的弯曲临界力为：

$$F_{\mathrm{cr}}=(A_oP_{oM}-A_iP_{iM})=1.141\times10^5\mathrm{N}$$

如果在失稳后继续加大不稳定力的作用，管柱就会发生弯曲。随着不稳定力作用大小的不同，管柱弯曲有多种形态，具体参见 §6.3 的介绍。

作业及思考题

1. 什么是钻柱的自转与公转？
2. 什么是钻柱的涡动？涡动的特点与危害有哪些？
3. 什么是钻柱的黏滑运动？钻柱黏滑运动有哪些特点？

4. 什么是钻柱的纵向、横向和扭转振动？这些振动各有什么特点？

5. 作用在油气井管柱上的力主要有哪些？

6. 什么是石油管柱软管模型？

7. 某井钻至井深3000m，由下而上钻柱组成为：177.8mm钻铤(内径71.4mm，每米重量1.60kN)200m，114.3mm钻杆(壁厚8.56mm，每米重量0.242kN)2400m，其余为127.0mm钻杆(壁厚9.19mm，每米重量0.285kN)。所用钻井液密度为1.20g/cm^3，钻压250kN。如钻井液浮力集中作用于底部截面，试计算空悬和钻进过程中钻柱下列截面的轴向力：(1)钻铤最下部；(2)114.3mm钻杆最下部；(3)127.0mm钻杆最下部；(4)井口。

8. 压杆有哪几种稳定状态？

9. 什么是分支点屈曲和极值点屈曲？

10. 简述管柱失稳判据。

11. 一根ϕ139.7mm套管，$A_o=153.28\text{cm}^2$，$A_i=127.28\text{cm}^2$，长10m，两端封死。通过侧孔给内部加压，$p_i=50000\text{kPa}$，外压$p_o=0$，如图3-26(a)所示，请问此时套管是否发生弯曲？若管子中间通过拉绳限制套管的轴向伸长，如图3-26(b)所示。请问此时套管是否发生弯曲？若会，则套管的临界弯曲力是多少？

12. 一根ϕ139.7mm套管，$A_o=153.28\text{cm}^2$，$A_i=127.28\text{cm}^2$，环形空间充满钻井液，静液柱压力$p_o=12000\text{kPa}$，如图3-27所示。若用套管直接压裂，当套管处的压力为40000kPa时，此时套管是否会弯曲？

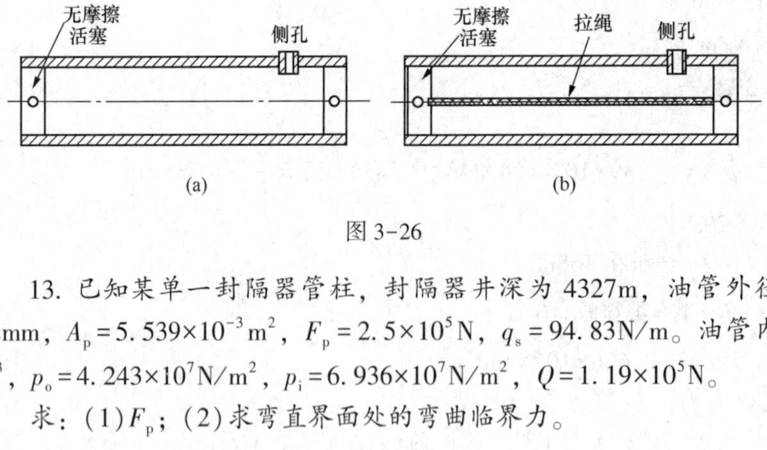

图 3-26

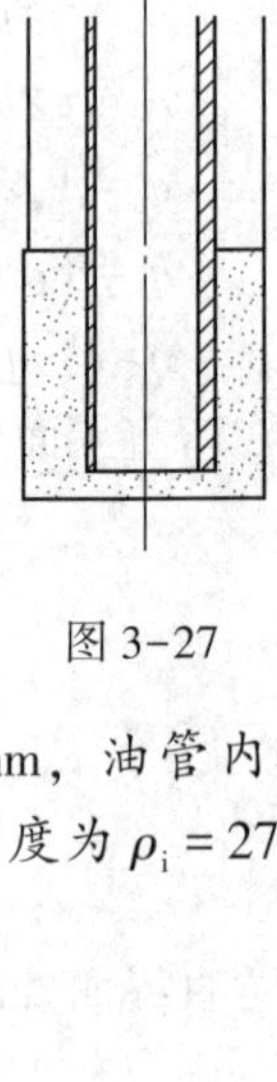

图 3-27

13. 已知某单一封隔器管柱，封隔器井深为4327m，油管外径为73mm，油管内径为62mm，$A_p=5.539\times10^{-3}\text{m}^2$，$F_p=2.5\times10^5\text{N}$，$q_s=94.83\text{N/m}$。油管内气体密度为$\rho_i=275\text{kg/m}^3$，$p_o=4.243\times10^7\text{N/m}^2$，$p_i=6.936\times10^7\text{N/m}^2$，$Q=1.19\times10^5\text{N}$。

求：(1)F_p；(2)求弯直界面处的弯曲临界力。

第四章　底部钻具组合纵横弯曲分析

§4.1　井斜控制理论概述

在油气钻井工程中，钻具组合力学分析是井眼轨道控制理论的基础和重要组成部分，也是优化钻具组合结构设计，选择钻井工艺参数的理论依据。钻具组合力学分析的代表性方法有 A. Lubiski 的微分方程法，K. K. Millhem 的有限元法，B. H. Walker 的能量法和白家祉的“纵横弯曲法”等。这些方法所用的物理模型、边界条件和一些简化假设基本相同，计算结果也较为接近。

在上世纪 50 年代，以美国学者 A. Lubiski 和 Woods 等人为代表，首先研究了光钻铤在钻压作用下的弯曲问题，探索了弯曲规律，导出有关计算模式，在防斜问题的理论研究方面作了开创性的工作。在此理论基础上提出了在钻铤适当位置加一个稳定器来防斜，即钟摆钻具，并编制了一整套实用图表来计算稳定器的安装位置，为后来的钟摆钻具防斜技术提供了理论依据。60 年代以 Hoch 为代表，根据钻柱在井内受到钻压的纵向作用弯曲后，因井壁的限制而受到井壁的反作用力，实际上是把下部钻柱看成是纵横联合载荷梁，以此为依据提出了双稳定器防斜钻具的理论，为满眼钻具的发展提供理论基础。在 Hoch 理论的指导下，60 年代广泛使用了满眼钻具。以后又出现了在钻头上再加一个近钻头稳定器，即至少有 3 个稳定器的满眼钻具组合。在“满眼”理论指导下，又出现了“方钻铤”、“螺旋钻铤”防斜，可以说满眼钻具的出现，使钻井的防斜问题取得了很大的进展。

1973 年美国学者 Walker 提出了用最小势能法求解底部钻具的受力和变形，其基本原理是：在斜直井眼中的多稳定器底部钻具组合，在给定钻压和井壁约束的条件下发生挠曲变形，最后达到稳定状态，其势能达到最小；钻具组合在稳定状态下的势能应等于应变能和外加载荷在组合变形中所做的功的代数和。Amoco 公司的 K. K. Millheim 和 Warrn 首先应用有限元法开展钻柱下部结构力学问题的求解。Sheel 公司的 Fischer 和 Bradly 则使用差分法求解钻柱下部的受力和变形。这 3 种方法的共同点就是所提供的钻柱力学模型均能计算钻头上所受的侧向力，以及钻柱与井壁切点上所受的力，但将底部钻具组合从钻头到切点分成若干个有限单元，由于同一钻具组合在各种不同的钻井参数下的切点位置是一个变量，只能根据切点边界条件在整个求解过程中逐步迭代逼近，是分段近似解决问题的方法，计算工作量巨大，计算结果都相当复杂。另外，由于力学模型过于简化，计算结果与实际之间都存在一定的差距。

70 年代末，国内学者白家祉教授提出了用纵横弯曲连续梁理论求解底部钻柱的受力和变形。此方法是将钻具组合下部的弯曲部分在稳定器处断开，形成数根简直梁，然后利用连续条件导出“三弯矩方程”，以解出各稳定器处的内弯矩。后来又分别用有限元法、最小势能法求解下部钻柱的受力和变形，并将求解结果与用纵横弯曲连续梁理论进行对比，得出了三种方法的结果基本一致的结论。原四川石油局钻采工艺研究所杨勋尧高级工程师在对钟摆钻具、满眼钻具进行研究的基础上，得出了简化的公式和图表，并在川东现场上指导钻井实践，也取得较好的防斜效果。

§4.2 底部钻具组合纵横弯曲力学模型

考虑一个具有双稳定器的井底钻具组合，在井斜角为 α 的斜直井中的情况，如图 4-1 所示。钻头与井底视为铰链支撑；钻压 P_B作用在钻头底面中心处，方向沿井眼轴线方向；M_1、M_2为稳定器 S_1、S_2的内弯矩；S_2以上的钻铤柱与下井壁相切于切点 T；切点以上钻柱在自重作用下紧贴下井壁。切点以下至钻头间的井底钻具组合被稳定器 S_1、S_2和切点 T 分为三跨(L_1、L_2、L_3)。每跨梁除了受有自重 G_i(i=1、2、3)横向分量 $q_m\sin\alpha$(均布载荷)和稳定器内弯矩作用外，还受有每跨因钻压和自重总向分量联合作用所形成的轴向载荷。因此，井底钻具组合是一个受纵横弯曲载荷的连续梁，其中轴向载荷是一个变量，具体可参见图 4-2。

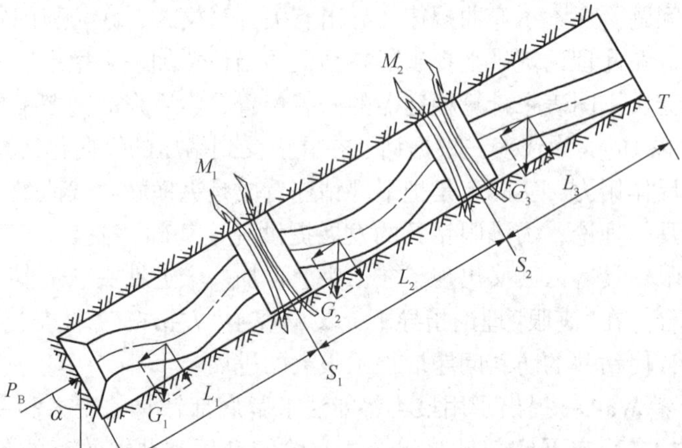

图 4-1 双稳定器钻具组合纵横弯曲连续梁模型

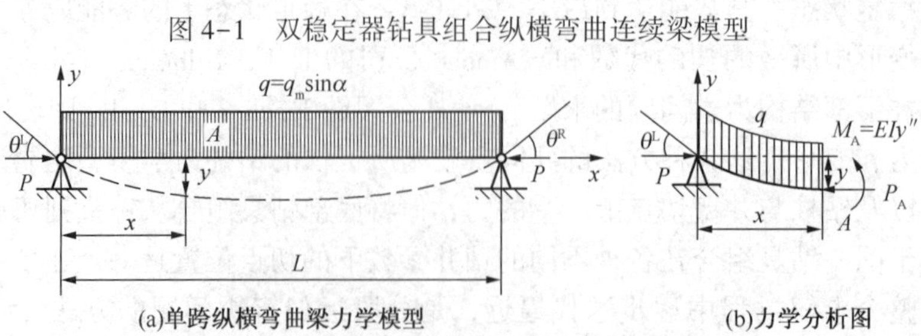

(a)单跨纵横弯曲梁力学模型 (b)力学分析图

图 4-2 横向均匀载荷作用下的挠曲方程

在简化和建立井底钻具组合纵横弯曲梁力学模型时，一般采用如下基本的假设[27]：

(1) 钻头、钻铤和稳定器组成的井底钻具组合是小弹性变形体系；

(2) 钻头底面中心位于井眼中心线上，钻头和地层间无力偶作用；

(3) 钻压为常量，沿井眼轴线方向作用；
(4) 井壁为刚性体，井眼尺寸不随时间而变化；
(5) 稳定器与井壁之间的接触为点接触；
(6) 上切点以上的钻柱一般因自重而躺在下井壁；
(7) 每跨内的钻柱截面不变，钻柱不存在原始初弯曲；
(8) 不考虑转动和振动的影响。

由于不考虑钻柱转动和振动的影响，因此这种分析方法属于静力分析的范畴。

§4.3 纵横弯曲简支梁的弹性稳定问题

4.3.1 横向均布载荷作用下梁柱的变形

对于图 4-2(a)所示的力学模型，取 A 点的左段梁进行受力分析，可得图 4-2(b)。对图 4-2(b)轴中心点 A 取力矩平衡方程，可以推导得到管柱轴线挠曲线近似微分方程为：

$$EIy''=-\frac{qL}{2}x+\frac{q}{2}x^2-Py \tag{4-1}$$

式中 EI——管柱抗弯刚度，$N\cdot m^2$；

L——管柱单跨长度，m；

P——管柱轴向压缩力，为方便起见一般取管柱上、下两端作用力的平均值，N；

y——管柱弯曲挠度，m。

式(4-1)的通解为：

$$y=A\sin kx+B\cos kx-\frac{qL}{2P}x+\frac{q}{2P}x^2-\frac{EI}{P^2}q$$

式中 $k=\sqrt{\dfrac{P}{EI}}$。

考虑实际的边界条件：

当 $x=0$ 时，$y=0$，由此可以得到：$B=\dfrac{EIq}{P^2}$

当 $x=L$ 时，$y=0$，由此也可以得到：$A=\dfrac{EIq}{P^2}\dfrac{1-\cos kL}{\sin kL}$

令 $u=\dfrac{kL}{2}$，则 $A=\dfrac{EIq}{P^2}\tan u$。将 A、B 代入通解式，得

$$y=\frac{qL^4}{16EIu^4}\left[\frac{\cos\left(u-\dfrac{2u}{L}x\right)}{\cos u}-1\right]-\frac{qL^2x}{8EIu^2}(L-x) \tag{4-2a}$$

由上式可以推导得到

$$y_{\max}=y|_{x=\frac{L}{2}}=\frac{5qL^4}{384EI}\times\frac{24(\sec u-1-\frac{1}{2}u^2)}{5u^4} \tag{4-2b}$$

令 $\eta(u)=\frac{24}{5}\times\frac{\sec u-1-0.5u^2}{u^4}$，式(4-2b)成为

$$y_{\max}=\frac{5qL^4}{384EI}\eta(u)$$

式中，$\frac{5qL^4}{384EI}$为均布力 q 产生的挠度，$\eta(u)$为轴向力 P 对 $y_{\max}$的影响系数。从上式可以看出，$y_{\max}$与 q 之间为线性关系，而 $y_{\max}$与 P 为非线性关系。

当 $u^2<\frac{\pi^2}{4}$时

$$\sec(u)=1+\frac{u^2}{2}+\frac{5}{24}u^4+\frac{61}{720}u^6+\cdots\cdots$$

$$\eta(u)=\frac{24}{5}\times\frac{\sec u-1-0.5u^2}{u^4}\approx 1+\frac{12.2}{30}u^2$$

$$y_{\max}=\frac{5qL^4}{384EI}\left(1+\frac{12.2}{30}u^2\right)$$

当 $u\to 0$(即 $P\to 0$)时，$y_{\max}=\frac{5qL^4}{384EI}\left(1+\frac{12.2}{30}u^2\right)\to y_{\max}=\frac{5qL^4}{384EI}$

当 $u\to\frac{\pi}{2}$时，$\sec(u)\to\infty$，由式(4-2b)得 $y_{\max}\to\infty$，管柱发生失稳。对应管柱失稳的临界压力为临界轴向力 P_{cr}。当 $u=\frac{\pi}{2}$时，$u^2=\frac{\pi^2}{4}=\frac{k^2L^2}{4}=\frac{L^2}{4}\frac{P_{cr}}{EI}$，因此

$$P_{cr}=P\big|_{y_{\max}\to\infty}=\frac{\pi^2EI}{L^2}$$

因为 $u=\frac{kL}{2}$，$k=\sqrt{\frac{P}{EI}}$，因此

$$\frac{12.2}{30}u^2=\frac{12.2}{30}\times\frac{PL^2}{4EI}=\frac{P}{9.836EI/L^2}\approx\frac{P}{\pi^2EI/L^2}=\frac{P}{P_{cr}}$$

$$\therefore\quad y_{\max}=\frac{5qL^4}{384EI}\left(1+\frac{12.2}{30}u^2\right)=\frac{5qL^4}{384EI}\left(1+\frac{P}{P_{cr}}\right)$$

由式(4-2a)可以推导得到

$$y''=\frac{qL^2}{4EIu^2}\left[1-\frac{\cos\left(u-\frac{2u}{L}x\right)}{\cos u}\right]\tag{4-3}$$

最大弯矩出现在梁柱的中点，有

$$M_{\max}=-EI\,y''\big|_{x=\frac{L}{2}}=\frac{qL^2}{8}\times\frac{2(1-\cos u)}{u^2\cos u}\tag{4-4a}$$

令 $\lambda(u)=\frac{2(1-\cos u)}{u^2\cos u}$，则

$$M_{\max}=\frac{qL^2}{8}\times\lambda(u)\tag{4-4b}$$

其中，$\frac{qL^2}{8}$为均布力 q 产生的弯矩，$\lambda(u)$为 P 对弯矩 $M_{\max}$的影响。从上式可以看出，$M_{\max}$与

q 之间为线性关系，而 M_{max} 与 P 之间为非线性关系。

对应管柱中心界面上最大的压应力为

$$\sigma_{c,max}=\frac{P}{A}+\frac{M_{max}}{EI}$$

管柱挠曲会引起横截面 A 产生一小变形量转角 θ

$$\theta=y'=\frac{qL^2}{8EIu^2}\left[\frac{L\sin\left(u-\frac{2u}{L}x\right)}{u\cos u}-(L-2x)\right] \tag{4-5a}$$

则
$$\theta^L=\theta^R=y'\Big|_{\substack{x=0\\x=L}}=\frac{qL^3}{24EI}\times\frac{3(\tan u-u)}{u^3}=\frac{qL^3}{24EI}\times X(u) \tag{4-5b}$$

综上所述，可以得出以下几点结论：

(1) 当 $u\to0$ 时(即 $P\to0$)，梁变形量中只有均布载荷的作用结果；

(2) 当 $u\to90°$时(即 $P\to P_{cr}$)，梁变形量均趋向于无穷大，梁处于失稳状态；

(3) 梁柱的挠度、转角和弯矩均与 P 成非线性关系。因此，这种情况下的线性叠加原理失效。

4.3.2　集中力作用下梁柱的变形

当管柱横向受图 4-3 所示的集中力 Q 作用时，同样可以推导得到梁柱弹性线性微分方程

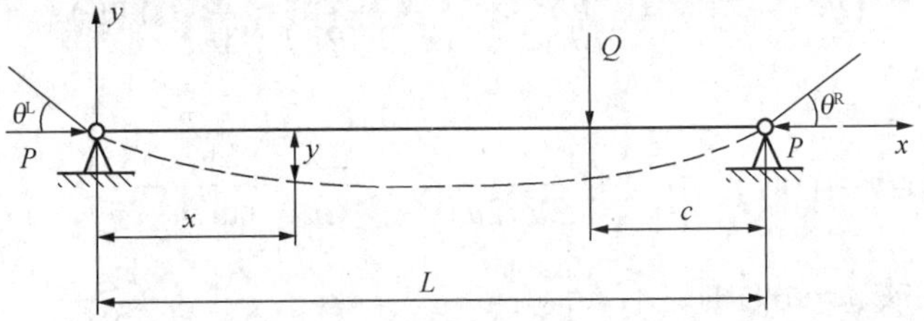

图 4-3　横向均布载荷作用下的挠曲方程

$$EIy''=-\frac{Qc}{L}x-Py \qquad (0\leqslant x\leqslant L-c)$$

$$EIy''=-\frac{Q(L-c)(L-x)}{L}-Py \qquad (L-c\leqslant x\leqslant L)$$

相应的挠曲线方程为：

$$\begin{aligned}&y=\frac{Q\sin kc}{Pk\sin kL}\sin kx-\frac{Qc}{PL}x && 0\leqslant x<L-c\\&y=\frac{Q\sin k(L-c)}{Pk\sin kL}\sin k(L-x)-\frac{Q(L-c)}{PL}(L-x) && L-c\leqslant x\leqslant L\end{aligned} \tag{4-6}$$

对以上两式求导，可得挠曲线任意截面上的转角为：

$$y'=\frac{Q\sin kc}{P\sin kL}\cos kx-\frac{Qc}{PL} \qquad 0\leqslant x<L-c$$

$$y'=-\frac{Q\sin k(L-c)}{P\sin kL}\cos k(L-x)+\frac{Q(L-c)}{PL} \qquad L-c\leqslant x\leqslant L$$

由此得到：

$$\theta^L = y'|_{x=0} = \frac{Q\sin kL}{P\sin kL} - \frac{Qc}{PL}$$
$$\theta^R = -y'|_{x=L} = \frac{Q\sin k(L-c)}{P\sin kL} - \frac{Q(L-c)}{PL} \tag{4-7}$$

综上所述，同样可以看出梁柱的挠度、转角和弯矩均与 P 成非线性关系。因此，这种情况下的线性叠加原理也失效。

4.3.3 端部有力偶作用下梁柱的变形

此时相当于 $M_B = Q\times c$，而 $c\to 0$，$\sin(kc)\to kc$ 的情况，可以推导得到：

$$y = \frac{M_B}{P}\left(\frac{\sin kx}{\sin kL} - \frac{x}{L}\right) \tag{4-8a}$$

或

$$y = \frac{M_B L}{4EIu^2}\left(\frac{L\sin\frac{2u}{L}x}{\sin 2u} - x\right) \tag{4-8b}$$

由此可得

$$\theta^L = y'|_{x=0} = \frac{M_B L}{6EI}\times\frac{3}{u}\left(\frac{1}{\sin 2u} - \frac{1}{2u}\right) = \frac{M_B L}{6EI}\times Z(u)$$
$$\theta^R = -y'|_{x=L} = \frac{M_B L}{3EI}\times\frac{3}{2u}\left(-\frac{1}{\tan 2u} + \frac{1}{2u}\right) = \frac{M_B L}{3EI}\times Y(u) \tag{4-9}$$

可以证明

（1）当 $P=0$（或 $u=0$）时，有 $\frac{3}{u}\left(\frac{1}{\sin 2u} - \frac{1}{2u}\right)\to 1$，$\frac{3}{2u}\left(-\frac{1}{\tan 2u} + \frac{1}{2u}\right)\to 1$

（2）当 $P=P_{cr}$（或 $u=90°$）时，有 $\frac{3}{u}\left(\frac{1}{\sin 2u} - \frac{1}{2u}\right)\to\infty$，$\frac{3}{2u}\left(-\frac{1}{\tan 2u} + \frac{1}{2u}\right)\to\infty$

4.3.4 纵横弯曲梁新的叠加原理

1）新叠加原理表述

对比式(4-1)~式(4-9)可以看出，在轴向载荷 P 不变的前提下，梁柱的变形（挠度、转角）和横向载荷（集中力、均布载荷、力偶等）呈线性关系。因此可以采用新的叠加原理，简述如下：当有多个横向载荷同时作用于轴向受压的梁柱时，梁柱的总变形可以由每个载荷分别与轴向载荷共同作用所产生的变形线性叠加得到。

利用新的叠加原理，可以得到 θ^L、θ^R 的表达式如下

$$\theta^L = y'|_{x=0} = \frac{qL^3}{24EI}\times X(u) + \frac{Q\sin kL}{P\sin kL} - \frac{Qc}{PL} + \frac{M_B L}{6EI}\times Z(u)$$
$$\theta^R = y'|_{x=L} = \frac{qL^3}{24EI}\times X(u) + \frac{Q\sin k(L-c)}{P\sin kL} - \frac{Q(L-c)}{PL} + \frac{M_B L}{3EI}\times Y(u) \tag{4-10}$$

2）纵横弯曲梁柱的稳定系数和放大因子

定义纵横弯曲梁柱稳定系数：

$$u = \frac{L}{2}\sqrt{\frac{P}{EI}} = \frac{\pi}{2}\sqrt{\frac{P}{P_{cr}}} \tag{4-11a}$$

在端部转角计算时，涉及函数 $X(u)$、$Y(u)$ 和 $Z(u)$，均为 u 的超越函数：

$$X(u)=\frac{3}{u^3}(\tan u-u) \tag{4-11b}$$

$$Y(u)=\frac{3}{2u}\left(\frac{1}{2u}-\frac{1}{\tan 2u}\right) \tag{4-11c}$$

$$Z(u)=\frac{3}{u}\left(\frac{1}{\sin 2u}-\frac{1}{2u}\right) \tag{4-11d}$$

$X(u)$、$Y(u)$ 和 $Z(u)$ 的物理意义是，当梁柱受轴向力与横向载荷联合作用时的变形与单纯受相应横向载荷作用时的变形比值，故称 $X(u)$、$Y(u)$ 和 $Z(u)$ 为梁柱变形放大因子。当 $P=0$ 时，有 $X(u)=Y(u)=Z(u)=1$；随着 P 的增大，$X(u)$、$Y(u)$ 和 $Z(u)$ 均大于 1；当 $P\to P_{cr}$ 时，$X(u)$、$Y(u)$ 和 $Z(u)$ 均趋向于无穷大。

例 4-1　8″钻铤（外径 Φ203.2mm，内径 Φ71.44mm）长 10m，所加钻压为 100kN，试计算其临界轴向载荷 P_{cr}，稳定系数 u 和放大因子 $X(u)$、$Y(u)$ 和 $Z(u)$。

解：$I=\frac{\pi}{64}(D_o^4-D_i^4)=\frac{\pi}{64}(203.2^4-71.44^4)\times10^{-12}=8.241\times10^{-5}(m^4)$

$$P_{cr}=\frac{\pi^2 EI}{L^2}=\frac{\pi^2\times2.01\times10^7\times8.241\times10^{-5}}{10^2}=1634.84(kN)$$

由此可得

$$u=\frac{\pi}{2}\sqrt{\frac{P}{P_{cr}}}=\frac{\pi}{2}\sqrt{\frac{100}{1643.84}}=0.3874$$

$$X(u)=\frac{3}{u^3}(\tan u-u)=\frac{3}{0.3874^3}(\tan 0.3874-0.3874)=1.0639$$

$$Y(u)=\frac{3}{2u}\left(\frac{1}{2u}-\frac{1}{\tan 2u}\right)=\frac{3}{2\times0.3874}\left(\frac{1}{2\times0.3874}-\frac{1}{\tan(2\times0.3874)}\right)=1.0425$$

$$Z(u)=\frac{3}{u}\left(\frac{1}{\sin 2u}-\frac{1}{2u}\right)=\frac{3}{0.3874}\left(\frac{1}{\sin(2\times0.3874)}-\frac{1}{2\times0.3874}\right)=1.0748$$

$X(u)$、$Y(u)$、$Z(u)$ 随钻铤轴向压力 u 变化的曲线可参见图 4-4。

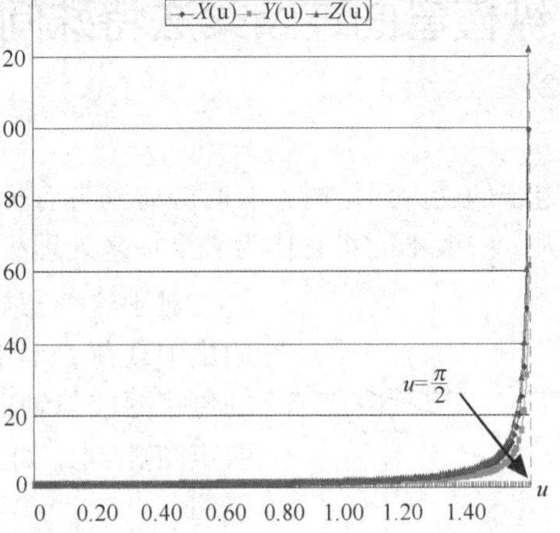

图 4-4　$X(u)$、$Y(u)$、$Z(u)$ 随 u 的变化曲线

§4.4 纵横弯曲连续梁三弯矩方程的建立

图4-5所示的纵横弯曲连续梁力学模型是一个具有两个多余约束的静不定系统，可以利用S_1、S_2支座处相邻两跨的挠度曲线具有相同的公共切线这两个条件，即连续条件来建立两个补充方程，进而求解这一静不定系统。以M_1、M_2为待求的静不定量。

因为$\theta_1^R=-\theta_2^L$，$\theta_2^R=-\theta_3^L$，由此可以得到三弯矩方程：

$$M_0Z(u_1)+2M_1\left[Y(u_1)+\frac{L_2I_1}{L_1I_2}Y(u_2)\right]+M_2\left[\frac{L_2I_1}{L_1I_2}Z(u_2)\right]=-\frac{q_1L_1^{\ 2}}{4}X(u_1)-\frac{q_2L_2^2}{4}\times\frac{L_2I_1}{L_1I_2}\times X(u_2)$$

$$M_1Z(u_2)+2M_2\left[Y(u_2)+\frac{L_3I_2}{L_2I_3}Y(u_3)\right]+M_3\left[\frac{L_3I_2}{L_2I_3}Z(u_3)\right]=-\frac{q_2L_2^2}{4}X(u_2)-\frac{q_3L_3^2}{4}\times\frac{L_3I_2}{L_2I_3}\times X(u_3)$$

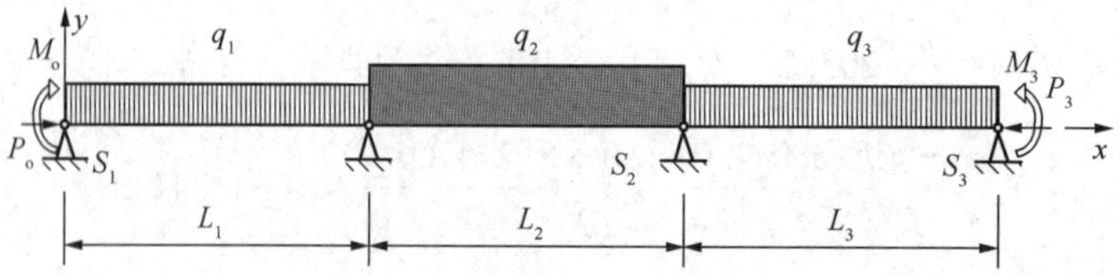

图4-5 横向均匀载荷作用下的挠曲方程

这个方法具有普遍性，对于具有$n+1$个支座的n跨连续梁而言，取任意中间支座S_i，其连续条件为$\theta_i^R=-\theta_{i+1}^L$，对应于该支座的三弯矩方程为：

$$\begin{aligned}M_{i-1}Z(u_i)+2M_i\left[Y(u_i)+\frac{L_{i+1}I_i}{L_iI_{i+1}}Y(u_{i+1})\right]+M_{i+1}\left[\frac{L_{i+1}I_i}{L_iI_{i+1}}Z(u_{i+1})\right]\\=-\frac{q_iL_i^{\ 2}}{4}X(u_i)-\frac{q_{i+1}L_{i+1}^2}{4}\times\frac{L_{i+1}I_i}{L_iI_{i+1}}\times X(u_{i+1})\end{aligned}\tag{4-12}$$

这就是纵横弯曲连续梁三弯矩通用方程。

§4.5 纵横弯曲连续梁法特殊问题的处理

1）初弯曲问题

在研究井下动力钻具组合的受力问题时，有时会碰到带有折角的梁柱，这种初始就存在弯曲对梁柱的变形影响很大，一般不能将它作为直梁柱来处理。

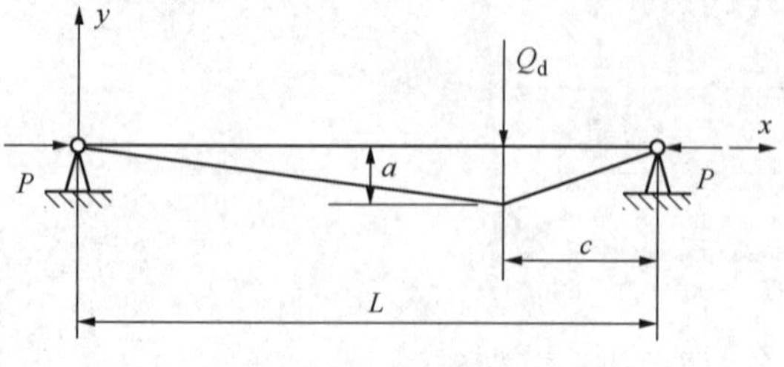

图4-6 初始弯曲角的处理

对于这种初始弯曲，可以采用一当量横向集中载荷Q_d代替对梁柱挠度的影响，而Q_d的弯矩图应与轴向力P由于初弯曲所产生的弯矩图相同，如图4-6所示。由弯矩相等得到：

$$P\times a=\frac{Q_d\times c(L-c)}{L}$$

即
$$Q_d=\frac{P\times a\times L}{c(L-c)}$$

求出当量横向集中载荷 Q_d 后，把它附加到直梁柱上，即可取代原来的曲梁柱进行变形分析计算。

2）支座位移产生附加转角

在实际计算梁柱端部转角时，可以直接加上这一附加转角。

3）二维井身曲线及钻头侧向力

对于二维井身曲线可以假设井底钻具组合所在井段的中心线是位于铅垂平面内的一条圆弧。设圆弧上、下两测点 A、B 所对应的井深分别是 L_A、L_B，井斜角为 α_A、α_B，则有
$$K=\frac{\Delta\alpha}{\Delta L}=\frac{\alpha_B-\alpha_A}{L_B-L_A}$$
及
$$R=\frac{1}{K}=\frac{L_B-L_A}{\alpha_B-\alpha_A}$$

参见图 4-7，二维井身轴线上任何一点的坐标关系可以近似为：$y=\frac{x^2}{2R}$

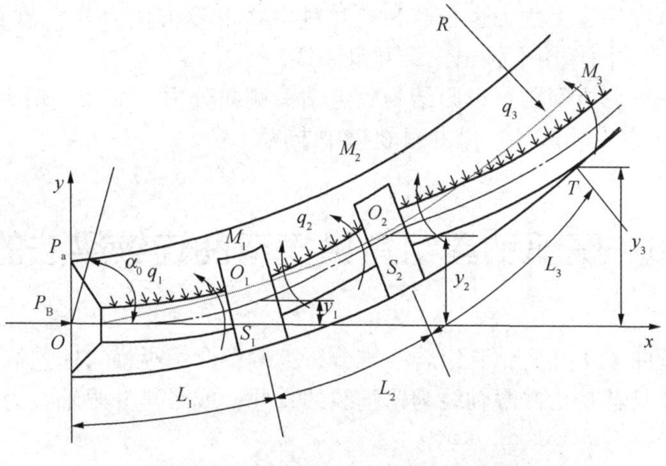

图 4-7　二维井眼中 BHA 受力与变形

对于钻头处的侧向反力 P_α，只需要考虑第一跨梁柱的静力平衡。对第一跨梁柱第一个稳定器(S_1)的中心 O_1 求力矩，由 $\sum M_{o_1}=0$ 可以解得：
$$P_\alpha=-\left(\frac{P_B y_1}{L_1}+\frac{q_1 L_1}{2}+\frac{M_1}{L_1}\right)$$
其中 y_1 是稳定器 S_1 的中心点 O_1 的纵坐标：$y_1=\frac{KL^2}{2}-e_1$

与斜直井眼相比较，二维井身剖面引起的稳定器位置的偏移可以用一个转角来描述，即
$$\theta_{yi}=\frac{y_i-y_{i-1}}{L_i}$$

由此，根据纵横弯曲梁转角计算公式和变形叠加原理可以推导得到
$$\theta_i^R=\frac{q_i L_i^3}{24EI_i}\times X(u_i)+\frac{M_i L_i}{3EI_i}\times Y(u_i)+\frac{M_{i-1}L_i}{6EI_i}\times Z(u_i)+\frac{y_i-y_{i-1}}{L_i}$$

$$\theta_{i+1}^{L}=\frac{q_{i+1}L_{i+1}^{3}}{24EI_{i+1}}\times X(u_{i+1})+\frac{M_{i}L_{i+1}}{3EI_{i+1}}\times Y(u_{i+1})+\frac{M_{i+1}L_{i+1}}{6EI_{i-1}}\times Z(u_{i+1})+\frac{y_{i+1}-y_{i}}{L_{i+1}}$$

以及

$$\theta_{n+1}^{R}=\frac{q_{n+1}L_{n+1}^{3}}{24EI_{n+1}}\times X(u_{n+1})+\frac{M_{n+1}L_{n+1}}{3EI_{n+1}}\times Y(u_{n+1})+\frac{M_{n}L_{n+1}}{6EI_{n+1}}\times Z(u_{n+1})+\frac{y_{n+1}-y_{n1}}{L_{n+1}}$$

4）纵横弯曲连续梁法三维分析

在三维分析中，假设钻具组合位于一条空间斜平面上成圆弧线的井眼内，并把三维分析问题归结为确定钻头上变井斜力 P_α 和变方位力 P_ϕ 的问题。将空间斜平面上的圆弧井身曲线分别向井斜平面和方位平面投影，即可在此二平面内得到相应的二维井身曲线，从中确定相应的钻头侧向分力。通过这样的处理，就可以把一个三维问题分解为两个二维问题来处理。为此，需要下述补充假设：

(1) 钻具组合位于一条空间斜平面上成圆弧曲线的井眼内。由于弯曲井眼的曲率很大，远远大于所分析的井段长度，因此，可以把所分析的三维井身曲线简化成为空间任意斜平面上的圆弧。实践表明，这样的处理在工程上已经足够精确。

(2) 这条圆弧在井斜平面 P 和方位平面 Q 上的迹线仍然是两条圆弧。

相应地，作用在钻头上的力也分解为变井斜力 P_α 和变方位力 P_φ。在钻压 P_B、变井斜力 P_α 和变方位力 P_φ 的共同作用下钻出三维井身曲线。

综上所述，三维分析问题可以归结为确定钻头侧向分力，即变井斜力 P_α 和变方位力 P_φ 的问题，P_α 和 P_φ 可以在相应的二维井身轨道中求解。

§4.6 底部钻具组合纵横弯曲连续梁法的求解

下面以纵横弯曲梁法井底钻具组合一维分析为例，介绍纵横弯曲连续梁法的求解步骤与方法。所谓一维井身就是指井眼轴线为铅垂线的直井，或者是井眼轴线为斜直线的斜直井与定向井稳斜段。

4.6.1 一维钻头侧向力

一维井身中底部钻具组合弹性变形产生的钻具侧向力示意图可参见图 4-8。P_α 为井壁作用在钻头上面的侧向反力。若忽略第一跨钻铤自重在轴向上产生的力，对第一跨稳定器 S_1 中心 O_1 求力矩，可解得

$$\sum M_{o_1}=P_B\times e_1-P_\alpha\times L_1-M_1-\frac{q\sin\alpha\times L_1^2}{2}=0$$

$$P_\alpha=\frac{P_B\times e_1}{L_1}-\frac{M_1}{L_1}-\frac{q\sin\alpha\times L_1}{2}$$

从图 4-8 可以看出，若 $P_\alpha>0$，则 P_α 为造斜力；若 $P_\alpha<0$，则 P_α 为降斜力。显然 P_α 的取值直接与第一稳定器的内弯矩 M_1 有关。

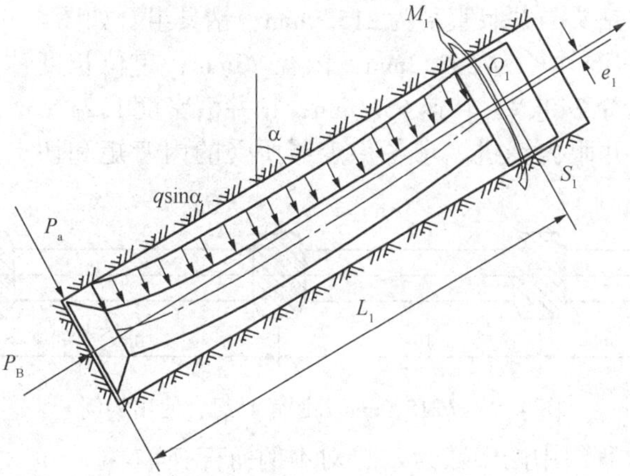

图 4-8　一维分析钻头侧向力

4.6.2　一维纵横弯曲梁法三弯矩方程组的建立与求解

以任意数目(n 个)稳定器的井底钻具组合为分析对象，钻头、n 个稳定器和上切点把钻具组合分成 $n+1$ 跨受纵横弯曲的简支梁，每个稳定器的内弯矩 M_i 和上切点的位置 L_{n+1} 为未知量，共 $n+1$ 个。

相邻两跨简支梁在稳定器处的连续条件为：$\theta_i^R=-\theta_{i+1}^L$　(4-13)

上切点的边界条件为：　$\theta_T=\theta_{n+1}^R=0$　(4-14)

由变形叠加原理式(4-10)，结合稳定器间隙引起的转角变化，可求得

$$\theta_i^R=\frac{q_iL_i^3}{24EI_i}X(u_i)+\frac{M_iL_i}{3EI_i}Y(u_i)+\frac{M_{i-1}L_i}{6EI_i}Z(u_i)-\frac{e_i-e_{i-1}}{L_i}$$

$$\theta_{i+1}^L=\frac{q_{i+1}L_{i+1}^3}{24EI_{i+1}}X(u_{i+1})+\frac{M_iL_{i+1}}{3EI_{i+1}}Y(u_{i+1})+\frac{M_{i+1}L_{i+1}}{6EI_{i+1}}Z(u_{i+1})-\frac{e_{i+1}-e_i}{L_{i+1}}$$

以及

$$\theta_{n+1}^R=\frac{q_{n+1}L_{n+1}^3}{24EI_{n+1}}X(u_{n+1})+\frac{M_nL_{n+1}}{6EI_{n+1}}Z(u_{n+1})-\frac{e_{n+1}-e_n}{L_{n+1}}$$

将上式代入式(4-13)、(4-14)，整理后可得下述三弯矩方程组

$$M_{i-1}Z(u_i)+2M_i\left[Y(u_i)+\frac{L_{i+1}I_i}{L_iI_{i+1}}Y(u_{i+1})\right]+M_{i+1}\left[\frac{L_{i+1}I_i}{L_iI_{i+1}}Z(u_{i+1})\right]$$
$$=-\frac{q_iL_i^2}{4}X(u_i)-\frac{q_{i+1}L_{i+1}^2}{4}\times\frac{L_{i+1}I_i}{L_iI_{i+1}}\times X(u_{i+1})+\frac{6EI_i(e_i-e_{i-1})}{L_i^2} \tag{4-15a}$$
$$-\frac{6\,EI_i(e_{i+1}-e_i)}{L_iL_{i+1}}\quad i=1,\ 2,\ \cdots,\ n$$

$$L_{n+1}^4+\frac{4M_nZ(u_{n+1})}{q_{n+1}X(u_{n+1})}L_{n+1}^2=\frac{24EI_{n+1}}{q_{n+1}X(u_{n+1})}(e_{n+1}-e_n) \tag{4-15b}$$

在三弯矩方程组中共有 $n+1$ 个方程，可以惟一地解出 L_{n+1} 和 $M_1\sim M_n$ 共 $n+1$ 个未知数，由此来确定井底钻具组合的受力和变形。当 $n=0$，1，2，3，4 时，就可以得到光钻铤钻具组合，以及稳定器数目为 1~4 钻具组合的三弯矩方程组。

例 4-2 已知某井钻头与井眼直径为 215.9mm，钻具组合如图 4-9 所示。稳定器与井眼之间的间隙为 1mm，钻铤外径为 203.2mm，内径 73mm，单位长度钻铤在空气中的重量为 2190N/m。使用的钻压为 240kN，转速 65r/min，钻井液密度 1.2g/cm^3，钻头处无力偶作用。在井斜角为 45°的斜直井眼内钻进。求各稳定器所受的内弯矩和切点至上稳定器段钻铤的长度。

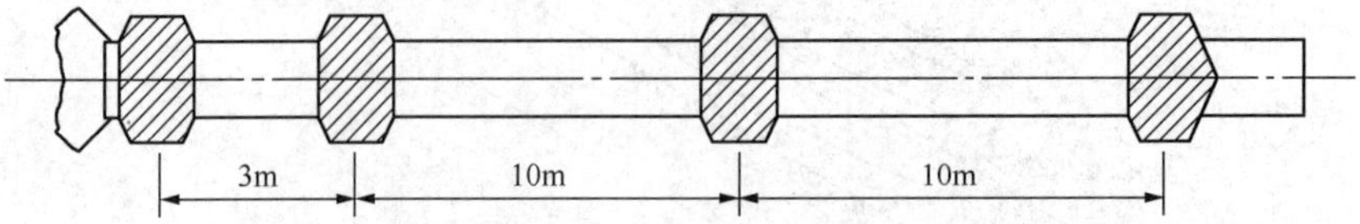

图 4-9 Φ215.9mm 井眼钻具组合使用实例

解：若令三弯矩方程组中的系数为 a_{ij}，对本例而言有

$$\begin{cases} a_{11}M_1+a_{12}M_2=a_{14} \\ a_{21}M_1+a_{22}M_2+a_{23}M_3=a_{24} \\ a_{32}M_2+a_{33}M_3=a_{34} \\ a_{41}L_4^4+a_{42}M_3L_4^2=a_{44} \end{cases}$$

则可以计算得到该联立方程各系数值如下

$$a_{21}=Z(u_2)=1.18004 \qquad a_{32}=Z(u_4)$$

$$a_{11}=2\left[Y(u_1)+\frac{L_2I_1}{L_1I_2}Y(u_2)\right]=9.35972$$

$$a_{22}=2\left[Y(u_2)+\frac{L_3I_2}{L_2I_3}Y(u_3)\right]=4.39261$$

$$a_{33}=2\left[Y(u_3)+\frac{L_4I_3}{L_3I_4}Y(u_4)\right]=2.18970978+\frac{L_4}{5}Y(u_4)$$

$$a_{12}=\left[\frac{L_2I_1}{L_1I_2}Z(u_2)\right]=3.93347$$

$$a_{23}=\left[\frac{L_3I_2}{L_2I_3}Z(u_3)\right]=1.16820$$

$$a_{14}=-\frac{q_1L_1^2}{4}X(u_1)-\frac{q_2L_2^2}{4}\times\frac{L_2I_1}{L_1I_2}\times X(u_2)+\frac{6EI_1(e_1-e_0)}{L_1^2}-\frac{6EI_1(e_2-e_1)}{L_1L_2}$$
$$=-74532.72$$

$$a_{24}=-\frac{q_2L_2^2}{4}X(u_2)-\frac{q_3L_3^2}{4}\times\frac{L_3I_2}{L_2I_3}\times X(u_3)+\frac{6EI_2(e_2-e_1)}{L_2^2}-\frac{6EI_2(e_3-e_2)}{L_2L_3}$$
$$=-50217.31$$

$$a_{34}=-\frac{q_3L_3^2}{4}X(u_3)-\frac{q_4L_4^2}{4}\times\frac{L_4I_3}{L_3I_4}\times X(u_4)+\frac{6EI_3(e_3-e_2)}{L_3^2}-\frac{6EI_3(e_4-e_3)}{L_3L_4}$$
$$=-24998.873-32.796\times L_4^3\times X(u_4)-\frac{554745.865}{L_4}$$

$$a_{41}=q_4X(u_4) \qquad a_{42}=4Z(u_4) \qquad a_{44}=24EI_4(e_4-e_3)=2218983.459$$

由此可得三弯矩联立方程组如下：

$$\begin{cases}9.35972M_1+3.93347M_2=-74532.72\\ 1.18004M_1+4.39261M_2+\dfrac{Z(u_4)\times L_4}{10}\times M_3=-50217.31\\ Z(u_4)\times M_2+\left(2.18970978+\dfrac{L_4}{5}Y(u_4)\right)\times M_3\\ \quad=-24998.873-32.796\times L_4^3\times X(u_4)-\dfrac{554745.865}{L_4}\\ 1311.841X(u_4)\times L_4^4+4Z(u_4)\times M_3L_4^2=2218983.459\end{cases} \tag{4-16}$$

其中
$$u_4=\frac{L_4}{2}\sqrt{\frac{P_4}{E_4I_4}}=\frac{L_4}{2}\sqrt{\frac{209827.664-1311.841\times L_4}{7281802.641}}$$

$$X(u_4)=\frac{3}{u^3}(\tan u_4-u_4)$$

$$Y(u_4)=\frac{3}{2u_4}\left(\frac{1}{2u_4}-\frac{1}{\tan 2u_4}\right)$$

$$Z(u_4)=\frac{3}{u_4}\left(\frac{1}{\sin 2u_4}-\frac{1}{2u_4}\right)$$

解上述联立方程涉及求解式(4-16)的超越方程，需要采用追赶法等数值计算方法来实现，最终求得的结果为

$$M_1=-8272.35\mathrm{N\cdot m}$$

$$M_2=735.80\mathrm{N\cdot m}$$

$$M_3=-27041.42\mathrm{N\cdot m}$$

$$L_4=9.948\mathrm{m}$$

作业及思考题

1. 简述底部钻具组合纵横弯曲梁力学模型。

2. 在简化和建立底部钻具组合纵横弯曲梁力学模型时，有哪些假设条件？

3. 试用纵横弯曲梁法分析推导钻柱的临界轴向力 P_{cr}。

4. 简述纵横弯曲梁新的叠加原理。

5. 简述纵横弯曲梁的稳定系数和放大因子的定义和物理意义。

6. 分析一维井身光钻铤钻具组合的钻头侧向力 P_α 与切点位置 L_T、钻压 P_B 和井斜角 α 的关系。

7. 单稳定器钻具组合（钟摆钻具）：$D_B=244\mathrm{mm}$，$D_{S1}=244\mathrm{mm}$，$L_1=18\mathrm{m}$，$D_{C1}=203.2\mathrm{mm}$，$D_{C2}=178\mathrm{mm}$，$q_1=1.8032\mathrm{kN/m}$，$q_2=1.313\mathrm{kN/m}$，$EI_1=1.68\times10^7\mathrm{Nm^2}$，$EI_2=9.8\times10^7\mathrm{Nm^2}$，钻井液密度 $\rho_m=1.2\mathrm{g/cm^3}$，钻压 $P_B=150\mathrm{kN}$，井径 $D_o=244\mathrm{mm}$。计算 M_1、L_T、P_α 的值。

第五章　管柱力学能量法分析

§5.1　引　言

所谓能量法就是从能量的观点出发，根据能量守恒、功能关系等有关定律、定理，应用含有能量的关系式来分析、解答各种工程问题，是物理学、力学和许多工程应用重要的研究方法。由于能量是状态的单值函数，与过程无关，所以能量关系式通常比较容易列出，有关数学计算也相对比较简单。能量法具有不少的优越之处，越来越引起人们的普遍重视。

可形变固体在外力作用下产生变形，引起外力作用点产生位移，外力将沿其作用线方向上位移作功。与此同时，在变形固体内部储存了变形能。在加载过程中，若外力从零开始缓慢地增加到最终值，则除变形能外，其他能量变化很小，可以认为全部外力功(W)都转变为变形固体内的变形能(U)，即

$$U = W \tag{5-1}$$

在弹性范围内，若逐渐将外力撤除时，变形能又可全部转变为功。这就是说，在弹性范围内物体的变形能是可逆的。

在变形固体力学中，利用功、能的概念，建立有关分析结构的变形、位移、内力的原理和方法，统称为能量法。

§5.2　能量法在一般静力分析中的应用

5.2.1　外力功与变形能一般表达式

现以图5-1(a)所示简支梁为例，说明弹性体内储存变形能数量的计算方法。梁上的集中外力 F，从零开始缓慢增加到最终值 F_1。力作用点下的位移也从零逐渐增加到最终值 Δ_1。外力 F 与位移 Δ 之间可表现为正比关系，如图5-1(b)所示，这样的弹性体称为线性弹性体(或称线弹性体)。如果外力 F 与位移 Δ 之间不存在正比关系，而是图5-1(c)所示的非线性关系，则称这种弹性体为非线性弹性体。

在加载过程中，外力 F 在位移增量 $\mathrm{d}\Delta$ 上作功的数值为 $\mathrm{d}W = F\mathrm{d}\Delta$，它等于图5-1(b)、(c)阴影线所示的面积。外力 F 从零增长到 F_1 的全过程中，所作的总外力功为

$$W = \int_0^{\Delta_1} F\mathrm{d}\Delta$$

由式(5-1)可得梁内储存的变形能为

$$U = W = \int_0^{\Delta_1} F\mathrm{d}\Delta \tag{5-2}$$

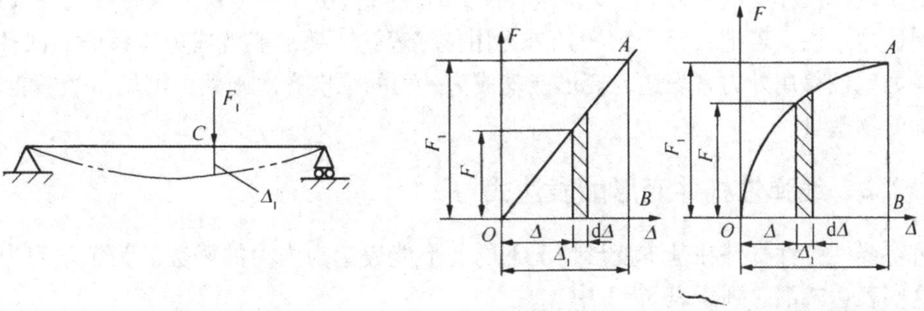

(a)杆件的受力与变形　(b)弹性变形能　(c)非弹性变形能

图5-1　外力做功与杆的变形能

若梁为非线性弹性体，式(5-2)的积分表明，梁内储存变形能的值等于图5-1(c)中曲线 OA 与水平坐标轴围成的面积 OAB 。若梁为线弹性体，式(5-2)积分等于图5-1(b)中三角形 OAB 的面积，变形能的数值为

$$U = W = \frac{1}{2}F_1\Delta_1 \tag{5-3}$$

当考虑弹性体上有多个载荷作用时，为了叙述简单且不失其一般性，只讨论作用两个载荷的情况。如图5-2所示之简支梁，于 B、C 两点分别作用集中力 F_1、集中力偶 M_2。梁产生变形后，B 点的挠度(线位移)为 Δ_1，C 点截面转角(角位移)为 θ_2。在变形过程中，集中力 F_1 在线位移 Δ_1 上作功，集中力偶 M_2 在角位移 θ_2 上作功。如果梁为非线性弹性体时，外力所做的功和变形能关系由式(5-2)得

$$U = W = \int_0^{\Delta_1} F_1 \mathrm{d}\Delta + \int_0^{\theta_1} M_2 \mathrm{d}\theta \tag{5-4a}$$

当梁为线性弹性体时，由式(5-2)得

$$U = W = \frac{1}{2}F_1\Delta_1 + \frac{1}{2}M_2\theta_2 \tag{5-4b}$$

不失一般性，为了得到变形能的一般表达式，将外力统一用符号 F 表示，这时要将集中力偶 M_2 改为 F_2，称 F 为广义力。用统一的符号 δ 表示广义力作功的相应位移，这时应将 Δ_1 改写 δ_1，角位移 θ_2 改写成为 δ_2，称 δ 为广义位移。图5-3所示弹性体作用 F_1、F_2、…、F_n 共 n 个广义力，由于弹性体变形(图5-3中虚线所示)产生相应的广义位移 δ_1、δ_2、…、δ_n。

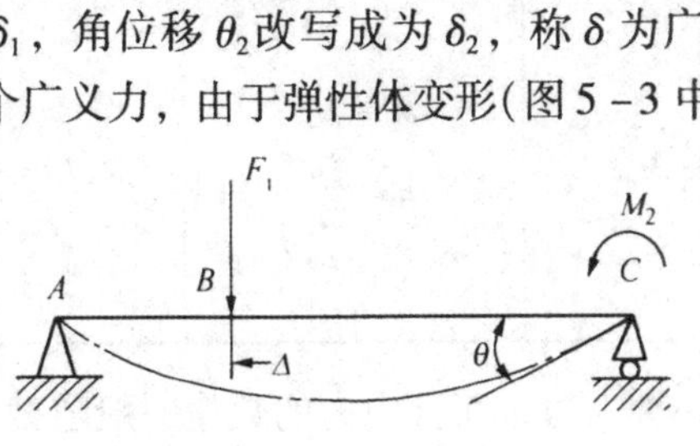

图5-2　集中力和弯矩作用下的梁变形

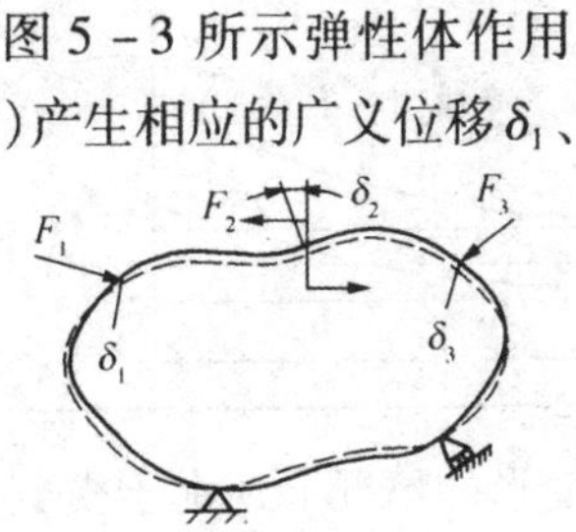

图5-3　广义力与广义位移

对于线弹性体而言，依照式(5-4b)，变形能的一般表达式为

$$U = W = \sum_{i=1}^{n} \frac{1}{2}F_i\delta_i \tag{5-5}$$

上式表示，线弹性体的变形能等于各广义力与其相应广义位移乘积之半的总和，这一结论称为克拉比隆原理。

由于线弹性体上的外力 F_1、F_2、…、F_n与位移 δ_1、δ_2、…、δ_n之间存在线性关系。所以对线弹性体来说，若把式(5-5)中的外力用位移表达，变形能就成为位移的二次齐次函数。同理，如把位移用外力来表达，变形能就成为外力的二次齐次函数。可见，变形能是一个不能叠加的物理量。

5.2.2 线弹性杆件变形能表达式

可将线性弹性杆件在基本变形情况下的变形能表达为内力的函数。为了学习上的方便，现将这些表达式汇总列于表 5-1 中。

表 5-1 线弹性杆件的变形能

变形形式	外力功 W	位移与力的关系	变形能 U
轴向拉伸 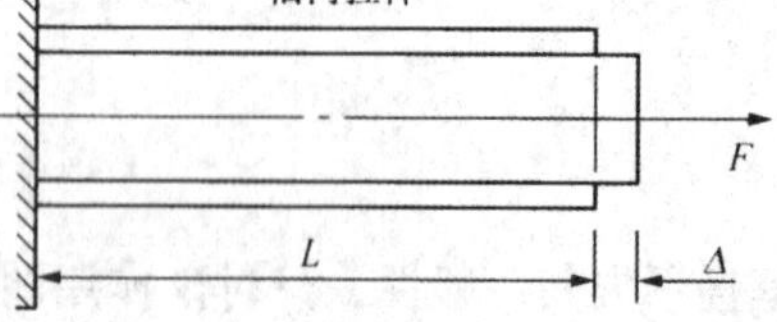	$W=\frac{1}{2}F\Delta$	$F_N=F$ $\Delta=\frac{F_N l}{EA}$	$U=\frac{F_N^2 l}{2EA}$
剪切 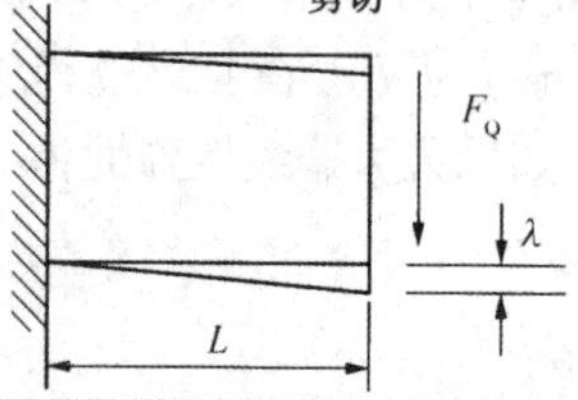	$W=\frac{1}{2}F\lambda$	$F_Q=F$ $\lambda=\frac{F_Q l}{GA}$	$U=\frac{F_Q^2 l}{2GA}$
扭转 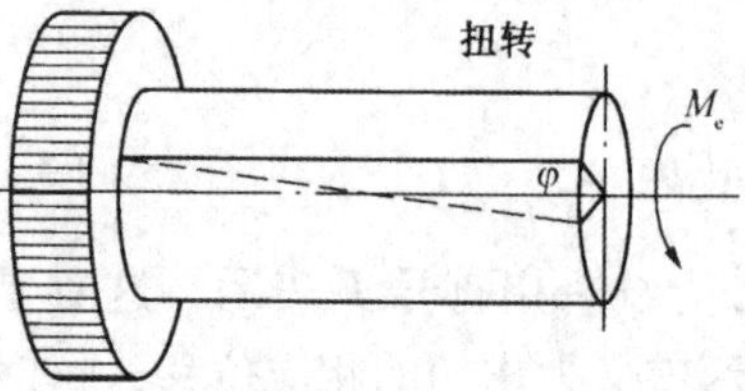	$W=\frac{1}{2}M_e\Phi$	$T=M_e$ $\Phi=\frac{Tl}{GI_p}$	$U=\frac{T^2 l}{2GI_p}$
弯曲 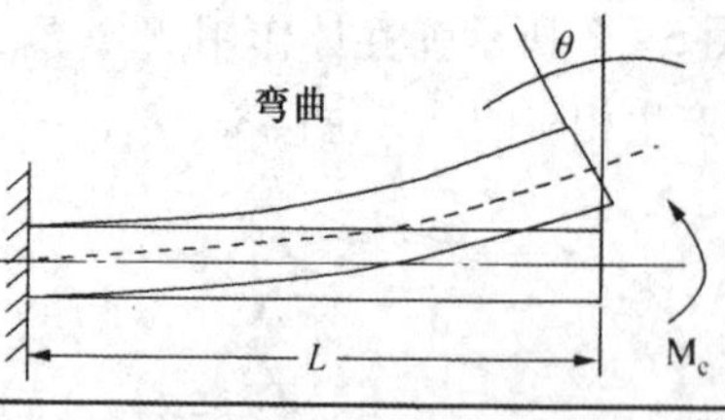	$W=\frac{1}{2}M_e\theta$	$M=M_e$ $\theta=\frac{Ml}{GI_z}$	$U=\frac{M^2 l}{2GI_z}$

在组合变形的情况下，由于横截面上不止一种内力，而且内力的数值一般随截面的位置而变化。例如图 5-4(a)所示圆截面杆件，横截面上同时存在弯矩 M、扭矩 T、轴力 F_N和剪力 F_Q四种内力。其中弯矩 M 是截面位置坐标 x 的函数。为了计算变形能，用两个横截面截出 dx 微段。在该微段长度内，可以认为内力为常量。因此在该微段左、右两侧截面上作用着大小相同的内力 F_N、F_Q、T、M 等[图 5-4(b)]。对当前所研究的微段来说，这些内力都处于微段的外力地位。现在来计算该微段的变形能 dU。如上所述，一般情况下变形能(或外力功)不能叠加。但是当前的四种内力，其中任一内力仅在该内力本身引起微段变形上作

功，其余内力引起微段的变形都不作功。例如在该微段的轴向相对位移 $d\Delta$ 上，仅有轴力 F_N 作功，而其余内力在轴向相对位移上都不作功。这样，就可以分别计算每一种内力单独作用时微段的变形能，然后求其总和，即可得该微段内储存的总变形能 dU。该微段左、右两截面的相对伸长、相对转角、相对扭转角、相对剪切变形分别用 $d\Delta$、$d\theta$、$d\varphi$、$d\lambda$ 表示，由表 5－1 可得微段变形能 dU 及外力功 dW 的表达式

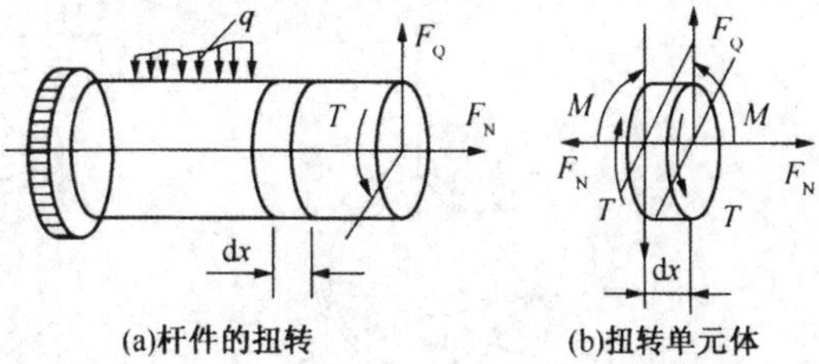

(a)杆件的扭转 (b)扭转单元体

图 5－4 杆件扭转变形能

$$dU = dW = \frac{1}{2}F_N d\Delta + \frac{1}{2}M d\theta + \frac{1}{2}T d\varphi + \frac{1}{2}kF_Q d\lambda$$

$$= \frac{(F_N)^2 dx}{2EA} + \frac{M^2 dx}{2EI} + \frac{T^2 dx}{2GI_p} + \frac{k(F_Q)^2 dx}{2GA}$$

通过积分，即可求出整个杆件的总变形能

$$U = \int_l \frac{(F_N)^2 dx}{2EA} + \int_l \frac{M^2 dx}{2EI} + \int_l \frac{T^2 dx}{2GI_p} + \int_l \frac{k(F_Q)^2 dx}{2GA} \qquad (5-6)$$

式中 系数 k 是用来修正横力弯曲时剪切应力不沿截面均匀分布的修正系数。它的数值与截面形状有关。对于矩形截面 $k = \frac{5}{6}$，圆形截面 $k = \frac{10}{9}$。

例 5－1 试求图 5－5 所示简支梁的变形能，并求集中力 F 作用点 C 处的挠度 f_C。

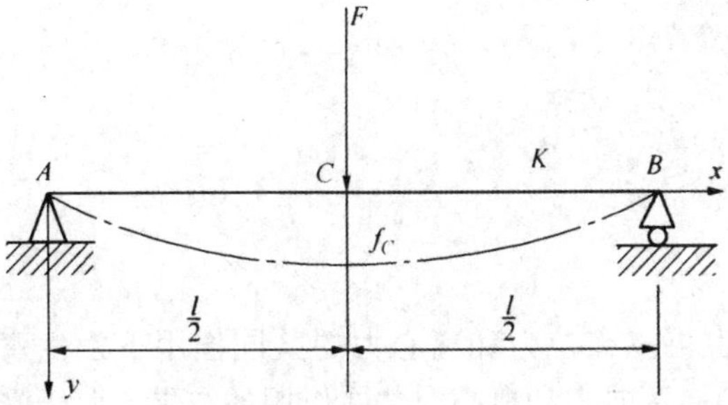

图 5－5 集中力作用下梁的变形

解：由于 AC、BC 两段对称，所以全梁的变形能等于 AC 段的两倍。AC 段内的弯矩为

$$M = \frac{1}{2}Fx \qquad \left(0 \leqslant x \leqslant \frac{L}{2}\right)$$

由式(5－6)得梁的变形能为

$$U = 2\int_0^{\frac{L}{2}} \frac{M^2 dx}{2EI}$$

$$= 2\int_0^{\frac{L}{2}} \frac{\left(\frac{1}{2}Fx\right)^2 dx}{2EI} = \frac{F^2L^3}{96EI}$$

由式(5－1)得

$$W = \frac{1}{2}Ff_C = U = \frac{F^2L^3}{96EI}$$

所以，$f_C = \frac{FL^3}{48EI}$

例 5－2 试求图 5－6(a)所示半圆形平面曲杆，作用于 A 端的集中力 F 作用点的垂直位移。F 垂直于轴线所在平面。

解：设任意横截面 mm' 的位置由圆心角 φ 确定。由曲杆的俯视图[图 5－6(b)]可以看出，截面 mm' 上作用有扭矩和弯矩，弯矩和扭矩分别为

$$M = FR\sin\varphi$$

$$T = FR(1-\cos\varphi)$$

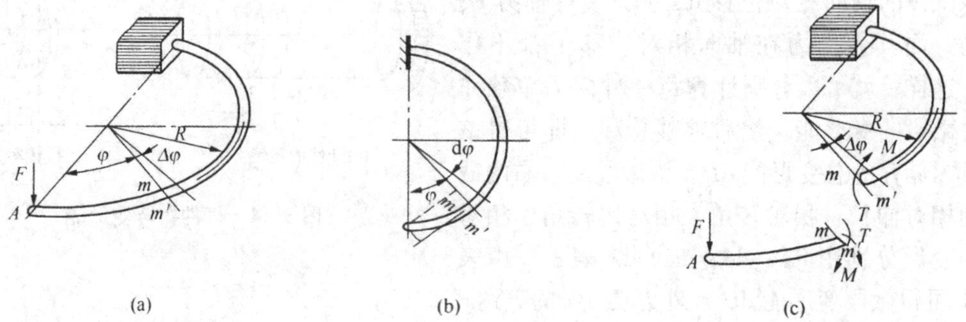

图 5-6 半圆形平面曲杆的变形

微段 $R\mathrm{d}\varphi$ 内的变形能为

$$\mathrm{d}U = \frac{M^2 R\mathrm{d}\varphi}{2EI} + \frac{T^2 R\mathrm{d}\varphi}{2GI_p}$$

$$= \frac{F^2R^3\sin^2\varphi\mathrm{d}\varphi}{2EI} + \frac{F^2R^3(1-\cos\varphi)^2 d\varphi}{2GI_p}$$

积分求得整个曲杆的变形能为

$$U = \int_0^{\pi}\frac{F^2R^3\sin^2\varphi\mathrm{d}\varphi}{2EI} + \int_0^{\pi}\frac{F^2R^3(1-\cos\varphi)^2\mathrm{d}\varphi}{2GI_p} = \frac{F^2R^3\pi}{4EI} + \frac{3F^2R^3\pi}{4GI_p}$$

若 F 力作用点沿 F 方向的位移为 f_A，在变形过程中，集中力 F 所作的功应为

$$W = \frac{1}{2}Ff_A$$

由 $U = W$，得：$f_A = \dfrac{FR^3\pi}{2EI} + \dfrac{3FR^3\pi}{2GI_p}$

5.2.3 旋转钻柱弯曲应力的计算

钻柱不仅可以在钻压的作用下发生弯曲，也可以在拉力和离心力的共同作用下发生弯曲。当钻柱公转时，可以考虑钻柱的弯曲是由轴向弯曲力和离心力共同作用的结果。鉴于受井眼几何条件的限制，一般钻柱下部的弯曲应力比较大，需要对该部分旋转钻柱弯曲失稳产生的弯曲应力进行合理的确定。

旋转钻柱弯曲失稳时，确定弯曲应力的计算方法中较为经典的有 Capkucdr 能量法，对旋转钻柱的弯曲失稳问题可作如下假定：

(1) 钻柱围绕井眼轴线公转；

(2) 将钻柱弯曲的变节距空间螺旋，近似为变节距的平面螺旋；

(3) 将每个弯曲半波看成是一个两端为铰链的压杆稳定问题；

(4) 压杆弯曲是一个平面正弦曲线，即

$$y = a\sin\frac{\pi x}{L_v} \tag{5-7}$$

假定钻柱半波最大挠度 a 值，由下式确定：

$$a = \frac{D\times C - d_o}{2}\quad \mathrm{m}$$

其中　D——井眼直井，m；

C——井眼扩大系数。

当 $L_v \gg a$ 时，由文献[148]可知梁弯曲后的挠度曲线长度与弦长之差 λ 为

$$\lambda = \frac{1}{2}\int_0^{L_v}\left(\frac{dy}{dx}\right)^2 dx \tag{5-8a}$$

由此可得

$$\lambda = \frac{1}{2}\int_0^{L_v}\left(\frac{\pi a}{L_v}\cos\frac{\pi x}{L_v}\right)^2 dx$$

$$= \frac{\pi^2 a^2}{2L_v^2}\int_0^{L_v}\left(\cos\frac{\pi x}{L_v}\right)^2 dx$$

$$\lambda = \frac{\pi^2 a^2}{4L_v} \tag{5-8b}$$

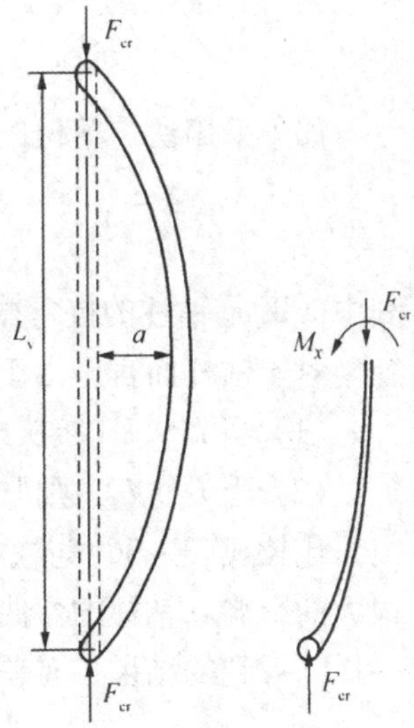

图 5-7　弯曲钻柱受力分析

而外力所做的功为

$$W = F_{cr} \times \lambda = F_{cr} \times \frac{\pi^2 a^2}{4L_v}$$

钻柱弯曲后的应变能

$$U = \frac{1}{2}EI\int_0^L\left(\frac{d^2y}{dx^2}\right)^2 dx$$

$$U = \frac{1}{2}EI\int_0^L\left(-\frac{\pi^2 a}{L_v^2}\sin\frac{\pi x}{L_r}\right)^2 dx = \frac{EI\pi^4 a^2}{2L_v^4}\int_0^L \sin^2\frac{\pi x}{L_v}dx$$

$$U = \frac{EI\pi^4 a^2}{4L_v^3}$$

应用能量法可以推导得到下列通式：

$$\prod = U - W = \frac{EI\pi^4 a^2}{4L_v^3} - F_{cr} \times \frac{\pi^2 a^2}{4L_v} = 0$$

$$F_{cr} = \frac{\pi^2 EI}{L_v^2} \tag{5-9a}$$

或

$$F_{cr} = \frac{9.87EI}{L_v^2} \tag{5-9b}$$

式中　L_v——钻柱弯曲半波长度，m。利用基尔萨索夫直井钻柱弯曲半波方程可得

$$L_v = \frac{93.9}{n}\sqrt{0.5x + \sqrt{0.25x^2 + \frac{2.3025In^2}{qB_f}}} \tag{5-10}$$

式中　x——计算截面离中和点的距离，中和点以上为正值，以下为负值，m；

n——管柱转速。

此时压杆处于随遇平衡状态，而压杆的弯矩为：

$$M_x = F_{cr} \times a = \frac{\pi^2 EI}{L_v^2} \times a$$

由此可得

$$\sigma_b = \frac{M_x}{W_x} = \frac{\pi^2 E}{2} \times \frac{a \times d_o}{L_v^{\ 2}}$$

如果采用法定单位，就有：

$$\sigma_b = 102\frac{a \times d_o}{L_v^2} \qquad \text{MPa}$$

其中 W_x是钻柱的抗弯截面系数。

对于钻杆而言，由于存在接头的影响，应作如下修正：

(1) 当 $L_v < L_j$(接头之间管柱本体长度)，则取 L_v为半波长度，d_o取钻柱本体外径。

(2) 当 $L_v > L_j$，则取 L_j为半波长度，d_o取接头外径。

比较式(3-36)与式(5-9)可以看出，管柱两端的边界条件对管柱临界弯曲力大小具有很大的影响。钻柱的弯曲失稳问题可以有多种表述方法，假设条件不同，临界弯曲力也各不一样，得到的结果各有差异，在使用时应注意分辨。

§5.3 能量法分析

5.3.1 能量法基本原理

在结构静力分析中，可以直接应用平衡条件、几何变形条件和物理条件求解结构的内力和位移，这就是上一节介绍的一般静力法。对于一些简单的力学问题可以采用微分方程法求解得到问题的精确解，例如计算钻柱最佳稳定器安放位置的Lubinski法；精确解在管柱任何一点、任意时刻均满足管柱的受力平衡方程，同时也满足几何变形条件和物理条件。但由于问题的复杂性，油气井管柱中的许多问题是无法求得精确解的，而只能采用数值方法求其近似解。如果将平衡条件或几何变形条件用相应的能量原理代替，以此为基础建立求近似解的解法就是静力学分析中的能量法。

在静力法中有两个基本方法，即位移法(以结构的位移为基本未知量)和力法(以某些内力为基本未知量)。与此对应，在能量原理中也有两种基本原理：与位移法对应的最小势能原理和与力法对应的最小余能原理。由于一般情况下很难获得图5-3所示物体受力-变形问题的精确解，人们只好退而求其次，来探索问题的近似最佳解或满意解。获得近似解的途径就是假设一定程度上满足边界与初始条件的物体变形，或者受力为形式已知而系数值未知的某种函数，这些函数的具体表达式是利用能量法推导得到用位移函数表示的势能，或者是用力函数表示的余能对未知系数求极小值，进行合理的确定。

1) 最小势能原理

首先给出系统总势能 $\prod$ 的定义

$$\prod = U - W \tag{5-11}$$

式中 U——体系的应变势能，可以把它称为内力作的功，即

$$U = \iiint \frac{1}{2}\sigma_{ij}\varepsilon_{ij}\mathrm{d}v \tag{5-12}$$

W——体系的外力虚功，即

$$W = \iiint_v (f_i u_i)\mathrm{d}v + \iint_S (T_i u_i)\mathrm{d}v \quad (5-13)$$

在式(5－12)和(5－13)中应用了张量的下标记号法和约定求和。其中 σ_{ij} 为应力；ε_{ij} 为应变；ν 为体积；f_i 为体力；u_i 为位移，是系数 a_m 某种形式的函数；T_i 为面力；S 为物体的表面积。

最小势能原理：对于线弹性材料，允许位移 u_i 是真实位移的充分必要条件为系统的总势能 Π 取最小值，即

$$\frac{\partial \prod}{\partial a_{\mathrm{m}}} = 0 \quad (5-14)$$

式中 a_{m}——位移函数中的未知系数。

最小势能原理就是设定位移函数(或位移)，这个位移函数是允许位移(即符合位移边界条件，且满足变形协调条件)，求出体系的应变势能 U 和外力虚功 W，代入式(5－14)中，求出位移函数中的未知系数(或位移)，确定位移函数，继而求得体系的应力和应变。

2）最小余能原理

最小余能原理是由虚应力原理推导出的，是虚应力原理的变分形式，方程中的未知函数是力，其中的基本未知量是力函数中的待定系数。

首先定义体系的应变余能为

$$U_{\mathrm{c}} = \iiint_{\mathrm{r}} \frac{1}{2}\sigma_{ij}\varepsilon_{ij}\mathrm{d}v \quad (5-15)$$

公式(5－15)和(5－12)看起来非常相似，真正的不同在于公式(5－12)中 σ_{ij} 是 ε_{ij} 的函数，公式(5－15)中 ε_{ij} 是 σ_{ij} 的函数。定义体系的总余能为

$$\prod\nolimits_{\mathrm{c}} = \iiint_v (\varepsilon_{ij}\sigma_{ij})\mathrm{d}v - \iint_S (\sigma_{ij} n_j u_i)\mathrm{d}v \quad (5-16)$$

最小余能原理：允许应力是真实应力的充分必要条件为与它相应的总余能取最小值，即

$$\frac{\partial \prod_{\mathrm{c}}}{\partial C_{\mathrm{m}}} = 0 \quad (5-17)$$

式(5－13)中 C_{m} 为力函数表达式中的待定系数。

因此，通过设定允许力函数，代入式(5－16)和式(5－17)中求力函数中的待定系数，这种方法就是能量法中的最小余能原理。

3）应用实例

例5－3 试求图5－8所示均布荷载作用下超静定梁的挠曲线方程。设 EI 为常数，不计剪切变形的影响。

解：已知边界条件：

$$y(0) = 0, y(L) = 0, M(0) = 0$$

(1) 选取位移函数 y，设

$$y(x) = a_1 x(L - x)$$

由此可推到得到梁的转角：

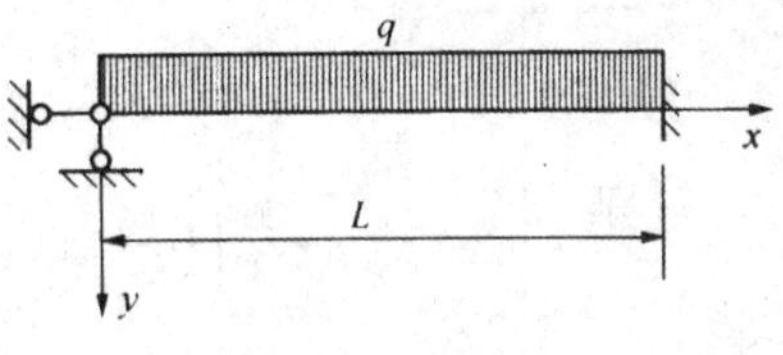

图5－8 均布载荷梁

$$y' = a_1(L - 2x)$$

梁的曲率为:

$$y'' = -2a_1$$

应变势能为:

$$U = \frac{1}{2}\int_0^L M_b K_b dx = \frac{EI}{2}\int_0^L K_b{}^2 dx = \frac{EI}{2}\int_0^L \left(\frac{d^2y}{dx^2}\right)^2 dx = 2a_1^2 EI \times L$$

外力功为:

$$W = \int_0^L qy dx = \int_0^L qa_1 x(L - x) dx = a_1 q \left(\frac{1}{2}Lx^2 - \frac{1}{3}x^3\right)\Big|_0^L = \frac{1}{6}a_1 qL^3$$

总势能为:

$$\prod = U - W = 2a_1^2 EIL - \frac{1}{6}a_1 qL^3$$

当总势能最小时，有: $\dfrac{\partial\prod}{\partial a_1} = 4a_1 EIL - \dfrac{1}{6}qL^3 = 0$,因此,$a_1 = \dfrac{qL^2}{24EI}$

将 a_1 代入位移函数，可得挠曲线为:

$$y(x) = \frac{qL^2}{24EI}x(L - x)$$

跨中挠度为:

$$y\big|_{x=\frac{L}{2}} = \frac{qL^4}{96EI}$$

这个结果与采用解析法精确求解的结果是一致的。

(2) 如果选取位移函数为 $y(x) = a_1 x(L - x)^2$ 和 $y(x) = a_1 \sin\dfrac{\pi x}{L}$，相应的能量法分析结果参见表 5－2。

表 5－2 能量法求解结果比较

	算法 1	算法 2	算法 3
挠曲方程	$y(x) = a_1 x(L - x)$	$y(x) = a_1 x(L - x)^2$	$y(x) = a_1 \sin\frac{\pi x}{L}$
转角	$\frac{dy}{dx} = a_1(L - 2x)$	$\frac{dy}{dx} = a_1(L^2 - 4Lx + 3x^2)$	$\frac{dy}{dx} = \frac{a_1\pi}{L}\cos\frac{\pi x}{L}$
曲率	$\frac{d^2y}{dx^2} = -2a_1$	$\frac{d^2y}{dx^2} = 2a_1(3x - 2L)$	$\frac{d^2y}{dx^2} = -a_1\left(\frac{\pi}{L}\right)^2 \sin\frac{\pi x}{L}$
总势能	$U = \frac{1}{2}\int_0^L M_b K_b dx$ $= \frac{EI}{2}\int_0^L \left(\frac{d^2y}{dx^2}\right)^2 dx$ $= 2a_1{}^2 EIL$	$U = \frac{1}{2}\int_0^L M_b K_b dx$ $= \frac{EI}{2}\int_0^L \left(\frac{d^2y}{dx^2}\right)^2 dx$ $= 2a_1^2 EIL^3$	$U = \frac{1}{2}\int_0^L M_b K_b dx$ $= \frac{EI}{2}\int_0^L \left(\frac{d^2y}{dx^2}\right)^2 dx$ $= \frac{EI\pi^4}{4L^3}a_1{}^2$

续表

	算法 1	算法 2	算法 3
总外力功	$W=-\int_0^L qy\mathrm{d}x$ $=-\int_0^L qa_1x(L-x)\mathrm{d}x$ $=-\frac{1}{6}a_1qL^3$	$W=-\int_0^L qy\mathrm{d}x$ $=-\int_0^L qa_1x(L-x)^2\mathrm{d}x$ $=-\frac{1}{12}a_1qL^4$	$W=-\int_0^L qy\mathrm{d}x$ $=-\int_0^L qa_1\sin\frac{\pi x}{L}\mathrm{d}x$ $=-\frac{2}{\pi}a_1qL$
总势能	$\prod=2a_1{}^2EIL-\frac{1}{6}a_1qL^3$	$\prod=2a_1{}^2EIL^3-\frac{1}{12}a_1qL^4$	$\prod=\frac{EI\pi^4}{4L^3}a_1{}^2-\frac{2}{\pi}a_1qL$
总势能原理	$\frac{\partial\prod}{\partial a_1}=4a_1EIL-\frac{1}{6}qL^3=0$ $a_1=\frac{qL^2}{24EI}$	$\frac{\partial\prod}{\partial a_1}=4a_1EIL^3-\frac{1}{12}qL^4=0$ $a_1=\frac{qL}{48EI}$	$\frac{\partial\prod}{\partial a_1}=\frac{EI\pi^4}{2L^3}a_1-\frac{2}{\pi}qL=0$ $a_1=\frac{4qL^4}{EI\pi^5}$
挠曲方程	$y(x)=\frac{qL^2}{24EI}x(L-x)$	$y(x)=\frac{qL}{48EI}x(L-x)^2$	$y(x)=\frac{4qL^4}{EI\pi^5}\sin\frac{\pi x}{L}$
跨中挠度	$y\|_{x=\frac{L}{2}}=\frac{qL^4}{96EI}$	$y\|_{x=\frac{L}{2}}=\frac{qL^4}{384EI}$	$y\|_{x=\frac{L}{2}}=\frac{qL^4}{EI\pi^5}$
精确解	$y\|_{x=\frac{L}{2}}=\frac{qL^4}{96EI}$		

显然，上述三种算法中所选的位移函数都满足位移边界条件，但从算法 2 中的挠曲线求出的跨中位移与解析解结果比较相差较大，原因出在位移函数的选取上。此位移函数虽然满足位移边界条件，但未考虑应力边界条件，也即选定的位移函数未包含真实位移，导致解与精确解之间相差较大。解决这种情况的办法就是选择合理的位移函数，要能包容位移未知量的所有情况，并包容边界条件，符合这样要求的函数的首选是完备空间多项式，再就是三角函数级数；到底选择哪一种更合适，要进行一定量的试算。如算法 2 中，在一个多项式误差较大的情况下，可以选择由两项构成的多项式位移函数

$$y(x)=a_1x(l-x)+a_2^2x^2(l-x)^2$$

再进行试算，就可以得到更近似的结果。如果算法 3 中选择由三角函数级数组成的位移函数，首先选择级数中的第一项进行计算，由求得的挠曲线方程再代入跨中参数求得跨中挠度值与精确结果比较误差为 30%，这个误差仍然较大。为了提高计算精度，可以选择由三角函数级数的前两项组成的位移函数

$$y(x)=a_1\sin\frac{\pi x}{l}+a_2\cos\frac{\pi x}{l}$$

进行计算，也可以改换由余弦函数表达的函数形式，如

$$y(x)=a_1\left(1-\cos\frac{2\pi x}{l}\right)$$

但这几种形式的位移函数求出的结果总是有误差。如果位移函数选择适当就能得到精确解，这说明本例所选的位移函数并不适当。在选择函数时通常会满足位移边界条件而未考虑到应力或力边界条件，如果所选定的函数在满足位移边界的同时，也满足了力边界条件，那

么这个函数就是比较理想的允许位移，通常能够求出精确解。

5.3.2 管柱纵横弯曲能量法分析

在定向井作业中，无论是判断套管能否顺利下入，还是扶正器合理安放位置的确定，都需要准确地计算套管柱和钻柱的挠曲变形量。在定向斜井眼内的套管或钻柱不仅受到自重引起的横向分力的作用，同时也受到轴向力的影响。因此，可以将管柱看成是既受横向载荷，又受轴向力作用的连续弯曲梁，参见图 5－9。下面就针对这一问题，采用能量法来精确求解定向井油井管柱的挠曲变形。

1）力学模型假设

为了研究问题的方便，首先作如下假设：

（1）井眼直径等于钻头直径，且井壁不可压缩；

（2）管柱均匀等截面，且质量均匀分布，管柱因自重引起的横向载荷为横向均布载荷；

（3）油井管柱扶正器简化为弹性铰支点；

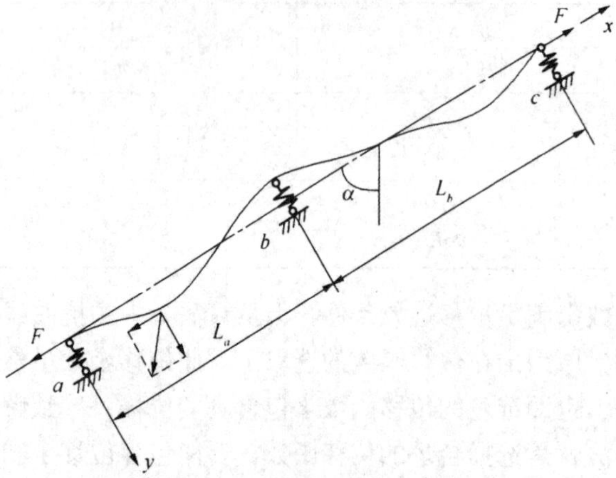

图 5－9　套管受力计算模型[147]

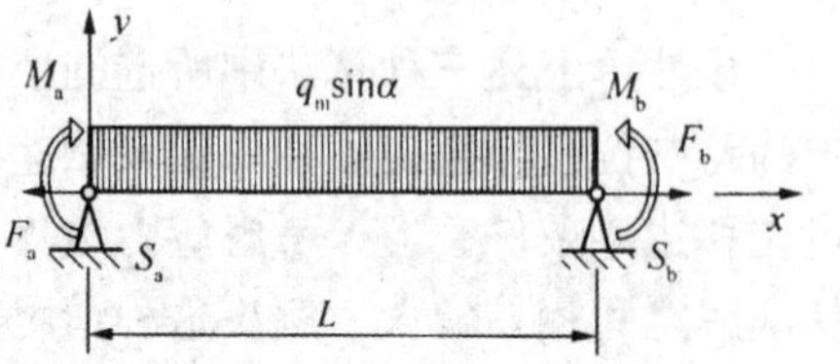

图 5－10　横向均布载荷作用下套管的挠曲

（4）除浮力外不考虑钻井液对管柱受力的其它作用；

（5）忽略管柱与井壁之间的摩擦力。

由此得到的扶正器之间单支管柱段力学模型如图 5－10 所示。

2）管柱变形形状函数的建立

如果采用能量法来求管柱的纵横弯曲挠曲变形，就需要注意挠曲形状函数的合理选择，形状函数恰当与否与计算精度直接关联。因此，形状函数与实际曲线越接近，所得结果精度也越高。在横向力和轴向力联合作用下，形状函数可以用下式表示：

$$y = \sum_{i=1}^{\infty} a_i \sin \frac{i\pi}{L}x \tag{5-18}$$

3）梁的应变能和外力所作的功

由式(5－18)可得

$$y' = \frac{dy}{dx} = \sum_{i=1}^{\infty} \frac{a_i i\pi}{L}\cos \frac{i\pi}{L}x \tag{5-19a}$$

$$y'' = \frac{d^2 y}{dx^2} = -\sum_{i=1}^{\infty} a_i \left(\frac{i\pi}{L}\right)^2 \sin\frac{i\pi}{L}x \tag{5-19b}$$

$$\frac{\partial y}{\partial a_i} = \sin\frac{i\pi}{L}x \tag{5-19c}$$

$$\frac{\partial y'}{\partial a_i} = \frac{i\pi}{L}\cos\frac{i\pi}{L}x \tag{5-19d}$$

$$\frac{\partial y''}{\partial a_i} = -\left(\frac{i\pi}{L}\right)^2 \sin\frac{i\pi}{L}x \tag{5-19e}$$

梁的弯曲应变能：

$$U = \frac{1}{2}EI\int_0^L \left(\frac{d^2 y}{dx^2}\right)^2 dx$$

$$\frac{\partial U}{\partial a_i} = EI\int_0^L y''\frac{\partial y''}{\partial a_i}dx = \mathrm{EI}\int_0^L \sum_{i=1}^{\infty}\left(-a_i\left(\frac{i\pi}{L}\right)^2 \sin\frac{i\pi}{L}x\right)\left[-\left(\frac{i\pi}{L}\right)^2 \sin\frac{i\pi}{L}x\right]dx$$

$$= EI\int_0^L a_i\left(\frac{i\pi}{L}\right)^4 \sin^2\frac{i\pi}{L}x dx + EI\int_0^L \sum_{\substack{j=1\\ j\neq i}}^{\infty} a_i\left(\frac{i\times j\times\pi^2}{L^2}\right)^2 \sin\frac{i\pi}{L}x\sin\frac{j\pi}{L}x dx$$

由三角函数的正交性可知，$\int_0^L \sum_{\substack{j=1\\ j\neq i}} a_i\left(\frac{i\times j\times\pi^2}{L^2}\right)^2 \sin\frac{i\pi}{L}x\sin\frac{j\pi}{L}x dx = 0$，所以

$$\frac{\partial U}{\partial a_i} = EI\int_0^L a_i\left(\frac{i\pi}{L}\right)^4 \sin^2\frac{i\pi}{L}x dx = \frac{EIa_i i^4\pi^4}{2L^3}$$

梁在轴向力 F 作用下发生挠曲时，其挠度曲线与弦长之差为：

$$\lambda = \frac{1}{2}\int_0^L \left(\frac{dy}{dx}\right)^2 dx$$

因此，作用于管柱两端的轴向力 F 所作的功：

$$W_1 = -F\int_0^L \frac{1}{2}y'^2 dx$$

$$\frac{\partial W_1}{\partial a_i} = -F\int_0^L y'\frac{\partial y'}{\partial a_i}dx = -F\int_0^L\left(\sum_{i=1}^{\infty} a_i\left(\frac{i\pi}{L}\right)\cos\frac{i\pi}{L}x\right)\left[\left(\frac{i\pi}{L}\right)\cos\frac{i\pi}{L}x\right]dx$$

$$= -F\int_0^L a_i\left(\frac{i\pi}{L}\right)^2 \cos^2\frac{i\pi}{L}x dx - F\int_0^L\left(\sum_{\substack{j=1\\ j\neq i}}^{\infty} a_j\left(\frac{ij\pi^2}{L^2}\right)\cos\frac{i\pi}{L}x\cos\frac{j\pi}{L}x\right)dx$$

$$= -F\int_0^L a_i\left(\frac{i\pi}{L}\right)^2 \cos^2\frac{i\pi}{L}x dx = -\frac{Fa_i i^2\pi^2}{2L}$$

管柱自重横向力分布力 $q_m\sin\alpha$ 作功：

$$W_2 = \int_0^L q_m \sin\alpha y dx$$

$$\frac{\partial W_2}{\partial a_i}=\int_0^L q_m\sin\alpha\frac{\partial y}{\partial a_i}\mathrm{d}x=q_m\sin\alpha\int_0^L\sin\frac{i\pi}{L}x\mathrm{d}x$$

$$=-q_m\sin\alpha\frac{L}{i\pi}\cos\frac{i\pi}{L}x\Big|_0^L=\frac{q_mL\sin\alpha(1-\cos i\pi)}{i\pi}$$

类似地，可以推导得到管柱自重纵向力分布力 $q_m\cos\alpha$ 作功：

$$W_3=-\int_0^L q_m\cos\alpha\lambda\mathrm{d}x=-\int_0^L q_m\cos\alpha\int_0^L\frac{1}{2}y'^2\mathrm{d}x\mathrm{d}x$$

$$\frac{\partial W_3}{\partial a_i}=-\int_0^L q_m\cos\alpha\int_0^L y'\frac{\partial y'}{\partial a_i}\mathrm{d}x\mathrm{d}x=-\frac{q_m\cos\alpha\times a_i i^2\pi^2}{2}$$

在管柱发生弯曲时，铰支两端 a、b 的转角为0，故弯矩 M_a、M_b不做功。因此，管柱在弯曲变形中总的势能为：

$$\Pi=U-W_1-W_2-W_3$$

4）梁变形方程的推导

由最小势能原理可知：

$$\frac{\partial\Pi}{\partial a_i}=\frac{\partial U}{\partial a_i}-\frac{\partial W_1}{\partial a_i}-\frac{\partial W_2}{\partial a_i}-\frac{\partial W_3}{\partial a_i}$$

由此可得

$$\frac{EIa_i i^4\pi^4}{2L^3}+\frac{Fa_i i^2\pi^2}{2L}-\frac{q_mL\sin\alpha(1-\cos i\pi)}{i\pi}+\frac{q_m\cos\alpha\times a_i i^2\pi^2}{2}=0$$

据此可以解出：

$$a_i=\frac{2q_mL^4\sin\alpha(1-\cos i\pi)}{EI\pi^5 i^3\left[i^2+\frac{L^2}{EI\pi^2}(F+q_mL\cos\alpha)\right]}$$

$$y=\sum_{i=1}^{\infty}\frac{2q_mL^4\sin\alpha(1-\cos i\pi)}{EI\pi^5 i^3\left[i^2+\frac{L^2}{EI\pi^2}(F+q_mL\cos\alpha)\right]}\sin\frac{i\pi}{L}x \tag{5-20}$$

实际表明，三角级数用作挠曲变形方程具有较高的精度。若取式(5－20)第一级，即 $i=1$ 时，可以得到

$$a_1=\frac{4q_mL^4\sin\alpha}{EI\pi^5\left[1+\frac{L^2}{EI\pi^2}(F+q_mL\cos\alpha)\right]} \tag{5-21}$$

$$y=\frac{4q_mL^4\sin\alpha}{[EI\pi^5+L^2\pi^3(F+q_mL\cos\alpha)]}\times\sin\frac{\pi}{L}x \tag{5-22}$$

$$y_{\max}=y\big|_{x=\frac{L}{2}}=-\frac{4q_mL^4\sin\alpha}{[EI\pi^5+L^2\pi^3(F+q_mL\cos\alpha)]} \tag{5-23}$$

例5－4 8″钻铤(外径 Φ203.2mm，内径 Φ71.44mm)长10m，所加钻压为100kN，管柱处于水平井眼，井斜角 $\alpha=90°$，钻井液密度 1.2g/cm³。假定管柱两端为铰支约束，试确定管柱挠曲线方程，并计算管柱中心点处的最大挠度。

解：∵ $D_o = 203.2\text{mm}$，$D_i = 71.44\text{mm}$，$q = 2190\text{N/m}$，$E = 2.06 \times 10^{11}\text{Pa}$，$B_f = 1 - \rho_m/\rho_s = 0.8471$

$$\therefore I = \frac{\pi}{64}(D_o{}^4 - D_i{}^4) = \frac{\pi}{64}(203.2^4 - 71.44^4) \times 10^{-12} = 8.241 \times 10^{-5} \quad (\text{m}^4)$$

$$P_{cr} = \frac{\pi^2 EI}{L^2} = \frac{\pi^2 \times 2.01 \times 10^7 \times 8.241 \times 10^{-1}}{10^2} = 1634.84 \quad (\text{kN})$$

由此可得

$$u = \frac{\pi}{2}\sqrt{\frac{P}{P_{cr}}} = \frac{\pi}{2}\sqrt{\frac{100}{1643.84}} = 0.3874$$

若采用纵横弯曲连续梁法求解，将 u 代入式(4 - 2a)可得

$$y = \frac{q_m L^4}{16EIu^4}\left[\frac{\cos\left(u - \frac{2u}{L}x\right)}{\cos u} - 1\right] - \frac{q_m L^2 x}{8EIu^2}(L - x)$$

$$= \frac{2190 \times 0.8471 \times 10^4}{16 \times 8.241 \times 10^{-5} \times 0.3874^4}\left[\frac{\cos\left(u - \frac{2u}{L}x\right)}{\cos(0.3874)} - 1\right]$$

$$- \frac{2190 \times 0.8471 \times 10^2 \times x}{8 \times 2.06 \times 10^{11} \times 0.3874^2}(L - x)$$

$$y = 170.75 \times [1.0012 \times \cos(0.3874 - 0.07748x) - 1] - 0.007858 \times (10x - x^2)$$

$$y_{max} = y|_{x=\frac{L}{2}} = 170.75 \times [1.0012 \times \cos(0.3874 - 0.07748 \times 5) - 1] -$$

$$0.007858 \times (10 \times 5 - 5^2)$$

$$= 0.0001885(\text{m})$$

同样地，将上述数据代入式(5 - 22)、式(5 - 23)得到

$$y = \frac{4q_m L^4 \sin\alpha \times \sin\frac{\pi}{L}x}{[EI\pi^5 + L^2\pi^3(F + q_m L^2\cos\alpha)]}$$

$$= \frac{4 \times 2190 \times 10^4 \times \sin\frac{\pi}{2} \times \sin\frac{\pi x}{10}}{\left[8.241 \times 10^{-5} \times \pi^5 + 10^2 \times \pi^3\left(-10^5 + 2190 \times 10^2 \times \cos\frac{\pi}{2}\right)\right]}$$

$$= 0.0001892 \times \sin\frac{\pi x}{10}$$

$$y_{max} = y|_{x=\frac{L}{2}} = 0.0001892 \times \sin\frac{\pi \times 5}{10} = 0.0001892(\text{m})$$

显然，采用能量法获得的最大挠度与纵横弯曲连续梁法求解的结果非常接近，相对误差又为0.39%，完全可以满足工程精度的要求。

5.3.3　钻柱纵横弯曲的弹性稳定性方程

应用能量法分析钻柱的弹性稳定性方程，就是考虑钻柱由直线平衡状态过渡到曲线平衡状态过程中外力所作的功，等于钻柱的弯曲应变能，据此可以分析钻柱纵横弯曲时的弹性稳定性方程。

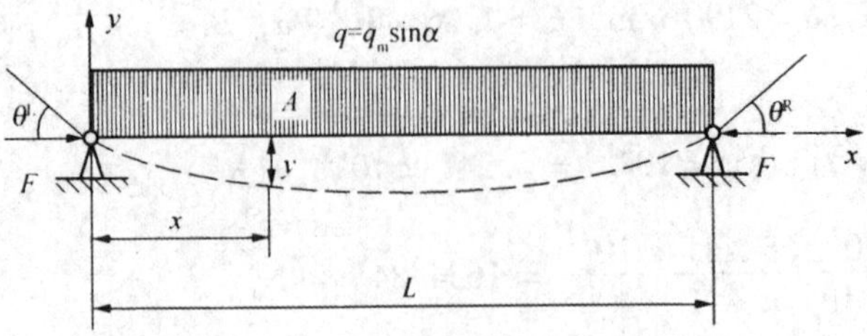

图 5－11 单跨纵横弯曲梁力学模型

1）纵横弯曲变形能

对于图 5－11 所示的单跨纵横弯曲梁而言，由于受到轴向力 F 和均布载荷 $q_m\sin\alpha$ 的作用，产生挠度 y。假定管柱的挠曲线方程为

$$y = a_1 \sin \frac{\pi x}{L}$$

取微元 dx 段进行分析，其弯曲变形能为

$$M = EI\frac{\mathrm{d}^2 y}{\mathrm{d}x^2}$$

$$\mathrm{d}u = \frac{M^2}{2EI}\mathrm{d}x = \frac{EI}{2}\left(\frac{\mathrm{d}^2 y}{\mathrm{d}x^2}\right)^2 \mathrm{d}x$$

由此可得

$$u = EI\int_0^L y'' \frac{\partial y''}{\partial a_1}\mathrm{d}x = \frac{EIa_1\pi^4}{4L^3}$$

2）扭转变形能

管柱在旋转工作状态下，受到转盘或顶部驱动系统传递的扭矩（M_n）的作用。在不计管柱与井壁摩擦的情况下，管柱的扭转变形能为

$$u_T = \frac{M_n^2}{2GJ}$$

3）轴向力做功

当管柱发生弯曲时，挠度曲线和弦长只差可以用式（5－8）计算，因此轴向力 P 所作的功为

$$w_P = F\lambda = \frac{Fa_1{}^2\pi^2}{4L}$$

4）钻柱离心力所作的功

如果管柱的旋转角速度为 ω，微元 dx 段距中心线的距离为 y。那么，作用在微元 dx 上的离心力为

$$\mathrm{d}F_c = \frac{q_m}{g}\omega^2 y\mathrm{d}x$$

离心力所作的功为

$$w_c = \int_0^L \frac{1}{2}y\mathrm{d}F_c = \int_0^L \frac{q_m}{2g}\omega^2 y^2\mathrm{d}x = \frac{q_m\omega^2 a_1{}^2 L}{4g}$$

5）均布载荷所作的功

在已知管柱挠曲线方程的情况下，横向均布载荷所作的功为

$$w_q = \int_0^L \frac{1}{2}q_m\sin\alpha \times y\mathrm{d}x = \frac{q_m\sin\alpha \times a_1 L}{2\pi}$$

6）管柱弹性稳定性方程

利用能量法原理可知：$u+u_T-w_p-w_c-w_q=0$，故得

$$\frac{EIa_1\pi^4}{4L^3}+\frac{M_n{}^2}{2GJ}-\frac{Fa_1^2\pi^2}{4L}-\frac{q_m\omega^2a_1{}^2L}{4g}-\frac{q_m\sin\alpha a_1L}{2\pi}=0 \tag{5-24}$$

式(5-24)就是油井管柱弹性稳定性方程。根据条件的不同，可以利用式(5-24)进行管柱弯曲半波长度及临界钻压等的分析与计算。

如果管柱弯曲的半波长度已知，将式(5-21)中的 a_1 代入式(5-24)，可得一个含有临界钻压 F_{cr} 的二次方程：

$$g\pi^6L^4M_n{}^2F^2-2g\pi^2L^2[4(q_m\sin\alpha)^2GIL^4+EI\pi^6M_n^2]F+$$
$$8(q_m\sin\alpha)^2GL^4(G\pi^4EI^2-2L^4q_m\omega^2I)+g\pi^6M_n{}^2(EI\pi^2)^2=0 \tag{5-25}$$

解上述 F_{cr} 的一元二次方程，可得

$$F_{cr}=\frac{[4(q_m\sin\alpha)^2GIL^4+EI\pi^6M_n{}^2]}{\pi^6L^2M_n{}^2}\pm$$
$$\frac{\sqrt{[4(q_m\sin\alpha)^2GIL^4+EI\pi^6M_n{}^2]^2-\pi^2M_n{}^2\times[8(q_m\sin\alpha)^2\times GL^4(G\pi^4EI^2-2L^4q_m\omega^2I)+g\pi^6M_n{}^2(EI\pi^2)^2]}}{\pi^6L^2M_n{}^2} \tag{5-26}$$

对于式(5-26)，可以分以下几种特殊情况来讨论：

(1) 当井斜角 $\alpha=0$ 时，式(5-26)可以简化为

$$F_{cr}=\frac{EI\pi^2}{L^2}-\frac{q_mL^2\omega^2}{g\pi^2} \tag{5-27a}$$

从上式可知，管柱角速度的存在使钻柱的临界钻压减小。

(2) 如果 $\alpha=0$，$\omega=0$，则可以得到

$$F_{cr}=\frac{\pi^2EI}{L^2} \tag{5-27b}$$

上式实际上就是两端为铰链约束时，压杆临界载荷的欧拉公式。

(3) 当井斜角 $\alpha=90°$时，水平井段管柱的临界钻压为

$$F_{cr}=\frac{[4q_m^2GIL^4+EI\pi^6M_n^2]}{\pi^6L^2M_n{}^2}\pm\frac{\sqrt{[4q_m^2GIL^4+EI\pi^6M_n^2]^2-\pi^2M_n^2[8q_m{}^2GL^4\times(G\pi^4EI^2-2L^4q_m\omega^2I)+g\pi^6M_n^2(EI\pi^2)^2]}}{\pi^6L^2M_n^2} \tag{5-27c}$$

例5-5　已知直径为152.4mm的井眼中使用图5-12所示的钻具组合。其中钻铤外径为120mm，内径为57mm，单位长度重量为695N/m；井斜角为90°；钻压59~88kN；钻柱转速60~75r/min；扭矩7000~8500N·m，试计算长度为10m这一段钻铤的临界钻压。

解：由式(5-27c)可以求得井斜角为90°时，长度为10m这一段钻铤的临界钻压为

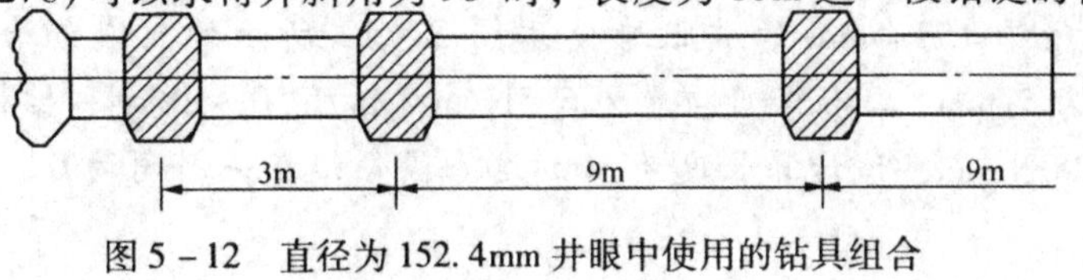

图5-12　直径为152.4mm井眼中使用的钻具组合

转速/(r/min)	扭矩/(N·m)	井斜角/(°)	临界钻压/kN	备　注
60	7000	90	160.62	实际钻压为59~88kN
60	8500	90	164.39	
75	7000	90	147.25	
75	8500	90	153.05	

从表上可以看出，计算得到的理论临界钻压要比实际钻压高很多，说明这一钻具是稳定、安全的。

如果钻柱的使用参数已知，则可以利用式(5-24)来确定管柱弯曲的半波长度，但这是一个含L的高次方程，一般情况下不能够用代数方法求解，而只能采用数值计算方法确定其近似解。当井斜角$\alpha=0$时，由式(5-19)可知$a_1=0$，由此可推导得到

$$q_m\omega^2L^4+P\pi^2gL^2-EIg\pi^4=0 \tag{5-28}$$

这就是萨儿基索夫推导的直井钻柱弯曲半波方程。求此方程可以得到半波长度计算公式(5-10)，即

$$L_v=\frac{93.9}{n}\sqrt{0.5x+\sqrt{0.25x^2+\frac{2.3025In^2}{qB_f}}}$$

作业及思考题

1. 什么是能量法？在变形固体力学中，物体的能量有哪几部分组成？

2. 请解释线弹性体的变形能表达式及其物理含义。

3. 什么是最小势能原理？

4. 什么是最小余能原理？

5. 试求图5-7所示均布载荷作用下，假定静定梁的挠曲线方程为：

①$y(x)=a_1x(l-x)+a_2^2x^2(l-x)^2$

②$y(x)=a_1\sin\frac{\pi x}{l}+a_2\cos\frac{\pi x}{l}$

③$y(x)=a_1\left(1-\cos\frac{2\pi x}{l}\right)$

设EI为常数，不计剪切变形的影响。试求上述三种情况具体的挠曲线方程表达式。

6. 设一钻柱与下井壁切点至上稳定器之间的跨度为L，其初弯曲为

$$y_0=\sum_{i=1}^{\infty}b_i\sin\frac{i\pi}{L}x$$

最大挠度发生在挠曲中点，大小为b。已知井斜角为α，钻柱极惯性矩为I，弹性模量为E，空气中钻柱单位长度重量为q，轴向力为P，两支座弯矩为M_A、M_B。试求管柱的挠曲变形和受力情况。

7. 已知直径为152.4mm的井眼中使用图5-12所示的钻具组合。其中钻铤外径为120mm，内径为57mm，单位长度重量为695N/m；钻压59~88kN；钻柱转速60~75r/min；扭矩7000~8500N·m，试计算长度为10m这一段钻铤在井斜角为0°、60°、70°、80°时的临界钻压。

第六章　钻柱摩阻和扭矩计算模型

§6.1　概　　述

6.1.1　国外发展概况

钻柱整体受力模型有两类：软钻柱模型和硬钻柱模型。软钻柱模型应用较早，简单且有一定精度，硬钻柱模型应用稍晚、复杂、精度高。

随着大位移井、水平井钻井技术的发展，人们越来越重视钻柱摩阻问题的研究。1983年，约翰西克(Johancsik)考虑了定向井钻柱拉力、重力和井眼轨迹的影响，首先提出了一个预测钻柱拉力和扭矩的软索模型，该模型作了以下几点假设[56]：

(1) 管柱与井眼中心线一致；

(2) 管柱与井壁连续接触；

(3) 假设管柱为一条只有重量而无刚性的柔性软索；

(4) 忽略管柱中剪力；

(5) 除考虑钻井液的浮力外，忽略其它与钻井液有关的影响因素。

在此假设条件下，建立了微单元力学模型。根据单元的力学平衡方程，推导出如下的拉力、扭矩计算公式：

$$\Delta F = W\cos\alpha \pm \mu N \tag{6-1a}$$

$$\Delta M = \mu N R_o \tag{6-1b}$$

$$N = \sqrt{(F\Delta\varphi\sin\alpha)^2 + (F\Delta\alpha + W\sin\alpha)^2} \tag{6-1c}$$

式中　ΔF，ΔM——钻柱单元的拉力与扭矩增量；

W——钻柱单元的浮重，$W = q_m\Delta L$；

α，φ——钻柱单元中点井斜角与方位角；

μ——摩擦系数；

N——钻柱与井壁间的接触正压力；

R_o——为钻柱单元半径；

F——钻柱单元下端的轴向拉力；

$\Delta\alpha$，$\Delta\varphi$——钻柱单元两端井斜角之差与方位角之差。

在求解以上模型时，需要将整个管柱离散成许多微单元，根据式(6-1)从钻头开始向上进行迭代计算。该模型开创了定向井钻柱整体受力研究的新局面，为改进井身剖面、校核和设计钻柱、现场事故诊断、预测等创立了理论基础。不足的是需要将钻柱看成柔索，忽略了钻柱的刚度；模型也没有考虑钻井液黏滞力的影响；没有考虑和说明钻柱运动状态对钻柱拉力和扭矩的影响；没有计入井眼的挠率、曲率变化和钻柱所受扭矩对钻柱与井壁正压力的影响。

随后，莱萨哲(Lesage)对此模型作了相应的改进，其中 ΔF、ΔM 修正为[155]：

$$\Delta F = W\cos\theta \pm \mu_a N$$

$$\Delta M = \mu_r R_o N \tag{6-2}$$

式中 μ_a为起下钻摩擦系数；μ_r为旋转摩擦系数。

该模型在约翰西克模型的基础上，分起钻、下钻和旋转钻进三个过程，考虑了钻柱的运动状态对整体受力的影响。该模型也存在如下不足：把钻柱看成柔索，没有计入井眼的挠率、曲率变化和钻柱所受扭矩对钻柱与井壁正压力的影响。

1986 年，Sheppard[156] 等人将摩阻、扭矩计算理论用于井眼轨迹设计，研究了井眼轨迹形状对拉力、扭矩的影响。通过分析认为悬链线轨迹能减少扭矩和拉力。在轴向力计算中，强调应考虑钻井液内外压差对轴向力的修正作用。Maidla 等人对拉力、扭矩进行了平面和空间的分析，建立了应用于现场二维和三维的数学模型，其中二维模型表述如下[157]

$$F_{Ai-1} = A \times F_{Ai} + C_1 \frac{qR}{1+\mu_B}\begin{bmatrix}(\mu_B - 1)(\sin\alpha_{i-1} - A\sin\alpha_i) \\ + 2C_2\mu_B(\cos\alpha_{i-1} - A\cos\alpha_i)\end{bmatrix} \tag{6-3a}$$

$$A = e^{\mu_B(\alpha_i - \alpha_{i-1})} \quad (\text{起钻}) \quad \text{或} \quad A = e^{\mu_B(\alpha_{i-1} - \alpha_i)} \quad (\text{下钻}) \tag{6-3b}$$

$$R = \frac{l_i - l_{i-1}}{\alpha_i - \alpha_{i-1}} \tag{6-3c}$$

式中，μ_B为裸眼摩擦系数，l_i 为计算点井深，F_{Ai}为计算点轴向载荷，C_1、C_2为符号变量，其取值由表 6－1 给出。

表 6－1 C_1、C_2的取值

井 段	工 况	管柱与井壁接触情况	C_1	C_2
增斜井段	起钻	上井壁	+1	-1
		下井壁	+1	+1
	下钻	上井壁	+1	+1
		下井壁	+1	-1
降斜井段	起钻	下井壁	-1	+1
	下钻	下井壁	-1	-1

Maidla 等人建立的模型由于没有考虑扭矩和井眼弯曲对管柱弯曲应力的影响，仍然属于软杆模型的范围，但该模型在弯曲井段进行了积分和微分处理，是对约翰西克模型的完善与发展。

1987 年，美国 NL 公司何华山博士提出了硬钻柱整体受力模型(Stiff－String Model)，考虑了管柱刚性对拉力、扭矩的影响，克服了软钻柱模型的缺点。何华山的模型有以下两个假设[158]：

(1) 忽略管柱与井眼间隙的影响，管柱的变形线与井眼轴线完全重合；

(2) 井眼形状规则，管柱与井壁连续接触。

在以上假设的基础上建立的数学模型是：

$$\frac{dM}{dS} = \mu R_o N$$

$$\frac{d}{dS}(F + M_b^2/2EI) - \mu N + q_m\vec{g} \cdot \vec{t} = 0$$

$$-\frac{d^2M_b}{dS^2} + K_n(K_bM_t + K_nM_b) + FK_b + N_n + q_m\vec{g} \cdot \vec{n} = 0 \qquad (6-4)$$

$$-\frac{d}{dS}(K_bM + K_nM_b) - K_n\frac{dM_b}{dS} + N_b + q_m\vec{g} \cdot \vec{b} = 0$$

$$N = \sqrt{N_n^2 + N_b^2}$$

式中 S——钻柱曲线坐标；

M_b——钻柱弯矩，N·m；

q_m——为单位长度钻柱的浮重，N/m；

F——管柱单元下端的轴向力，N；

M——钻柱扭矩，N·m；

N——管柱与井壁接触分布正压力，N/m；

N_n，N_b——主法线方向和副法线方向管柱与井壁的接触分布正压力，N/m；

R_o——管柱单元半径，m；

$\vec{g}$——重力场方向单位矢量；

$\vec{t}$，$\vec{n}$，$\vec{b}$——井眼切线方向、主法线方向和副法线方向的单位矢量；

K_n，K_b——井眼挠率和曲率。

何华山模型的优点是首次考虑了钻柱刚度对拉力、扭矩的影响；考虑了曲率、挠度和钻柱的扭矩对钻柱侧向压力的影响。不足的是只研究起钻过程的数学模型；没有考虑钻井液黏滞力的影响。虽然考虑了钻柱刚度，但其控制微分方程比较复杂，在轴向力和扭矩的耦合作用下，准确求解十分困难。

Xiao Jun He 等介绍了一个综合的管柱三维分析程序，程序可以根据狗腿严重度的大小自动选择管柱微段的长短去适应狗腿度的影响。该程序根据管柱轴向和周向运动速度对摩擦系数进行分解，用以模拟管柱周向运动和轴向位移对扭矩和摩阻的影响。与相关文献比较，Xiao Jun He 建立的模型为离散形式，容易求解，其数学模型如下[53]：

$$N = \sqrt{(\sin\alpha \times \sin\bar{\phi} \times F_i)^2 + (\sin\alpha \times Wg + \sin\alpha \times F_i)^2} \qquad (6-5a)$$

$$F_{i+1} = F_i + Wg\cos\alpha \pm \mu N \qquad (6-5b)$$

$$\mathrm{M}_{i+1} = \mathrm{M}_i + \mu \mathrm{R_o} N \qquad (6-5c)$$

$$M_{bi+1} = M_{bi} + [R(1-\cos\bar{\alpha}) + \mu R_o\sin\bar{\alpha}]F_{i+1} - [R(1-\cos\bar{\alpha}) - \mu R_o\sin\bar{\alpha}]F_i + \mu R_o\sin\alpha \times Wg \qquad (6-5d)$$

$$\alpha = \frac{\alpha_i + \alpha_{i+1}}{2}, \bar{\alpha} = \left|\frac{\alpha_i - \alpha_{i+1}}{2}\right|, \bar{\varphi} = \left|\frac{\phi_i - \phi_{i+1}}{2}\right| \qquad (6-5e)$$

D. W. Dareing，C. A. Ahlers 等[160][161]采用极坐标法对二维井眼内的管柱进行了大变形研究，并用传递矩阵法进行求解，克服了求解非线性微分方程的困难。结论认为局部狗腿严重度对刚度影响很大，管柱本身的弯矩远大于按井眼曲率计算出的弯矩。值得注意的是，该方法仅适用于管柱受拉的情况。

1996 年，R. F. Mitchell 从滑动摩擦原理出发，对这类问题作了研究，导出了轴向力随井深变化的计算模型[49][60]；其形式为 $F_a = W_s\cos\phi \pm \mu W_n$，$F_a$为轴向力，$W_n$为正压力。但 W_n的计算较复杂。Stefan Miska 等[162]人也发表文章，提出了一种油气井管柱轴向力计算数学模型，该模型考虑的综合因素比较全面，但模型本身比较复杂，使用很不方便。

6.1.2 国内发展概况

在国内，1989 年张建群教授第一个给出了定向井中摩阻力的计算模型，其特点是在约翰西克模型的基础上作了进一步的细化，经过改进的数学模型如下[163]

$$\Delta F_a = W_b\cos\alpha_v + sgn\cdot\mu N \tag{6-6a}$$

$$N = \sqrt{\left[\left(2F_a\sin\alpha_v\sin\frac{\Delta\phi}{2}\right)^2 + \left(2F_a\sin\frac{\Delta\alpha}{2} + W_b\sin\alpha_v\right)^2\right]} \tag{6-6b}$$

$$F_f = \mu N, \Delta M = F_f R_e \tag{6-6c}$$

式中，sgn 为符号函数，起钻时 $sgn=1$，下钻时 $sgn=-1$，管柱旋转时 $sgn=0$。R_e为管柱有效半径，μ 为摩擦系数。如果考虑管柱由 m 个管柱单元组成，则总摩擦阻力和扭矩为各个单元体的叠加。

韩志勇教授[164]于 1993 年建立了井眼内钻柱摩阻的二维和三维模型，其二维模型的最大特点是对增斜段，可以判断管柱是与上井壁还是与下井壁接触，然后根据具体的接触情况进行相应的计算。韩教授的三维模型对井段可作“圆柱螺线”和“斜面圆弧”两种曲线模拟。在综合分析了约翰西克和何华山等模型的基础上，对刚杆模型进行了补充，考虑了钻井液黏滞力和管柱运动状态的影响，但其控制微分方程比何华山建立的模型更难求解。

在何华山模型基础上，直接忽略钻柱抗弯刚度，杨姝导出了起钻、空转和钻进时管柱力学计算模型，该模型形式为[165]：

$$\begin{aligned}
&\frac{\mathrm{d}M}{\mathrm{d}S} = \mu R_o N\\
&\frac{\mathrm{d}F}{\mathrm{d}S} = \mu N - q_m\vec{g}\cdot\vec{t}\\
&N_n + (F + K_n M)K_b + q_m\vec{g}\cdot\vec{n} = 0\\
&N_b - \frac{d}{dS}(K_b M) + q_m\vec{g}\cdot\vec{b} = 0
\end{aligned} \tag{6-7}$$

在综合考虑上述模型的基础上，计入钻柱，井眼轨迹和井眼状态，加入钻柱的运动状态和钻井液黏滞力和结构力的影响，导出了李子丰模型[166]。该模型为：

$$\left.\begin{aligned}
&\frac{\mathrm{d}M_t}{\mathrm{d}l} = \mu_1 R_0 N + m_0\\
&\frac{\mathrm{d}F}{\mathrm{d}l} + EIK_b\frac{\mathrm{d}K_b}{\mathrm{d}l} - \mu_2 N - Cv - B + q_m\overrightarrow{ke}_t = 0\\
&-EI\frac{\mathrm{d}^2K_b}{\mathrm{d}l^2} + K_bF + EIK_n^2K_b + K_nK_bM + N_n + \mu_1 N_b + q_m\overrightarrow{ke}_n = 0\\
&-\frac{\mathrm{d}(EIK_nK_b + K_bM)}{\mathrm{d}l} - EIK_n\frac{\mathrm{d}K_b}{\mathrm{d}l} + N_b - \mu_1 N_n + q_m\overrightarrow{ke}_b = 0
\end{aligned}\right\} \tag{6-8}$$

式中　$m_0 = 2\pi R_o^2\omega\left[\frac{\tau_0}{\sqrt{\nu^2 + (R_0\omega)^2}} + \frac{2\mu}{D_w - 2R_0}\right]$

$$B = \frac{2\pi R_0\tau_0\nu}{\sqrt{\nu^2 + (R_0\omega)^2}} \qquad C = \frac{2\pi\mu}{\ln\frac{D_w}{2R_0}}$$

$$\mu_1 = \frac{R_0\omega\mu}{\sqrt{\nu^2 + (R_0\omega)^2}} \quad \mu_2 = \frac{\nu\mu}{\sqrt{\nu^2 + (R_0\omega)^2}} \quad N = \sqrt{N_b{}^2 + N_n{}^2}$$

M——钻柱扭矩，N·cm；

l——从井口开始的井眼轴线的弧长，m；

R_0——钻柱的外半径，m；

N——钻柱与井壁的线接触压力，N；

F——钻柱的轴向拉力，N；

E——钻柱材料的弹性模量，N/m²；

I——钻柱截面惯矩，N/ m⁴；

K_b——井眼曲率，(°)/ 30m；

V——钻柱起出速度，m/ s；

q_m——单位长度钻柱的浮重，N/cm；

$\vec{k}$——直角笛卡尔大地坐标系 ONED 的单位矢量，垂直向下；

K_n——井筒挠率；

N_n，N_b——N 在 e_n、e_b 方向上的分量，N；

ω——钻柱的角速度，rad/s；

τ_0——钻井液的动切力，Pa ·s；

D_w——井眼直径，m；

μ——钻柱与井壁之间的摩擦系数。

若不考虑挠率的影响，即 $K_n=0$，可以得到下式：

$$\frac{dM}{dS} = \mu_1 R_o N + m_0$$

$$\frac{dF}{dS} + EIK_b\frac{dK_b}{dS} - \mu_2 N - C_v - B + q_m\vec{g}\cdot\vec{t} = 0$$

$$-EI\frac{d^2K_b}{dS} + K_bF + K_n(K_bM + K_nM_b) + N_n + \mu_1 N_b + q_m\vec{g}\cdot\vec{n} = 0$$

廖华林通过将三维井段套管柱的受力与变形分解到狗腿平面及与其垂直的平面，建立了套管柱的摩阻计算模型，可用于套管下入过程中钩载与摩阻的计算。通过对井眼内安装扶正器和未安装扶正器套管柱的受力与变形进行分析，推导出大位移井中套管柱的摩阻计算模型。但无论是二维或三维，轴向力计算模型都是一个超越方程，需用数值法求解。求解管柱各点的轴向力从管柱底端开始，依次求单元体上的应力，直至井口。

无论是软管柱模型，还是硬管柱(刚杆)模型，两种模型各有自己的优点和适用范围。软模型忽略了钻柱刚度及稳定器的影响，在曲率不大的光滑井眼，用来计算由刚度较小的常规钻杆组成的钻柱段的摩阻和扭矩能够给出足够的精度。但应用在井眼曲率变化较大或钻柱

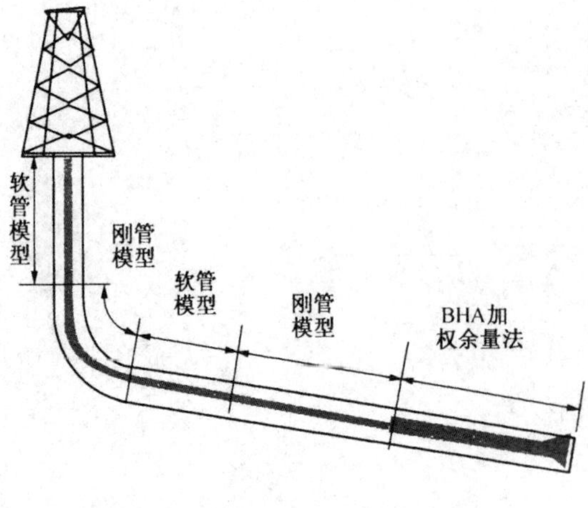

图 6-1 管柱摩阻分析的组合模型

刚性较大的单元，会产生明显的误差。硬模型在曲率较大的井眼或由刚度较大的加重钻杆组成的钻柱段，其计算结果具有更高的精度，但用于曲率较小、刚度较小的平滑井眼中，计算结果收敛困难，对测点数据敏感，解的稳定性较差。钻柱中的底部钻具组合是一段含有大直径稳定器和高刚度钻铤的特殊钻柱，无论用软模型还是用硬模型均很难给出满意的解答。针对这一问题秦永和等考虑了底部钻具组合中稳定器的影响，将底部钻具组合作为纵横弯曲梁来考虑，采用加权余量法进行力学分析。对于除底部钻具组合以外的其余部分，由程序根据井眼轨迹曲率及钻柱刚度的大小，自动选用软模型或刚杆模型进行分析计算，具体可参见图 6-1。从图 6-1 可以看出，这是一种组合力学模型[168]。

§6.2 钻柱整体受力模型的求解

6.2.1 模型计算公式的推导

1）管柱单元力平衡方程的建立

下面以何华山的整体受力模型为例，来推导计算管柱拉力、扭矩的具体计算公式。从井眼中取一微段管柱进行分析，如图 6-2 所示。其中 o 位于为单元体轴线中点，x 坐标为沿单元体轴线的切线方向，y 为主法线方向，z 为副法线方向。油气井管柱受有轴向力 F 和自重 w（含钻井液浮力），井壁反力 N 和摩阻力 N_f。列微单元在各坐标轴的静力平衡方程，可得

$$\frac{dF}{dx} \pm N_f + V_z\frac{d\alpha}{dx} - V_y\sin\alpha\frac{d\varphi}{dx} - q_m\cos\alpha = 0 \tag{6-9a}$$

$$\frac{dV_y}{dx} + N_y + F\sin\alpha\frac{d\varphi}{dx} - V_z\cos\alpha\frac{d\varphi}{dx} - q_m\cos\alpha = 0 \tag{6-9b}$$

$$\frac{dV_z}{dx} + N_z - F\frac{d\alpha}{dx} + V_y\cos\alpha\frac{d\varphi}{dx} - q_m\sin\alpha = 0 \tag{6-9c}$$

$$\frac{dM}{dx} = R_o \times \mu_r \times N, N = \sqrt{N_y^2 + N_z^2}, N_f = \mu_a N \tag{6-9d}$$

$$\frac{dM_y}{dx} + V_z - M\sin\alpha\frac{d\varphi}{dx} + M_z\cos\alpha\frac{d\varphi}{dx} = 0 \tag{6-9e}$$

$$\frac{dM_z}{dx} + V_y - M\frac{d\alpha}{dx} - M_y\cos\alpha\frac{d\varphi}{dx} = 0 \tag{6-9f}$$

式中 x——斜井深，且指向微单元中心点轴线的切线方向，m；

V_z，V_y——剪力，N；

N，N_y，N_z——管柱与井壁之间的总接触力、y方向和z方向的接触力，N/m；

M——管柱扭矩，N·m；

M_y，M_z——在y方向和z方向上的弯矩，N·m；

α，φ——与微段对应的井斜和方位角。

μ_r，μ_a分别是管柱与井壁在周向和轴向上的摩擦系数，具体计算公式如下

$$\mu_r = \frac{R_0\omega\mu}{\sqrt{\nu^2 + (r\omega)^2}}$$

$$\mu_a = \frac{\nu\mu}{\sqrt{\nu^2 + (r\omega)^2}}$$

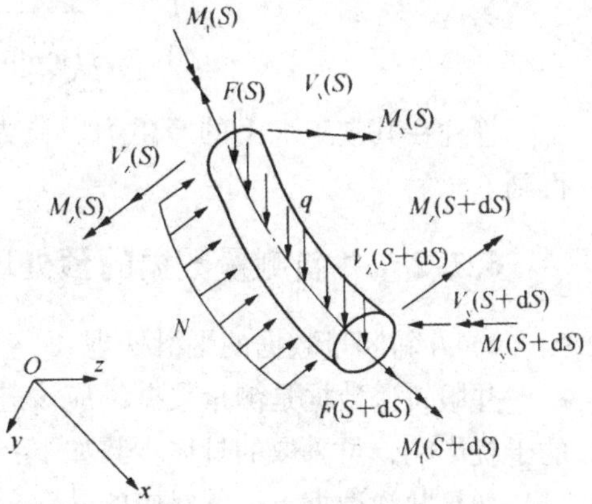

图6-2 杆柱微单元的平衡

式中，μ为滑动摩擦系数。

由于假定油气井管柱在已经给定剖面形状的井眼内与井壁贴合在一起，弯矩与曲率之间的关系式可用如下方程给出：

$$M_y = -EI\frac{d\alpha}{dx}, M_z = EI\sin\alpha\frac{d\varphi}{dx} \tag{6-10}$$

式中，E为弹性模量，I为惯性矩。

2）起下管柱单元体力学分析

在油气井管柱上提、下放的摩阻问题中，作用在油气井管柱上的扭矩等于零，即$M_x = 0$。经进一步整理，并略去高次微分项，可得出接触力的分力N_y与N_z的表达式：

$$N_y = EI\frac{d^2}{dx^2}\left(\sin\alpha\frac{d\varphi}{dx}\right) - F\sin\alpha\frac{d\varphi}{dx} \tag{6-11a}$$

$$N_z = -EI\frac{d^3\alpha}{dx^3} + F\frac{d\alpha}{dx} + q_m\sin\alpha \tag{6-11b}$$

因此，接触面的法向力N为：

$$N = \sqrt{\left[F\sin\alpha\frac{d\varphi}{dx} - EI\frac{d^2}{dx^2}\left(\sin\alpha\frac{d\varphi}{dx}\right)\right]^2 + \left[F\frac{d\alpha}{dx} + q_m\sin\alpha - EI\frac{d^3\alpha}{dx^3}\right]^2}$$

最后可得：

$$\frac{dF}{dx} = q_m\cos\alpha \pm \mu N \tag{6-12a}$$

$$N = \sqrt{\left[F\sin\alpha\frac{d\varphi}{dx} - EI\frac{d^2}{dx^2}\left(\sin\alpha\frac{d\varphi}{dx}\right)\right]^2 + \left[F\frac{d\alpha}{dx} + q_m\sin\alpha - EI\frac{d^3\alpha}{dx^3}\right]^2} \tag{6-12b}$$

这样一来，起下管柱过程中管柱的拉力F可通过对上述方程(6-12)积分求得。当管柱下放，即向下运动时，用“-”代替方程(6-12a)中的“±”。式中α和ϕ可由定向测量数据通过插值的方法计算获得。若已知管柱最下端的拉力为零，便可逐点求得整个管柱的受力情况。

如果不考虑弯曲刚度($EI=0$)，则式(6-12)简化为

$$\frac{dF}{dx} = q_m\cos\alpha \pm \mu N \tag{6-13a}$$

$$N = \sqrt{\left(F\sin\alpha \frac{\mathrm{d}\varphi}{\mathrm{d}x}\right)^2 + \left(F\frac{\mathrm{d}\alpha}{\mathrm{d}x} + q_m \sin\alpha\right)^2} \tag{6-13b}$$

管柱在其它工况下的摩阻力、拉力和扭矩计算公式，也同样可以采用类似的方法推到得到。

6.2.2 井斜测量数据的预处理

1）井斜测量数据的平滑处理

井眼轨迹数据是测量数据，应该进行平滑处理，以便尽量减小测量误差对管柱力学分析的干扰影响，可采取的具体步骤如下：

如果井深数据点 x_i 所对应的井斜角或方位角测量值为 y_i，在该点前和该点后的数据点的测量值分别为 y_m，. . . ，y_{i-1} 和 y_{i+1}，. . . ，y_n。这些数据点可通过选配一个经过这些点的三次多项式来平滑处理的，并且要求：

$$\min: \sum_{j=i-3}^{i+3} (a + b\xi + c\xi^2 + d\xi^3 - y_j)$$

式中 $\xi = x_j - x_i$，多项式在 $\xi = 0$ 的值 y_i 被选作 x_i 点的修正值，也就是 $y_i = a$。

可以通过最小二乘法确定系数 a，b，c 和 d，通常取修正值的前三点和后三点的测量数据进行处理。表 6－2 就是渤海某大位移井部分定向测量数据的平滑处理实例。

表 6－2　渤海某大位移井定向测量部分数据的平滑处理

井深／m	井斜角/(°)		方位角/(°)	
	测量值	修正值	测量值	修正值
766.90	26.63	26.71	113.52	113.13
795.10	29.15	29.27	113.52	113.26
823.50	31.77	31.86	112.94	113.25
851.90	34.70	34.43	113.10	113.24
880.10	36.80	36.99	113.40	113.27
909.20	39.80	39.37	113.28	113.31
936.70	42.13	41.71	113.35	113.35
965.00	43.99	43.96	113.50	113.36
993.30	45.63	46.19	113.38	113.41
1021.50	48.15	48.57	113.08	113.54
1049.90	51.16	51.12	113.22	113.82
1078.10	53.73	53.82	114.76	114.46
1134.70	59.26	59.45	114.86	114.52
1163.10	62.46	62.21	114.24	114.49
1191.40	65.74	64.72	114.37	114.42

2）井眼轨迹数据的三次样条插值处理

通过数据平滑处理，对这些修正后的数据点可以建立一个二阶可导的三次样条函数，在测点$(x_i,\ x_{i+1})$之间的样条函数可用一个三次多项式 $P_i(x)$ 表示：

$$P_i(x) = C_{1i} + C_{2i}(x - x_i) + C_{3i}(x - x_i)^2 + C_{4i}(x - x_i)^3 \tag{6-14}$$

系数 C_{1i}，C_{2i}，C_{3i} 和 C_{4i} 的选择必须满足下式的条件：

$$P_i(x_i) = y_i \quad , \quad P_i(x_{i+1}) = y_{i+1}$$

$$P'_i(x_i) = P'_{i-1}(x_i) \quad , \quad P'_i(x_{i+1}) = P'_{i+1}(x_{i+1})$$

$$P''_i(x_i) = P''_{i-1}(x_i) \quad , \quad P''_i(x_{i+1}) = P''_{i+1}(x_{i+1})$$

这些条件的具体表达式组成了一个方程组。解方程组就可以求出常数 C_{1i}，C_{2i}，C_{3i} 和 C_{4i}，这样就可以求出测点(x_i，x_{i+1})之间整个样条函数的表达式。于是，处于井眼轨迹测量数据点之间任意井深处的井斜和方位角数值都可以通过此样条函数插值求得。为了管柱受力分析计算的方便，一般将井眼轨迹数据按照钻柱单元段的长度要求进行插值处理。表 6－3 就是渤海某大位移井部分井眼轨迹数据的插值结果实例。

表 6－3 渤海某大位移井部分井眼轨迹数据插值与 α、ϕ 高阶导数计算结果

井深/m	井斜角/(°)	方位角/(°)	井眼曲率/[(°)/m]	K_α	dK_α/dL	d^2K_α/dL^2	K_ϕ	dK_ϕ/d_L	d^2K_ϕ/dL^2
363.00	2.64	161.5	0.000499	0.000112	-6.4E-06	-1.2E-06	-0.00987	0.000119	0.000325
380.90	2.71	152.09	0.000421	3.87E-05	-1.8E-06	1E-07	-0.00886	-6.6E-06	0.000455
398.80	2.73	141.64	0.000622	-3.2E-06	-2.9E-06	2.8E-06	-0.01279	-0.00043	0.00102
413.00	2.71	129.32	0.000836	-4.7E-05	-3.2E-06	2.5E-06	-0.01677	-0.00013	0.001067
427.20	2.67	115.15	0.000879	-3.1E-05	5.4E-06	-3.7E-06	-0.01779	-1.5E-05	0.000979
441.10	2.68	101.61	0.000735	6.28E-05	8.2E-06	-1.2E-05	-0.01532	0.00037	0.000639
455.00	2.78	91.42	0.000513	0.000194	1.08E-05	-2.1E-05	-0.01031	0.000351	0.000318
469.50	3.01	84.85	0.00048	0.000364	1.26E-05	-3.2E-05	-0.00565	0.000291	0.000104
484.00	3.39	81.78	0.000623	0.000554	1.37E-05	-4.6E-05	-0.0019	0.000227	-6.2E-05
498.10	3.92	81.45	0.000848	0.000764	1.61E-05	-5.8E-05	0.000968	0.00018	-0.00018
512.20	4.62	83.09	0.001046	0.000958	1.14E-05	-6.6E-05	0.00289	9.32E-05	-0.00023
526.40	5.46	85.87	0.001199	0.001101	8.8E-06	-7.4E-05	0.00381	3.65E-05	-0.00024
540.60	6.41	89.11	0.001348	0.001238	1.05E-05	-8.2E-05	0.004068	-2E-07	-0.00024
554.75	7.47	92.37	0.001482	0.001372	8.5E-06	-8.9E-05	0.003929	-1.9E-05	-0.00022
568.90	8.63	95.44	0.001623	0.001488	7.8E-06	-9.7E-05	0.00364	-2.2E-05	-0.0002
582.95	9.87	98.23	0.001727	0.001591	6.9E-06	-0.0001	0.003269	-3.1E-05	-0.00017
597.00	11.18	100.69	0.001788	0.001651	1.7E-06	-9.8E-05	0.00285	-2.8E-05	-0.00015
611.30	12.54	102.87	0.001837	0.001665	3E-07	-9E-05	0.002485	-2.3E-05	-0.00012
625.60	13.86	104.72	0.001668	0.001501	-2.3E-05	-6.1E-05	0.001967	-5E-05	-6.9E-05
641.25	15.08	106.21	0.001386	0.001264	-6.9E-06	-7.1E-05	0.001438	-1.8E-05	-7.1E-05
656.90	16.27	107.48	0.001617	0.001509	3.82E-05	-0.00013	0.001513	2.76E-05	-0.00012
670.00	17.55	108.69	0.001922	0.001849	1.37E-05	-0.00013	0.001628	-1E-05	-0.0001

3)用有限差分公式计算井斜角和方位角高阶导数

数据平滑处理和三次样条函数插值时，α、ϕ 对井深 x 的数值微分可以通过式(6－14)求导后计算得到。另外，也可以采用有限差分法求解，例如采用向前差分，一阶导数的近似式为

$$\left(\frac{d\theta}{dx}\right)_{(i-1)} = \frac{\theta_{(i)} - \theta_{(i-1)}}{\Delta x_{(i-1)}} \qquad \theta \text{ 为 } \alpha \text{ 或 } \phi \tag{6-15a}$$

二阶导数中心差分的近似计算公式为

$$\left(\frac{d^2\theta}{dx^2}\right)_{(i-1)} = \frac{\theta_{(i-2)} - 2\theta_{(i-1)} + \theta_{(i)}}{\Delta x^2_{(i-1)}} \qquad \theta \text{ 为 } \alpha \text{ 或 } \phi \tag{6-15b}$$

利用式(6－15)，对井斜角和方位角进行一阶、二阶和三阶求导的结果参见表6－3。

显然，对测斜数据的预处理方法并不是固定、惟一的，可以采用不同的方法进行处理，上面介绍的也只是其中一些较为简便易行的方法。

6.2.3 油气井管柱整体受力模型的的有限差分求解

1）起下管柱拉力的计算

将式(6－12a)用前向有限差分公式代替，可得从下往上的计算公式

$$F_i = F_{i-1} + (q_{m\ i}\cos\alpha_r \pm \mu_i N_i)(L_i - L_{i-1}) \tag{6-16a}$$

$$N_i = \sqrt{\left[F_{i-1}\sin\alpha_{i-1}\left(\frac{d\phi}{dx}\right)_i - (EI)_i\frac{d^2}{dx^2}\left(\sin\alpha_v\frac{d\phi}{dx}\right)_i\right]^2 + \left[F_{i-1}\left(\frac{d\alpha}{dx}\right)_i + q_{m\ i}\sin\alpha_v - (EI)_i\left(\frac{d^3\alpha}{dx^3}\right)_i\right]^2} \tag{6-16b}$$

或从上往下的计算公式

$$F_{i-1} = F_i - (q_{mi}\cos\alpha_v \pm \mu_i N_i)(L_i - L_{i-1}) \tag{6-17a}$$

$$N_{i-1} = \sqrt{\left[F_i\sin\alpha_i\left(\frac{d\varphi}{dx}\right)_{i-1} - (EI)_{i-1}\frac{d^2}{dx^2}\left(\sin\alpha_v\frac{d\varphi}{dx}\right)_{i-1}\right]^2 + \left[F_i\left(\frac{d\alpha}{dx}\right)_{i-1} + q_{mi-1}\sin\alpha_v - (EI)_{i-1}\left(\frac{d^3\alpha}{dx^3}\right)_{i-1}\right]^2} \tag{6-17b}$$

式中，α_v是平均井斜角，$\alpha_v = \dfrac{\alpha_i + \alpha_{i-1}}{2}$，rad；管柱各单元所对应的$\dfrac{d\alpha}{dx}$、$\dfrac{d\varphi}{dx}$、$\dfrac{d^2\alpha}{dx^2}$、$\dfrac{d^2\varphi}{dx^2}$等数值，可以通过查阅表6－3获得。

经有限差分处理后，油气井管柱摩阻计算模型变成为代数方程式，非常有利于编程计算，但也存在着数值计算误差。这些误差源隐含在整个计算过程中，需要作适当处理，以防止这些误差的传递与扩大。

有限差分法是一种成熟的数学方法，应用该方法分析管柱的受力与变形情况，由于差分方程中的系数是可变的，因此可以较为容易地考虑非线性的影响。同时由于差分区间小，可较容易地考虑井眼的约束。但是，要想得到精确的计算结果，差分区间必须取得很小，这样就使得矩阵的维数增加，降低了计算速度。此外，力学模型是否准确也是计算成败的关键。

2）管柱整体受力力学分析的边界条件

① 起下钻

钻头处：$\begin{cases} F(L) = 0 \\ M(L) = 0 \end{cases}$

井口：$\begin{cases} F(0) = W_{oh} \\ M(0) = 0 \end{cases}$

式中　L——钻柱总长，m；

W_{oh}——井口处钻柱拉力，即大钩载荷，N。

② 钻进过程

钻头：$\begin{cases} F(L) = -W_{ob} \\ M(L) = M_{ob} \end{cases}$

井口：$\begin{cases} F(0) = W_{oh} \\ M(0) = M_{or} \end{cases}$

式中 W_{ob}——钻压，N；

M_{ob}——钻头扭矩，N·m；

M_{or}——转盘扭矩，N·m。

3）管柱整体受力力学分析实例

（1）基础数据

渤海某大位移井完井时的井眼直径 155.5mm，完井井深 4583m，油层套管下深 4560m，套管外径 139.7mm，钻井液密度为 1.23g/cm^3。完井管柱组成参见表 6－4。

表 6－4 完井管柱组合数据

序号	类别	外径/mm	钢级	壁厚/mm	扣型	段长/m	单位重量/(N/m)
1	绕丝筛管				短圆扣	300.00	350.00
2	钻杆	88.9	E	11.4	短圆扣	1560.00	226.22
3	钻杆	127.0	E	7.95	短圆扣	2030.00	284.78
4	钻杆	127.0	E	25.4	短圆扣	630.00	730.39

（2）井斜测量数据的平滑处理和三次样条插值处理

井眼轨迹平滑与插值结果的好坏将直接影响到管柱受力分析计算的成败。而对轨迹数据的处理需要有一定的经验和技巧。为了管柱摩阻分析的顺利进行，采用五点平滑法来降低测量误差、删除异点，而后对井斜和方位角作三次样条插值。在插值计算过程中，先利用最小曲率半径法，按一定的井段间隔对数据进行内插，利用内插值来计算井斜角和方位角的一阶和二阶导数，图 6－3 是相应的计算实例。从图 6－3(a) 可以看出，直接利用未经平滑处理的测量值，计算得到的插值结果存在着不可避免的异常波动，而图 6－3(b) 方法可以尽可能地降低这种异常。通过这样的处理，极大地改善了一阶、二阶井斜变化率和方位变化率的准确性和可信度，为后面管柱摩阻和扭拉力的计算打下良好的基础。

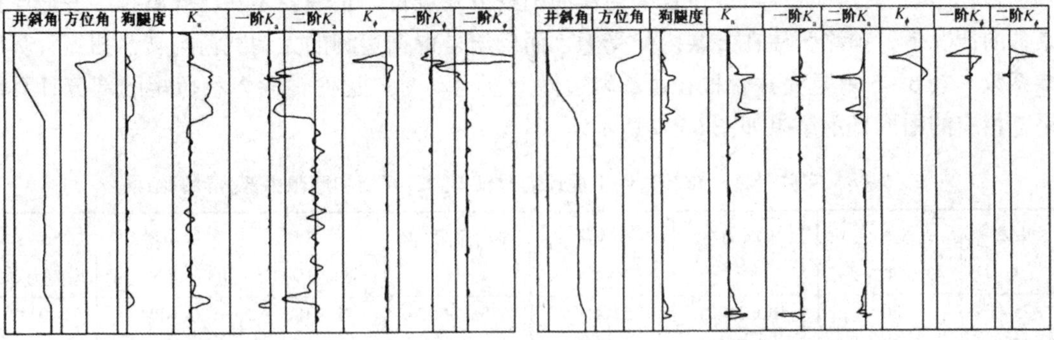

(a) 直接用测量数据法　　(b) 测量数据和插值数据组合法

图 6－3 直接用定向测量数据和用最小曲率法插值计算得到的结果

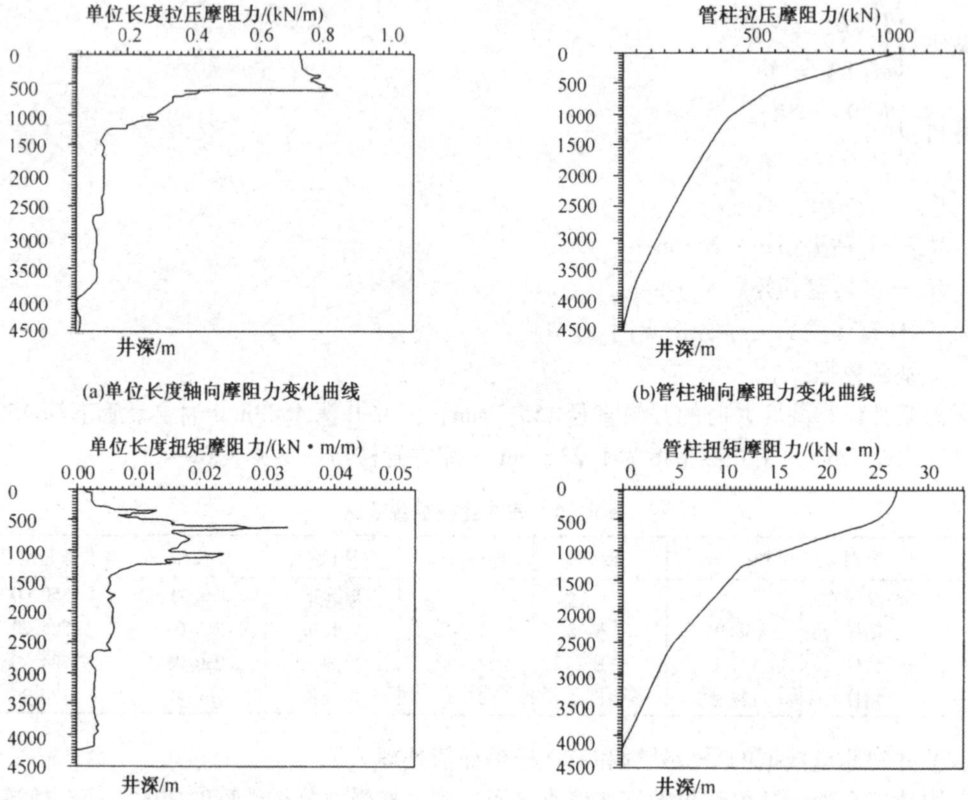

(a)单位长度轴向摩阻力变化曲线　(b)管柱轴向摩阻力变化曲线

(c)单位长度扭矩摩阻力变化曲线　(d)管柱扭矩摩阻力变化曲线

图 6－4　完井管柱边旋转边作上提运动时轴向力、扭矩和摩阻力计算结果

(3) 完井管柱轴向力、扭矩和摩阻力的计算

应用井斜角和方位角的三次样条计算结果，管柱摩阻计算模型经有限差分处理后，可以简化为式(6－16)或式(6－17)的代数方程式。为了提高计算精度，减少累积误差，可以采用隐式的方法迭代求解。终止准则采用管柱微单元的受力平衡条件，而不是给定某一计算项的精度。这样的计算结果使每个管柱单元都满足受力平衡条件，符合管柱稳态的基本要求。

管柱摩阻的分析计算可以按正演与反演两种方式进行。正演就是在已知管柱与井段摩擦系数的情况下，预测管柱在井眼内的受力。而反演是根据实测的大钩载荷与转盘扭矩计算摩擦系数。表 6－5 就是完井管柱在边旋转边做上提运动时，管柱轴向力和扭矩的部分计算结果，相应的图形显示结果如图 6－4 所示。

表 6－5　完井管柱边旋转边做上提运动时轴向力、扭矩和摩阻力部分计算结果

井深/m	段长/m	轴向力/kN	扭矩/(kN·m)	轴向摩阻力/kN	分段结果		
					轴向力/kN	扭矩/(kN·m)	摩阻力/kN
2500	20	180.2122	5.1466	3.3468	2.4186	0.1008	0.0277
2520	20	177.7936	5.0459	3.3191	2.4179	0.0996	0.0274
2540	20	175.3757	4.9463	3.2917	2.4182	0.0997	0.0274
2560	20	172.9575	4.8466	3.2643	2.4263	0.0985	0.0271
2580	20	170.5312	4.7481	3.2373	2.4359	0.0988	0.0272

续表

井深/m	段长/m	轴向力/kN	扭矩/(kN·m)	轴向摩阻力/kN	分段结果		
					轴向力/kN	扭矩/(kN·m)	摩阻力/kN
2600	20	168.0953	4.6493	3.2101	2.4362	0.0989	0.0272
2620	20	165.6591	4.5505	3.1829	2.4598	0.1009	0.0277
2640	20	163.1992	4.4496	3.1552	2.4697	0.1020	0.0280
2660	20	160.7296	4.3476	3.1272	2.0720	0.0522	0.0293
2680	20	158.6576	4.2954	3.0979	2.0765	0.0523	0.0293
2700	20	156.5810	4.2431	3.0686	2.0714	0.0516	0.0289
2720	20	154.5097	4.1915	3.0396	2.0716	0.0516	0.0290
2740	20	152.4381	4.1399	3.0107	2.0582	0.0494	0.0277
2760	20	150.3799	4.0905	2.9830	2.0529	0.0481	0.0270
2780	20	148.3270	4.0424	2.9560	2.0536	0.0482	0.0270
2800	20	146.2734	3.9942	2.9289	2.0672	0.0471	0.0264
2820	20	144.2062	3.9470	2.9025	2.0856	0.0477	0.0267
2840	20	142.1206	3.8994	2.8757	2.0864	0.0477	0.0268
2860	20	140.0342	3.8516	2.8490	2.1298	0.0499	0.0280
2880	20	137.9044	3.8018	2.8210	2.1532	0.0515	0.0289
2900	20	135.7512	3.7503	2.7921	2.1535	0.0515	0.0289
2920	20	133.5977	3.6988	2.7632	2.1847	0.0544	0.0305

6.2.4　管柱整体受力模型的应用

油气井管柱的整体受力模型可以用于管柱在井眼内的拉力、扭矩、摩擦阻力等的力学分析，优化管柱设计，预测管柱的下入能力等，是进行定向井、水平井钻井设计、施工，以及固井、完井和采油作业过程中各种管柱力学分析不可或缺的重要工具，大体上可有如下的用途：

（1）改进钻井设计以降低扭矩和摩阻；

（2）更现实地设计钻柱与底部钻具组合，确定对钻机能力的需求；

（3）监控井眼摩擦系数，发现潜在故障，防止井下复杂情况；

（4）选择井底完井工具，并确定能否转动它们；

（5）由地面测量推断井下负荷；

（6）计算狗腿部位的套管磨损；

（7）用于确定随钻测量工具测量深度关系；

（8）确定在长的水平井段中能否加足够的钻压等。

§6.3　油井管柱稳定性判别及屈曲后附加力的计算

6.3.1　油井管柱的弯曲失稳状态

在油井作业中，正确了解管柱的屈曲特性是一个非常重要的问题。自 A. Lubinski 第一个开展垂直井钻柱弯曲理论研究以来，很多学者对油管、钻杆、套管、连续油管的屈曲进行了广泛的研究。一般认为，油井管柱在井眼内根据受力－变形的不同，可以分为直线(稳定状态)、正弦弯曲、正弦屈曲和螺旋屈曲等几种典型的状态，图6－3就是油井管柱在斜直井眼内的形变状态示意图。从A处箭头所指的方向看下去，管柱处在直线状态、正弦屈曲和螺旋屈曲时，在井底投射形成的图像分别为圆点、紧贴下井壁的一段圆弧和紧贴井壁四周的圆环。

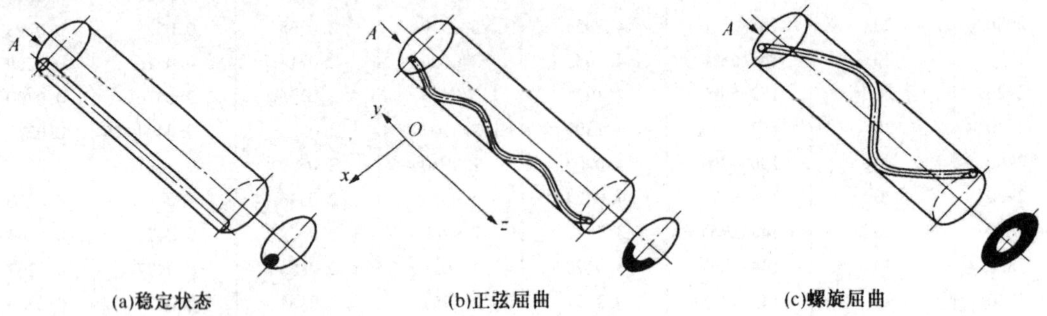

图6－5　油井管柱处在直线稳定、正弦屈曲和螺旋屈曲状态示意图

1）油井管柱直线状态几何方程

很显然，管柱在直线状态下紧贴下井壁，因此按照图6－5所示建立的右手坐标系$oxyz$，其中z轴沿井眼轴线方向并与井眼轴线重合，ox为井眼中心指向下井壁方向，oy为按照右手规则确定的水平线，并指向井壁一侧。油井管柱轴线方程可以表示为

$$\begin{cases} x = r \\ y = 0 \\ z = z \end{cases} \tag{6-18}$$

式中　r——约束井眼的半径，$r = R_w - R_o$；

R_w、R_o——井眼和管柱半径；

2）油井管柱正弦屈曲几何方程

位于井眼底部的管柱，受压力作用屈曲后，由于自重的作用与井眼或套管的约束，管柱与约束内壁保持连续接触。设管柱轴线离开直线平衡位置的偏转角为θ。由于管柱轴线上的任一点C均在半径为r的圆管面上，则有$\begin{cases} x = r\cos\theta \\ y = r\sin\theta \end{cases}$。而$\theta = \chi\sin\dfrac{2\pi z}{L_s}$，$L_s$为管柱屈曲一个完整的正弦波波长，因此，管柱正弦屈曲时的轴线几何方程可以用以下参数方程表示

$$\begin{cases} x = r\cos\left(\chi\sin\dfrac{2\pi z}{L_s}\right) \\ y = r\sin\left(\chi\sin\dfrac{2\pi z}{L_s}\right) \\ z = z \end{cases} \tag{6-19}$$

式中　χ——管柱轴线离开直线位置的最大偏转角，rad；

L_s——弯曲管柱正弦波波长，m。

3）油井管柱螺旋屈曲几何方程

当管柱所受的轴向力超过螺旋屈曲的临界轴向力时，管柱的屈曲模态就会沿整个井眼形

成空间螺旋形态，如图6－5(c)所示，对应的管柱螺旋屈曲参数方程可表示为

$$\begin{cases} x = r\cos\xi \\ y = r\sin\xi \\ z = \dfrac{L_s}{2\pi}\xi \end{cases} \tag{6-20}$$

式中　ξ——管柱螺旋弯曲的螺旋角，rad。

6.3.2　钻柱屈曲后附加力的计算

钻柱在受轴向压力作用时，有稳定、正弦屈曲和螺旋屈曲三种状态。在前述的整体受力模型中，只假定管柱轴线形状与井眼形状一致，没有考虑管柱屈曲对管柱受力、变形的影响。当发生屈曲后，管柱与井壁接触而产生附加接触力，管柱内部也会产生附加弯曲应力，钻柱的受力状态将恶化。

1）在垂直井眼中

在垂直井眼中，处于直线稳定状态的管柱与井壁之间的接触力理论上为零。正弦屈曲时，管柱与井壁之间会有附加正压力产生，但数值不大，且难以计算，可略去不计。当钻柱发生螺旋屈曲后，与套管或井壁之间的附加接触力 N_{cb} 为

$$N_{cb} = \frac{rF_e^2}{4EI}$$

式中　N_{cb}——失稳产生的附加接触压力，N；

F_e——管柱的有效轴向力，假定受拉为正，N；

r——井筒半径与钻柱外半径之差，m。

2）在斜直井眼中

(1) 若管柱轴向力满足下式时，管柱处于未失稳状态

$$F_e > -2\sqrt{\frac{EIq_m\sin\alpha}{r}}$$

式中　α——井斜角，rad；

EI——管柱抗弯刚度，$kN\cdot m^2$；

q_m——管柱线密度，N/m。

处于直线状态的管柱在斜直井中，与井壁或套管之间的接触力为

$$N = q_m\sin\alpha$$

(2) 若管柱轴向力满足

$$-2\sqrt{\frac{2EIq_m\sin\alpha}{r}} \leqslant F_e < -2\sqrt{\frac{EIq_m\sin\alpha}{r}}$$

管柱处于正弦屈曲失稳状态

发生正弦屈曲后，钻柱与井壁或套管之间的接触力为[223]

$$N = \frac{16\pi^4 EIrA_s^2}{L_s^4}\left(-A_s\cos^4\frac{2\pi L_z}{L_s} + 3\sin^2\frac{2\pi L_z}{L_s} - 4\cos^2\frac{2\pi L_z}{L_s}\right) + \frac{4\pi^2 F_i rA_s^{\ 2}}{L_s}\cos^2\frac{2\pi L_z}{L_s} + q_m\sin\alpha\cos\theta$$

式中 A_s——钻柱正弦弯曲波幅值，m；

L_z——斜直井中心线长度，m；

L_s——正弦波波长，m。

（3）若管柱的有效轴向力满足

$$F_e \leqslant -2\sqrt{\frac{2EIq_m\sin\alpha}{r}}$$

管柱处于螺旋失稳状态。

管柱处于螺旋屈曲状态时，会产生附加接触压力 N_{cb}。螺旋屈曲后单位长度管柱与井壁或套管之间的接触力，其计算公式为：

$$N = N_{cb} + q_m\sin\alpha\cos\theta_{cb} = \frac{rF_e^2}{4EI} + q_m\sin\alpha\cos\theta$$

式中 N_{cb}——失稳产生的附加接触压力，N。

3）在弯曲井眼中

（1）若管柱轴向力满足下式时，管柱处于未失稳状态

$$F_e > -\frac{2EI}{rR}\left(1 + \sqrt{1 + \frac{rR^2q_m\sin\alpha}{EI}}\right)$$

式中 α——井斜角，rad；

EI——管柱抗弯刚度，kN · m^2；

q_m——管柱线密度，N/m。

R——弯曲井眼的曲率半径，m。

处于直线状态的管柱在斜直井中，与井壁或套管之间的接触力为

$$N = \frac{F_e}{R} + q_m\sin\alpha$$

（2）若管柱轴向力满足

$$-\frac{8EI}{rR}\left(1 + \sqrt{1 + \frac{rR^2q_m\sin\alpha}{2EI}}\right) < F_e < -\frac{2EI}{rR}\left(1 + \sqrt{1 + \frac{rR^2q_m\sin\alpha}{EI}}\right)$$

管柱处于正弦屈曲失稳状态

发生正弦屈曲后，钻柱与井壁或套管之间的接触力为

$$N = \frac{16\pi^4 EIrA_s^2}{L_s^4}\left(-A_s\cos^4\frac{2\pi L_z}{L_s} + 3\sin^2\frac{2\pi L_z}{L_s} - 4\cos^2\frac{2\pi L_z}{L_s}\right) + \frac{4\pi^2 rA_s{}^2}{L_s}\left(F_e + \frac{EI}{R^2}\right)\cos^2\frac{2\pi L_z}{L_s} + \left(q_m\sin\alpha + \frac{F_e}{R}\right)\cos\theta$$

（3）若管柱轴向力满足

$$F_e \leqslant -\frac{8EI}{rR}\left(1 + \sqrt{1 + \frac{rR^2q_m\sin\alpha}{2EI}}\right)$$

管柱处于螺旋失稳状态。

管柱处于螺旋屈曲状态时，屈曲后单位长度管柱与套管接触力计算公式为

$$N = -\frac{16\pi^4 EIr}{L_s{}^4} + \frac{4\pi^2 r}{L_s^2}\left(F_e + \frac{EI}{R^2}\right) + \left(q_m\sin\alpha + \frac{F_e}{R}\right)\cos\theta$$

在已知管柱屈曲状态情况下，各段管柱的轴向力、扭矩、管柱与井壁(或套管)之间的接触力和摩擦力等的计算，均可以按照管柱整体受力模型的计算方法进行处理。

作业及思考题

1. 什么是软钻柱整体受力模型？

2. 什么是硬钻柱整体受力模型？

3. 目前有哪几种典型的钻柱整体受力模型？

4. 为什么在进行整体受力模型分析钻柱受力之前，要对测斜数据进行平滑和井眼轨迹的三次样条插值处理？

5. 油井管柱的整体受力模型有哪些应用？

6. 什么是钻柱的正弦屈曲和螺旋屈曲状态？

7. 请结合式(6－9)推导在空悬、旋转、边旋转边下放管柱工况时的管柱整体受力计算公式。

第七章 油气井管柱振动分析

一切具有质量和弹性的物体都能够产生振动，系统的振荡运动一般情况下是有害的，振动要设法抑制，例如钻头的扭卡、跳钻会导致崩齿、掉齿和钻头的先期损坏；狗腿处抽油杆的上下运动会引起抽油杆与套管之间的摩擦振动，导致套管磨损；钻柱的横向不规则运动会诱发钻柱疲劳裂缝扩展、螺纹断裂等。研究振动的目的就是要确定振动系统的性能，以及振动对结构安全性的影响，振动分析是达到这一目的的重要一环。

§7.1 单自由度系统管柱的振动

研究单自由度系统的振动有着非常普遍的实际意义，因为工程上有许多问题通过简化，用单自由度系统的振动理论就能得到满意的结果。另外，揭示单自由度振动系统的规律、特点，也可以为进一步研究多自由度系统和连续系统等复杂振动系统奠定基础。

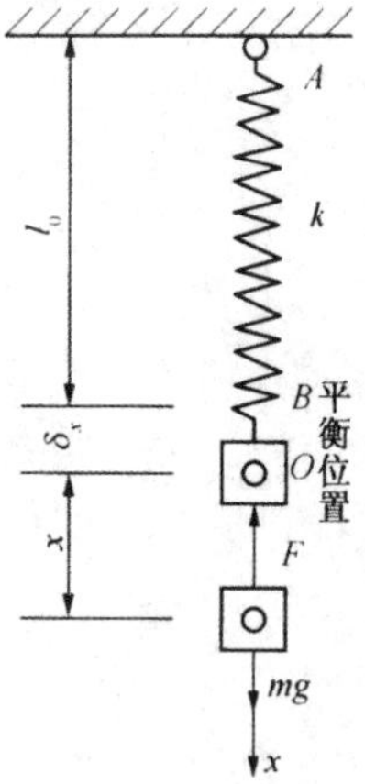

图 7－1 弹簧－质量系统

7.1.1 无阻尼系统的自由振动

1）弹簧与集中质量振动系统

（1）弹簧质量振动系统

设有质量为 m 的物块(可视为质点)挂在弹簧的下端，弹簧的自然长度为 l_0，刚度为 k，如不计弹簧的质量，这就构成典型的单自由度系统，称之为弹簧质量系统，如图 7－1 所示。工程中许多振动问题都可以简化成这种力学模型。

该系统的振动微分方程为：

$$\frac{d^2x}{dt^2} + \frac{k}{m}x = 0 \tag{7-1a}$$

或

$$\frac{d^2x}{dt^2} + \omega^2 x = 0 \tag{7-1b}$$

式中，$\omega = \sqrt{\frac{k}{m}}$ 为振动系统的固有圆频率，rad/s。

相应的系统固有频率为

$$f = \frac{1}{2\pi}\sqrt{\frac{k}{m}} \tag{7-2}$$

称式(7－1)为无阻尼自由振动的微分方程，是二阶常系数线性齐次方程。由微分方程理论可知，式(7－1)的通解为

$$x = A_1\sin\omega t + A_2\cos\omega t \tag{7-3a}$$

或 $$x = A\sin(\omega t + \varphi) \tag{7-3b}$$

这是一个简谐振动过程，其中 A_1 和 A_2 为积分常数，由物块运动的起始条件确定。并且有

$$A = \sqrt{A_1^2 + A_2^2} \quad , \quad \varphi = \arctan\left(\frac{A_2}{A_1}\right)$$

称 A 为振动系统的振幅，φ 为初始相位角。

弹簧系统振动的动能和势能分别为

$$T = \frac{1}{2}mv^2 = \frac{1}{2}m\left(\frac{dx}{dt}\right)^2 \tag{7-4a}$$

$$U = \frac{1}{2}kx^2 \tag{7-4b}$$

式中　$v = \frac{dx}{dt}$ 是质量块 m 运动的速度；

U——假定在平衡位置 O 为势能零点时弹簧系统的势能。

(2) 并联弹簧系统

图 7-2(a) 为两个弹簧并联而成的系统。已知物块的质量为 m，弹簧刚度分别为 k_1、k_2，则有以下受力平衡方程

$$m\frac{d^2x}{dt^2} + (k_1 + k_2)x = 0$$

因此，并联弹簧系统的固有频率为

$$f = \frac{1}{2\pi}\sqrt{\frac{k_1 + k_2}{m}} \tag{7-5}$$

如果用图 7-2(b) 的等效弹簧来代替图 7-2(a) 的并联弹簧，则等效刚度 k 为

$$k = k_1 + k_2 \tag{7-6}$$

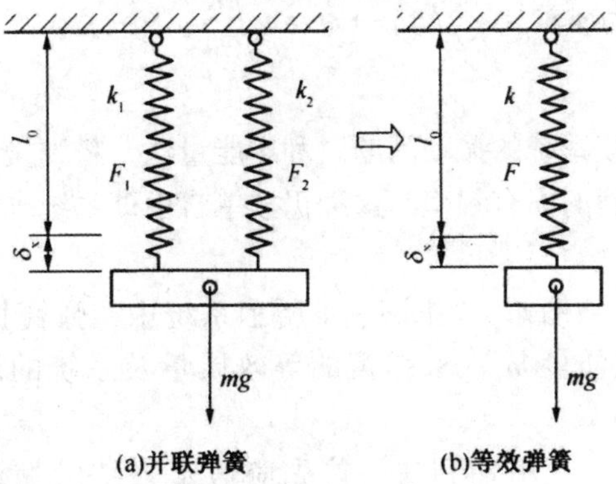

图 7-2　并联弹簧

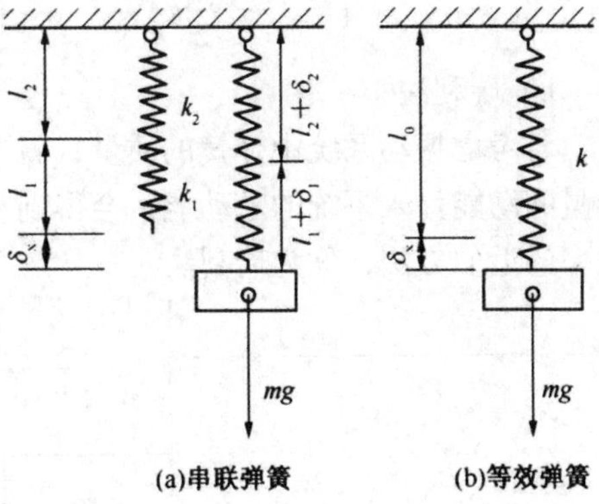

图 7-3　串联弹簧

(3) 串联弹簧系统

类似地，可以得到图 7-3(a) 串联弹簧系统的等效弹簧图 7-3(b) 所示，有等效刚度

$$k = \frac{k_1 k_2}{k_1 + k_2} \tag{7-7}$$

对应的系统固有频率

$$f = \frac{1}{2\pi}\sqrt{\frac{k_1 k_2}{m(k_1 + k_2)}} \tag{7-8}$$

（4）计算固有频率的能量法和瑞利法

研究振动系统特征的重要任务之一就是确定系统的固有频率，以便在工程上采取针对性的措施，消除振动。一般是在确定振动系统运动微分方程的基础上来求其固有频率，但也可以采用能量法和瑞利法进行求解。

a）能量法

能量法的理论基础是机械能守恒定律，应用能量法能够比较容易地求出保守系统的固有频率。例如在图7－1所示无阻尼单自由度振动系统中，作用在该系统上的重力和弹性力都是保守力。根据保守力场中的机械能守恒定律，该系统在振动过程中，其势能与动能之和保持不变。即

$$T + U = \text{常量}$$

式中，T是动能，U是势能。如果取平衡位置O为势能的零点，则系统在任一位置有

$$T = \frac{1}{2}mv^2 \quad , \quad U = \frac{1}{2}kx^2$$

当系统在平衡位置时，$x = 0$，速度最大，势能为零，动能具有最大值T_{max}；当系统在最大偏离位置时，速度为零，动能为零，势能具有最大值U_{max}。由于系统的机械能守恒，因此

$$T_{max} = U_{max}$$

这就是用能量法计算固有频率的公式。

例如，在图7－1的单自由度系统中，$x_{max} = A$，$v_{max} = \omega A$，因此

$$\begin{cases} T_{max} = \frac{1}{2}m\omega^2 A^2 \\ U_{max} = \frac{1}{2}kA^2 \xrightarrow{T_{max} = U_{max}} \frac{1}{2}m\omega^2 A^2 = \frac{1}{2}kA^2 \rightarrow \omega = \sqrt{\frac{k}{m}} \end{cases}$$

b）瑞利法

若考虑振动系统中弹簧的质量，就成为连续系统的振动问题。利用能量法，将弹簧分布质量的动能计入系统的总动能，会得到相当准确的固有频率，这种仍按单自由度系统求固有频率的近似方法，称为瑞利法。

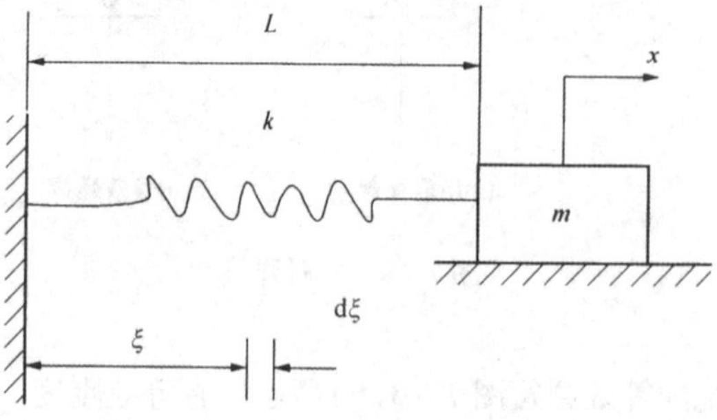

图7－4　等效质量

例如，在图7－4所示系统中，弹簧长l，其质量m_s，求弹簧的等效质量及系统的固有频率。

应用瑞利法，首先应假定系统的振动位形。对如图7－4所示系统，假设弹簧上各点在振动过程中任一瞬时的位移和一根等直弹性杆在一端固定，另一端受轴向力作用下各截面的静变形一样。根据胡克定律，各截面的静变形与离固定端的距离成正比。依据此假设计算弹簧的动能，并表示为集中质量的动能为

$$T_s = \frac{1}{2}m_e v^2$$

其中 m_e 称为等效质量。系统的势能没有改变，与不考虑弹簧质量是一样的。然后应用能量法求系统的固有频率。

令 x 表示弹簧右端的位移，也是质量 m 的位移。并假设弹簧各点在振动中任一瞬时的位移和一根直杆在一端固定，另一端受轴向载荷作用时各截面的静变形一样，左端距离为 ξ 的截面的位移和速度分别为 $\frac{\xi}{l}x$、$\frac{\xi}{l}\frac{dx}{dt}$，则 dx 弹簧的动能为

$$dT_s = \frac{1}{2}\frac{m_s}{l}d\xi\left(\frac{\xi}{l}\frac{dx}{dt}\right)^2$$

弹簧的总动能为

$$T_s = \int_0^l dT_s = \int_0^l \frac{1}{2}\frac{m_s}{l}\left(\frac{\xi}{l}\frac{dx}{dt}\right)^2 d\xi = \frac{1}{2}\frac{m_s}{3}\left(\frac{dx}{dt}\right)^2 \tag{7-9}$$

比较式(7-4)与式(7-9)，得到等效弹簧系统的质量为

$$m_e = \frac{m_s}{3} \tag{7-10}$$

因此，图7-4系统的固有振动频率为

$$f = \frac{1}{2\pi}\sqrt{\frac{k}{m + \frac{1}{3}m_s}} \tag{7-11}$$

例7-1　设有一均质等截面悬臂梁如图7-5(a)所示，梁端有一集中质量 M，梁单位长度质量为 q。若考虑梁的质量，试求梁的等效质量和系统的固有频率。

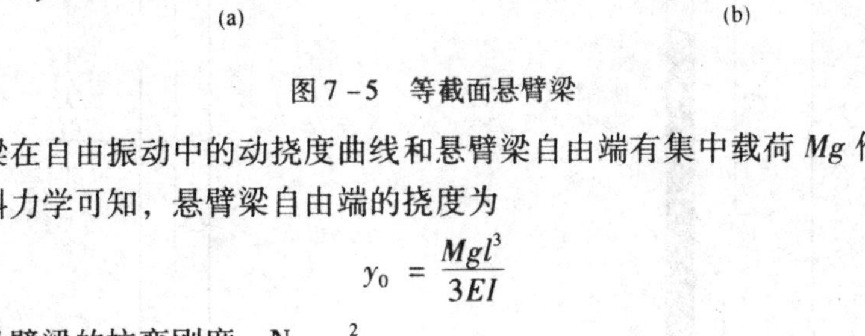

图7-5　等截面悬臂梁

解：假设梁在自由振动中的动挠度曲线和悬臂梁自由端有集中载荷 Mg 作用下静挠度曲线一样，由材料力学可知，悬臂梁自由端的挠度为

$$y_0 = \frac{Mgl^3}{3EI}$$

式中　EI——悬臂梁的抗弯刚度，$N \cdot m^2$。

任一截面 x 处悬臂梁的挠度可表示为 y_0 的函数

$$y = \frac{3lx^2 - x^3}{2l^3}y_0$$

在振动时，y、y_0 均是变量，则有

$$\dot{y} = \frac{3lx^2 - x^3}{2l^3}\dot{y}_0$$

梁的动能

$$T_s = \frac{1}{2}\int_0^l q\dot{y}^2 dx = \frac{1}{2}q\left(\frac{\dot{y}_0}{2l^3}\right)^2\int_0^l (3lx^2 - x^3)^2 dx = \frac{33}{280}ql\dot{y}_0^{\ 2}$$

因此，悬臂梁的等效质量为：

$$m_e = \frac{33}{140}ql$$

对应单自由度系统的等效质量：

$$M_e = M + m_e = M + \frac{33}{140}ql$$

弹簧刚度为：$k = \frac{Mg}{y_0} = \frac{3EI}{l^3}$。因此，系统的固有频率为

$$\omega_n = \sqrt{\frac{k}{M_e}} = \sqrt{\frac{3EI}{l^3\left(M + \frac{33}{140}ql\right)}}$$

2）抽油杆柱的纵向振动

螺杆泵抽油系统中，抽油杆柱是惟一的也是全部的转动件，受拉、压、扭、磨、疲劳等作用力的影响。它是抽油系统中最关键的部分，抽油管柱、井下配套工具、地面设备等都与抽油杆柱的受力有着密切的联系。掌握好该系统的受力状态，搞好设备、工具的设计是保证螺杆泵抽油系统正常工作的必要条件。图7-6是螺杆泵杆柱系统的结构受力示意图。

抽油杆柱纵振主要是由杆柱所承受的轴向动载荷所激发的，激发杆柱纵向振动的动载包括杆柱下端的外作用力、杆柱的浮力、环空动液面至泵入口的动液柱压力、油管和套管压力、吸入端和排出端流体的压差，以及抽油介质含有气泡等因素所造成的液柱载荷的变化等。对螺杆泵的室内试验和实际油井井口观测可知，螺杆泵抽油井在避开纵向共振区工作时轴向动载是比较小的。

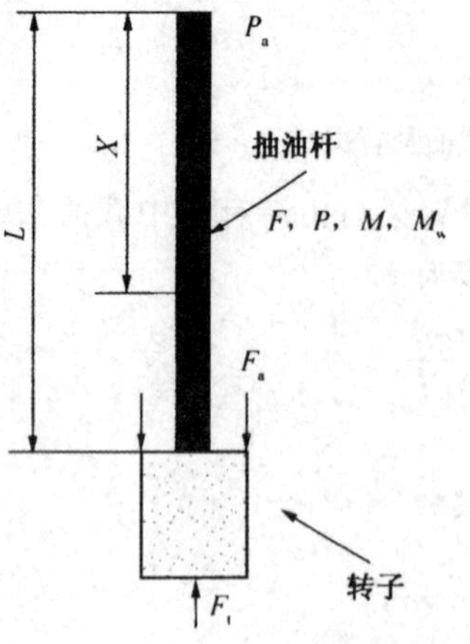

图7-6 螺杆泵杆柱系统结构

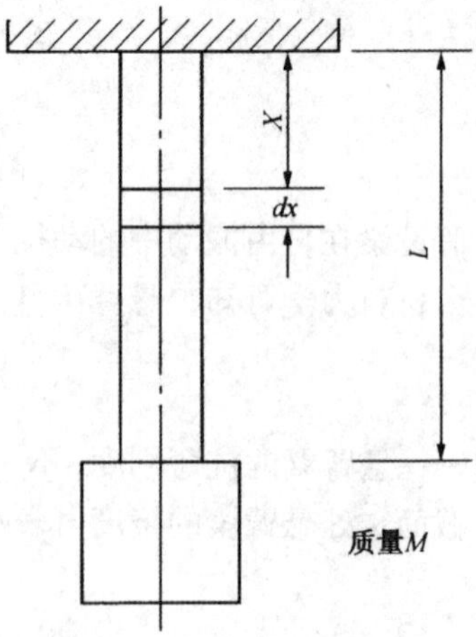

图7-7 螺杆泵力学模型

如果将螺杆泵油井中的螺杆、抽油杆柱、油管与抽油杆环空中的液柱质量等考虑成一个

整体振动系统，就可以建立图7－7所示的纵向振动物理模型。

将螺杆考虑成整个系统的自由端，其上承受着一个质量为 M 的液柱载荷，参见图7－7。此时，可以分以下三种情况

（1）在杆柱质量应该考虑的情况下，杆柱的轴向振幅近似与从固定点 P 起的距离成正比，这时可以假定各截面上质点振动的速度也因距离而变化。参照式(7－11)，可知抽油杆振动的频率计算公式为

$$f = \frac{1}{2\pi}\sqrt{\frac{k}{\left(M + \frac{1}{3}m\right)}} \tag{7-12a}$$

或

$$f = \frac{1}{2\pi}\sqrt{\frac{EA}{l\left(M + \frac{1}{3}m\right)}} \tag{7-12b}$$

式中，$k = \frac{EA}{l}$ 为杆管柱刚度，N/m。

（2）如果 $M \gg m$，以至于杆柱本身的质量 m 可以略去不计。则杆柱的振动频率为

$$f = \frac{1}{2\pi}\sqrt{\frac{EA}{lM}} \tag{7-13}$$

（3）如果 $M \gg m$，并且杆柱组成并不单一，而是由若干不同横截面面积 A_1、A_2、……A_n 的杆件所组成的串联系统，则其刚度计算方法如下

$$S\left[\left(\frac{l_1}{EA_1}\right) + \left(\frac{l_2}{EA_2}\right) + \cdots\cdots\right] = 1 \quad , \quad S = \frac{1}{\sum_{i=1}^{n}\left(\frac{l_i}{EA_i}\right)}$$

因此

$$f = \frac{1}{2\pi}\sqrt{\frac{1}{\sum_{i=1}^{n}\left(\frac{l_i}{EA_i}\right)M}} \tag{7-14}$$

7.1.2　有阻尼系统的自由振动

在自由振动中，振动的振幅是不变的，振动将无限地延续下去。但是，实际观察到的结果并非完全如此。例如，弹簧质量系统的物块在其平衡位置附近的自由振动并非无限地延续；随着时间的推移，它的振幅将逐渐衰减，最后趋于零而停止振动。说明在振动过程中，物块除受恢复力的作用外，还受到阻力的作用。振动过程中的阻力通称阻尼。产生阻尼的因素比较多，例如物体在导轨或接触面上运动时，会产生库仑阻尼；在流体介质中运动时，会产生介质的黏性阻尼(如空气阻尼、油的阻尼)等。

在实际的油井管柱振动系统中，由于整个管柱是在钻井液、油气水和固体携带物等构成的阻尼介质中工作的，一般不能忽略阻尼对振动的影响。振动系统的阻尼分内部阻尼和外部阻尼两大类。内部阻尼是指振动过程中材料内部的能量耗散等，外部阻尼指的是由流动介质、杆柱与油管内壁的摩擦力等因素对振动系统的影响。

黏性阻尼在相当广的范围内与运动物体的速度平方成正比，在低速(小于0.2 m/s)运动中与速度的一次方成正比，这种阻尼称为线性阻尼，表示为

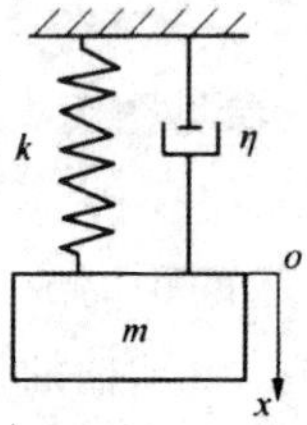

图7-8 有阻尼系统

$$F_R = -\eta v$$

其中负号表示阻尼 F_R 的方向总是与物体的速度方向相反。η 称为黏性阻尼系数。它与物体的形状、尺寸及介质的性质有关，单位是 N·s/m。

若只考虑这种阻尼对振动系统的影响，图7-8所示为一有阻尼弹簧质量系统的简化模型，物块的下部表示阻尼器。仍以静平衡位置 O 为坐标原点，选 x 轴铅直向下为正，则可写出物块的运动微分方程

$$m\frac{d^2x}{dt^2} + \eta\frac{dx}{dt} + kx = 0 \tag{7-15a}$$

将式(7-15a)两边除以m，并令 $\omega_n^2 = \frac{k}{m}$，$2n = \frac{\eta}{m}$，其中 ω_n 为振动系统圆频率；n 称为衰减系数，1/s。式(7-15a)改写成

$$\frac{d^2x}{dt^2} + 2n\frac{dx}{dt} + \omega_n^2 x = 0 \tag{7-15b}$$

这就是有阻尼的自由振动微分方程，是一个二阶常系数线性齐次微分方程。由微分方程理论可知，它的解具有如下形式

$$x = \lambda e^{rt}$$

上式代入式(7-15b)，得系统的特征方程为

$$r^2 + 2nr + \omega_n^2 = 0$$

这个特征方程的两个根为

$$\begin{cases} r_1 = -n + \sqrt{n^2 - \omega_n{}^2} \\ r_2 = -n - \sqrt{n^2 - \omega_n^2} \end{cases} \tag{7-16}$$

上述解可能有三种情况：

1）小阻尼或欠阻尼振动：$n < \omega_n$

此时，特征方程存在一对共轭复根

$$\begin{cases} r_1 = -n + j\sqrt{\omega_n^2 - n^2} = -n + j\omega_d \\ r_2 = -n - j\sqrt{\omega_n^2 - n^2} = -n - j\omega_d \end{cases} \tag{7-17}$$

式中，$j = \sqrt{-1}$，$\omega_d = \sqrt{\omega_n{}^2 - n^2}$。

振动方程(7-15)的通解为

$$x = e^{-nt}(A_1\sin\omega_d t + A_2\cos\omega_d t) \tag{7-18a}$$

或

$$x = Ae^{-nt}\sin(\omega_d t + \varphi) \tag{7-18b}$$

式中，$A = \sqrt{x_0^2 + \frac{(\dot{x}_0 + nx_0)^2}{\omega_d{}^2}}$，$\tan\varphi = \frac{x_0\omega_d}{\dot{x}_0 + nx_0}$；$x_0$、$\dot{x}_0$ 分别为质量块 m 的初始位移和运动速度。

这是一个具有振荡性质的衰减振动。物块在平衡位置附近作往复运动，具有振动的特性，但它的振幅不是常数，随时间的推延而衰减。因此，有阻尼的自由振动并非按同样的条

件循环往复地周期振动，习惯上把它视为准周期振动，通常称为衰减振动。

① 阻尼对周期的影响

衰减振动，即欠阻尼自由振动的周期 T_d 是指物体由最大偏离位置起经过一次振动循环又到达另一最大偏离位置所经过的时间。由振动方程(7－18)得到小阻尼振动的周期

$$T_d = \frac{2\pi}{\omega_d} = \frac{2\pi}{\omega_n}\frac{1}{\sqrt{1-\left(\frac{n}{\omega_n}\right)^2}} = \frac{T}{\sqrt{1-\zeta^2}} \tag{7-19}$$

式中，$T=\frac{2\pi}{\omega_n}$ 为无阻尼自由振动的周期；$\zeta=\frac{n}{\omega_n}$ 为阻尼比，它是振动系统中反映阻尼特性的重要参数。在小阻尼情况下，$\zeta<1$。

由式(7－19)可以看出，由于阻尼的存在，使衰减振动的周期加大，如图7－9所示。通常 ζ 很小，阻尼对周期的影响不大。例如，当 $\zeta=0.05$ 时，$T_d = 1.00125\,T$，周期 T_d 仅增加了0.125%。当材料的阻尼比 $\zeta\ll1$ 时，可近似认为有阻尼自由振动的周期与无阻尼自由振动的周期相等。

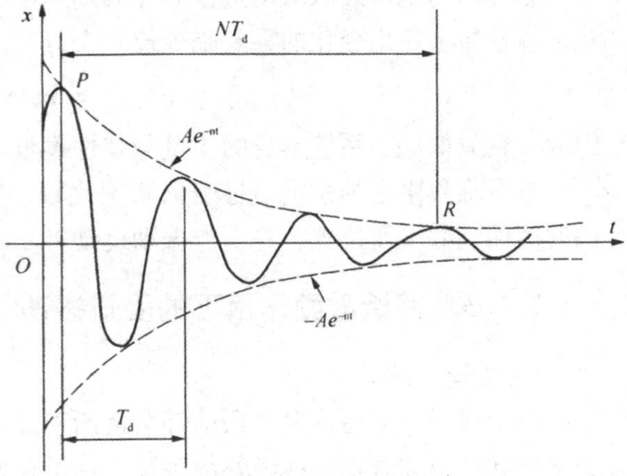

图7－9 振荡性质的衰减振动图

② 阻尼对振幅的影响

由式(7－18)可以看出，衰减振动的振幅随时间按指数规律衰减。设经过一周期 T_d，在同方向相邻的两个振幅分别为 A_i 和 A_{i+1}，即

$$A_i = Ae^{-nt_i}\sin(\omega_d t_i + \varphi)$$

$$A_{i+1} = Ae^{-nt_i+T_d}\sin[\omega_d(t_i + T_d) + \varphi]$$

由于 $sin(\omega_d t_i + \varphi) = sin[\omega_d(t_i + T_d) + \varphi]$，因此

$$\xi = \frac{A_i}{A_{i+1}} = e^{nT_d} \tag{7-20}$$

式中，ξ 称为振幅减缩率或减幅系数。如仍以 $\zeta=0.05$ 为例，算得 $\xi = e^{nT_d} = 1.27$，物体每振动一次，振幅就减少27%。由此可见，在欠阻尼情况下，周期的变化虽然微小，但振幅的衰减却非常显著，是按几何级数衰减的。

2）过阻尼：$n>\omega_n$

此时，特征方程存在两个不等的实数根

$$\begin{cases} r_1 = -n + \sqrt{n^2 - \omega_n{}^2} \\ r_2 = -n - \sqrt{n^2 - \omega_n{}^2} \end{cases} \tag{7-21}$$

振动方程(7－15)的通解为

$$x = e^{-nt}\left(A_1 e^{-\sqrt{n^2-\omega_n{}^2}t} + A_2 e^{\sqrt{n^2-\omega_n{}^2}t}\right) \tag{7-22}$$

其中 A_1、A_2 是积分常数，由运动的初始条件确定。式(7－22)中，已不含时间简谐函数的因子。因此，物体由初始条件激励产生的运动，随着时间的增大，将逐渐地趋于平衡位

置。这种运动不仅是非周期的，而且已不再具有振动的性质。

3）临界阻尼：$n = \omega_n$

这时，特征方程的根是两个相等的实根：

$$r_1 = r_2 = n \tag{7-23}$$

振动方程(7-15)的通解为

$$x = e^{-nt}(A_1 + A_2 t) \tag{7-24}$$

其中A_1、A_2是积分常数，由运动的初始条件确定。这种情形与过阻尼的情形相似，运动已无振动的性质。但它是过阻尼情形的下边界，同一个系统，受相同的运动初始条件激励，临界阻尼的位移最大，而且返回平衡位置最快。

临界情形是从衰减振动过渡到非周期运动的临界状态，这时的系统阻尼系数是表征运动规律在性质上发生变化的重要临界值。设η_c为临界阻尼系数，由于

$$\eta_c = \eta\big|_{n=\omega_n} = 2nm = 2\omega_n m = 2\sqrt{km}$$

因此，它只取决于系统本身的质量与弹性模量。

具有临界阻尼的系统与过阻尼系统比较，它是最小阻尼系统，因此质量块m将以最短的时间回到静平衡位置，并不作振动运动。

7.1.3 简谐激励作用下的受迫振动

1）受迫振动

由于阻尼的存在，自由振动都会逐渐衰减直至完全停止。要使系统持续振动，应在系统上施加激振力或激励位移等外部激励，这类在外部激励作用下所产生的振动称为受迫振动。引起受迫振动的周期性外力称为驱动力。设驱动力为$F\cos\omega' t$，则振动方程为：

$$m\frac{d^2x}{dt^2} + \eta\frac{dx}{dt} + kx = F\cos\omega' t \tag{7-25a}$$

或

$$\frac{d^2x}{dt^2} + 2n\frac{dx}{dt} + \omega_n^2 x = h\cos\omega' t \tag{7-25b}$$

其解为：

$$x = A_0 e^{-nt}\cos(\omega_d t + \alpha) + A\cos(\omega' t - \psi) \tag{7-26}$$

式(7-26)表明，受迫振动是由阻尼振动和简谐振动两项组成的。前一部分$A_0 e^{-nt}\cos(\omega_d t+\alpha)$是圆频率为$\omega_d$的衰减振动，后一部分$A\cos(\omega' t-\psi)$是圆频率为$\omega'$的受迫振动。由于阻尼的存在，衰减振动部分经历一定的时间之后就消失了。在衰减振动完全消失以前，系统的振动称为暂态过程，亦称为暂态响应。在此之后，是稳定的等幅受迫振动，这是受迫振动的稳态过程，亦称为稳态响应。因此，系统的稳态运动方程为

$$x = A\cos(\omega' t - \psi) \tag{7-27}$$

可见，稳定状态的受迫振动是一个与简谐驱动力同频率的简谐振动

将式(7-27)代入式(7-25)得：

$$A(\omega_n^2 - \omega'^2)\cos(\omega' t - \psi) - 2n\omega' A\sin(\omega' t - \psi) \equiv h\cos\omega' t$$

将$\cos(\omega' t-\psi)$和$\sin(\omega' t-\psi)$展开，则

$$[A(\omega_n{}^2 - \omega'^2)\cos\psi + 2n\omega' A\sin\psi]\cos\omega' t$$
$$+ [A(\omega_n{}^2 - \omega'^2)\sin\psi - 2n\omega' A\cos\psi]\sin\omega' t \equiv h\cos\omega' t$$

由此可得

$$A(\omega_n^2-\omega'^2)\cos\psi+2n\omega' A\sin\psi=h \tag{7-28a}$$

$$A(\omega_n^2-\omega'^2)\sin\psi-2n\omega' A\cos\psi=0 \tag{7-28b}$$

由(7-28b)可得

$$\begin{cases}\sin\psi=\dfrac{2n\omega'}{\sqrt{(\omega_n^2-\omega'^2)^2+4n^2\omega'^2}}\\[2ex]\cos\psi=\dfrac{{\omega_n}^2-\omega'^2}{\sqrt{(\omega_n^2-\omega'^2)^2+4n^2\omega'^2}}\end{cases}$$

进一步的推导可以得到

$$\psi=\arctan\frac{2n\omega'}{\omega_n^2-\omega'^2} \tag{7-29}$$

$$A=\frac{h}{\sqrt{(\omega_0^2-\omega'^2)^2+4n^2\omega'^2}} \tag{7-30}$$

由式(7-29)和式(7-30)看出，受迫振动的初相位ψ和振幅 A 不仅与振动系统自身的性质有关，而且与驱动力的频率和幅度有关，而与运动的初始条件无关。

2）幅频特性曲线

强迫振动的振幅在工程实际中是很重要的参数，它关系着振动系统的变形、强度和工作状态。为了探讨振幅 A 与 ω_n、n、ω'等参数的定量关系，将式(7-30)改写成无量纲形式

$$A=\frac{\dfrac{h}{{\omega_n}^2}}{\sqrt{\left[1-\left(\dfrac{w'}{\omega_n}\right)\right]^2+4\left(\dfrac{n}{\omega_n}\right)^2\left(\dfrac{w'}{\omega_n}\right)^2}}=\frac{A'}{\sqrt{(1-\lambda^2)^2+4\zeta^2\lambda^2}} \tag{7-31}$$

式中，$A'=\dfrac{h}{\omega_n^2}$，相当于在激振力的力幅 F 作用下弹簧的静伸长，称为静力偏移。$\lambda=\dfrac{w'}{\omega_n}$ 是激振力频率与系统固有频率之比，称为频率比。$\zeta=\dfrac{n}{\omega_n}$ 为阻尼比。令 $\beta=\dfrac{A}{A'}$ 表示振幅 A 与静力偏移 A′的比值，称为放大系数或动力系数。由式(7-31)，得

$$\beta=\frac{A}{A'}=\frac{1}{\sqrt{(1-\lambda^2)^2+4\zeta^2\lambda^2}} \tag{7-32}$$

图 7-10 绘出了对应不同的阻尼比 ζ，放大系数 β 随频率比 λ 变化的曲线族，即幅频特性曲线。

对于某一振动系统来说，ω_n是不变的，激振力的频率 ω' 从零开始增加，λ 值也从零开始增加。可以将 λ 的变化域分成三个区段，来讨论幅频特性曲线的特征。

(1) 低频区　指激振力的频率很低，或者说 $\omega'\ll\omega_n$，$\lambda\to0$ 的情形。由式(7-32)可以看出，此时放大系数 $\beta=\dfrac{A}{A'}\approx1$。表示受迫振动的振幅 A 接近于静力偏移 A'，即激振力的作用接近于静力作用。从图 7-10 看出，在低频区，阻尼比 ζ 对放大系数 β 的影响很小，可略去不计。随着 λ 值的增大，放大系数 β 值逐渐增大，阻尼比 ζ 的影响也逐渐明显起来。

(2) 共振区　工程实际中，关心的往往是在什么情况下 β 达到极大值，也就是振动的振

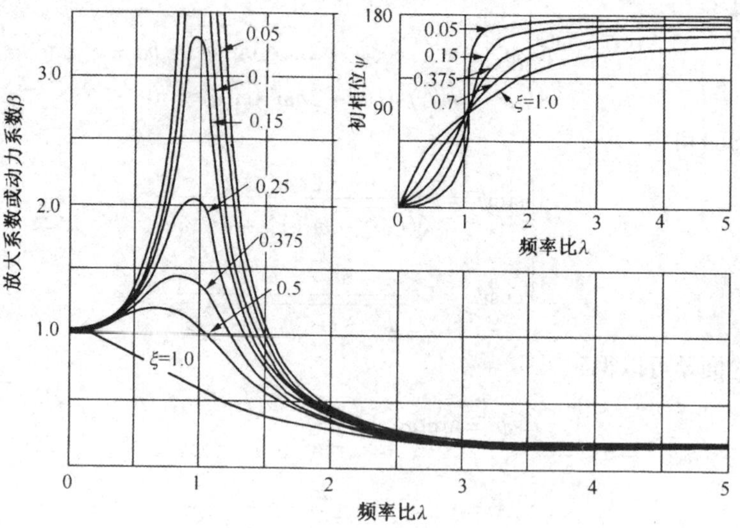

图 7－10　响应曲线

幅最大。为此，在式(7－32)中令 $\frac{d\beta}{d\lambda}=0$，可推得当 $\lambda=\sqrt{1-2\zeta^2}$ 时，β 达到极大值 β_{max}

$$\beta_{max}=\frac{1}{2\zeta\sqrt{1-\zeta^2}} \tag{7-33}$$

也就是说，当 $\omega'=\omega_n\sqrt{1-2\zeta^2}$ 时，放大系数 β 出现极大值。在许多实际问题中，ζ 值很小，$\zeta^2\ll1$，故可近似认为当 $\lambda=1$ 时，β 达到极大值，即

$$\beta_{max}\approx\frac{1}{2\zeta}$$

这说明当激振力的频率等于系统的固有频率，即 $\omega'=\omega_n$ 时，受迫振动的振幅出现最大值，这种现象称为共振。所谓共振区是指 $\lambda=1$ 邻近的振幅较大的区间。在这区间内，振幅变化十分明显，阻尼的影响也十分显著。阻尼比愈小，振幅的峰值愈大。在理想情形下，如果 $\zeta=0$，式(7－32)可写成

$$\beta=\frac{A}{A'}=\frac{1}{1-\lambda^2}$$

当 $\lambda=1$ 时，$\beta\to\infty$，从理论上讲，受迫振动的振幅为无穷大。因此，在共振区内增加阻尼能够有效地抑制振幅的增大。

(3) 高频区　指激振力频率很高，或 $\omega\gg\omega_n$，$\lambda\gg1$ 的情形。由式(7－32)看出，β 值逐渐减小而趋于零。由图 7－10 的曲线可以看出，当 $\lambda>2$ 以后，β 已很小，这时阻尼的影响又变得很小，可略去不计。这说明，对于固有频率很低的振动系统来说，在高频激振力的作用下，所产生的振动位移是非常小的。应该指出，如果阻尼相当大，满足 $\zeta>0.77$ 时，放大系数 β 从一开始就单调下降，并趋向于零。

3) 相频特性曲线

为了便于讨论，将式(7－29)改写成无量纲形式

$$\psi = \arctan \frac{2\frac{n}{\omega_n}\frac{\omega'}{\omega_n}}{1-\left(\frac{\omega'}{\omega_n}\right)^2} = \arctan \frac{2\lambda\zeta}{1-\lambda^2} \tag{7-34}$$

绘出对应不同的阻尼比ζ，相位差ψ随λ变化的曲线族如图7-10中的右上角所示，即相频特性曲线。

(1) 低频区　当$\lambda \ll 1$时，$\psi \approx 0$，表明当激振力频率很低或$\omega' \ll \omega_n$时，相位差ψ接近于零，即受迫振动的位移与激振力几乎同相位。

(2) 共振区　当$\lambda = 1$时，$\psi = 90°$，表明当激振力频率等于振动系统的固有频率时，相位差为90°。

值得注意的是，当系统共振时，阻尼对相位差无影响，即无论阻尼多大，当$\omega' = \omega_n$时，相位差ψ总是等于90°。在振动测试中，常以此作为判断振动系统是否处于共振状态的一种标志。

(3) 高频区　当$\lambda \gg 1$，$\psi = 180°$，表明当激振力频率远远高于固有频率时，受迫振动的相位差接近于180°。这说明受迫振动的位移与激振力是反相位的。

对于不同的阻尼值，相位差ψ角在0°到180°之间变化。上述结论对开展油井管柱振动测试，具有十分重要的理论指导意义。

§7.2 管柱的纵向振动

7.2.1 杆管柱纵向振动基本方程

1)单一均匀横截面杆管柱无阻尼纵向自由振动

图7-11(a)所示为一长杆，令$u(x, t)$是杆管柱的一个微单元dx的轴向位移，如图7-11(b)所示。由胡克定律可知，其应力-应变关系是

$$\frac{F}{A} = E\frac{\partial u}{\partial x} \tag{7-35}$$

式中 F——在x处的轴向力，N；

A——杆管柱的横截面积，m^2；

E——弹性模量，Pa。

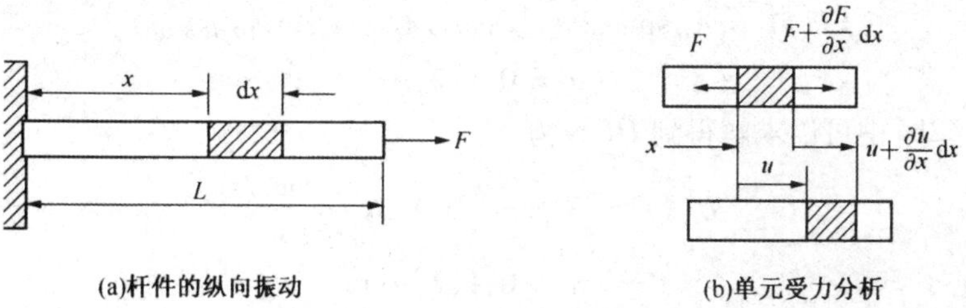

图7-11　杆件的纵向振动分析

由牛顿第二定律可得

$$\mathrm{d}m\frac{\partial^2 u}{\partial t^2} = \left(F + \frac{\partial F}{\partial x}\right) - F \tag{7-36}$$

其中 $dm=\rho A\mathrm{d}x$ 是微单元 $\mathrm{d}x$ 的质量，kg；ρ 是杆管柱的密度，kg/m³。

将式(7－35)代入式(7－36)，化简后可得运动方程

$$\rho A\frac{\partial^2 u}{\partial t^2} = \frac{\partial}{\partial x}\left(EA\frac{\partial u}{\partial x}\right) \tag{7-37}$$

若 EA 为常数，则

$$\frac{\partial^2 u}{\partial t^2} = c^2\frac{\partial^2 u}{\partial x^2} \tag{7-38}$$

式中，$c^2 = \dfrac{E}{\rho}$，c 为纵波在杆管柱内的传播速度，m/s。

式(7－38)就是等截面杆管柱纵向自由振动的运动方程，在数学上称为波动方程。

2）单一均匀杆管柱无阻尼纵向自由振动的解

一般采用变量分离法来求式(7－38)方程的解，通解的形式为

$$u(x,t) = U(x)T(t) \tag{7-39}$$

式中，$U(x)$是杆管柱纵向振动的振型函数，它表示了整个杆管柱的振动形态；$T(t)$表示杆管柱每个质点纵向振动的振动方式。

式(7－39)分别对 x 和 t 求偏导，得

$$\frac{\partial^2 u}{\partial x^2} = T(t)\frac{\mathrm{d}^2 U(x)}{\mathrm{d}x^2}$$

$$\frac{\partial^2 u}{\partial t^2} = U(x)\frac{\mathrm{d}^2 T(t)}{\mathrm{d}t^2} \tag{7-40}$$

将式(7－40)代入式(7－38)并分离变量，可得

$$\frac{c^2}{U(x)}\frac{\mathrm{d}^2 U(x)}{\mathrm{d}x^2} = \frac{1}{T(t)}\frac{\mathrm{d}^2 T(t)}{\mathrm{d}t^2} \tag{7-41}$$

显然，式(7－41)中的等式左边与右边无关，两边都应当等同于一个常数，上式才能成立。假设此常数为 $-\omega_n^2$，则可得

$$\frac{\mathrm{d}^2 T(t)}{\mathrm{d}t^2} + \omega_n{}^2 T(t) = 0 \tag{7-42a}$$

$$\frac{\mathrm{d}^2 U(x)}{\mathrm{d}x^2} + \frac{\omega_n{}^2}{c^2}U(x) = 0 \tag{7-42b}$$

从式(7－42a)中可以求解得到 $T(t)$的表达式为

$$T(t) = A_{1n}\sin\omega_n t + A_{2n}\cos\omega_n t = A_n\sin(\omega_n t + \varphi)$$
$$(n = 0,1,2,\cdots) \tag{7-43a}$$

从式(7－42b)中可以求解得到 $U(x)$为

$$U(x) = B_{1n}\sin\frac{\omega_n}{c}x + B_{2n}\cos\frac{\omega_n}{c}x$$
$$(n = 0,1,2,\cdots) \tag{7-43b}$$

因此，将式(7－43a)、式(7－43b)代入式(7－39)，可得

$$u(x,t) = \sum_{n=0}^{\infty}\left(D_{1n}\sin\frac{\omega_n}{c}x + D_{2n}\cos\frac{\omega_n}{c}x\right)\sin(\omega_n t + \varphi_n) \tag{7-44}$$

式中，ω_n是杆管柱振动的固有圆频率，rad/s；D_{1n}、D_{2n}和 φ_n 是待定系数。

例 7-2　求图 7-12 所示的均质杆管柱，在自由端作用一个力 F，在 $t=0$ 时释放，求杆管柱的纵向振动方程。

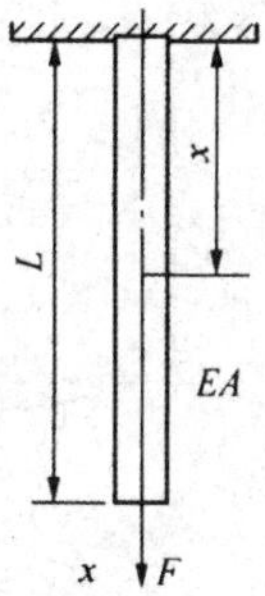

图 7-12　均质杆的振动

解：(1)边界条件：$u(0,\ t)=0$

(2) 初始条件：$u(x,0)=\dfrac{Fx}{EA}$，$\dfrac{du(x,0)}{dt}=0$

结合式(7-44)，从边界条件可得

$\because\ u(0,t)=D_{2n}\sin(\omega_n t+\varphi_n)=0\quad \therefore\ D_{2n}=0$

由此可得

$$u(x,t)=\sum_{n=0}^{\infty}D_{1n}\left(\sin\frac{\omega_n}{c}x\right)\sin(\omega_n t+\varphi_n)$$

由初始条件，可得

$$\because\ \frac{du(x,0)}{dt}=\sum D_{1n}\sin\left(\frac{\omega_n}{c}x\right)\omega_n\cos(\varphi_n)=0$$

$$\therefore D_{1n}\omega_n\cos(\varphi_n)=0\rightarrow\cos(\varphi_n)=0\rightarrow\varphi_n=\frac{(2n-1)\pi}{2}$$

$$\because\ \sum D_{1n}\left(\sin\frac{\omega_n}{c}x\right)\sin(\varphi_n)=\frac{Fx}{EA}$$

$$\therefore\ \sum(-1)^{n-1}D_{1n}\left(\sin\frac{\omega_n}{c}x\right)=\frac{Fx}{EA}$$

将上式两端同乘 $\sin\dfrac{\omega_n}{c}x$，并积分。利用三角函数的正交性可得

$$\int_0^L(-1)^nD_{1n}\left(\sin^2\frac{\omega_n}{c}x\right)dx=\int_0^L\frac{Fx}{EA}\sin\frac{\omega_n}{c}xdx$$

$$(-1)^{n-1}D_{1n}\frac{c}{\omega_n}\left(\frac{\omega_n x}{2c}-\frac{1}{4}\sin\frac{2\omega_n}{c}x\right)_0^L=\frac{F}{EA}\left[\left(\frac{c}{\omega_n}\right)^2\sin\frac{\omega_n}{c}x-\frac{cx}{\omega_n}\cos\frac{\omega_n}{c}x\right]_0^L$$

$$(-1)^{n-1}D_{1n}\left(\frac{L}{2}-\frac{1}{4}\frac{c}{\omega_n}\sin\frac{2\omega_n L}{c}\right)=\frac{F}{EA}\left[\left(\frac{c}{\omega_n}\right)^2\sin\frac{\omega_n L}{c}-\frac{cL}{\omega_n}\cos\frac{\omega_n L}{c}\right]$$

为了使上式成立，有

$$\cos\frac{\omega_n L}{c}=0\quad\rightarrow\quad\omega_n=\frac{(2n-1)c\pi}{2L}$$

$$D_{1n}=(-1)^{n-1}\frac{1}{(2n-1)^2}\frac{8FL}{\pi^2EA}\quad n=1,2,3\ldots$$

由此可得，$u(x,\ t)$的解为

$$u(x,t)=\frac{8FL}{\pi^2EA}\sum_{n=1}^{\infty}\frac{(-1)^n}{(2n-1)^2}\sin\frac{(2n-1)\pi x}{2L}\cos\frac{(2n-1)c\pi t}{2L}\tag{7-45}$$

由式(7-45)可知，管柱纵波振动是无穷多个不同频率简谐波的叠加。对应前三阶的主振型函数为：

$$U_1(x)=\frac{8FL}{\pi^2EA}\sin\frac{\pi}{2L}x$$

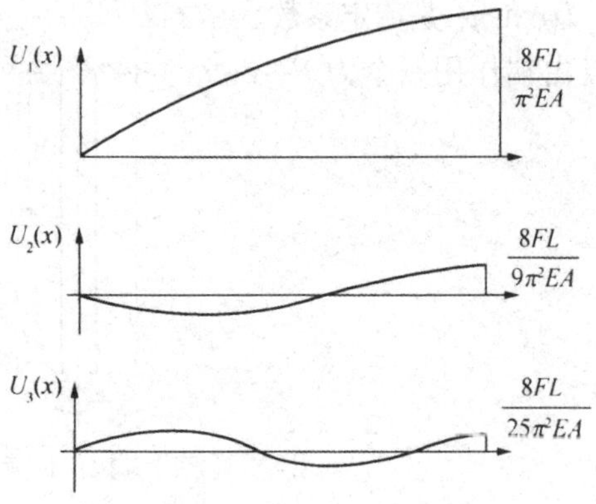

图 7-13 主振型函数

$$U_2(x) = \frac{8FL}{9\pi^2 EA}\sin\frac{3\pi}{2L}x$$

$$U_3(x) = \frac{8FL}{25\pi^2 EA}\sin\frac{5\pi}{2L}x$$

显然，随着 n 的增大，对应主振型函数的振幅迅速减小，如图 7-13 所示。

3）钻柱纵向振动固有频率的计算

当激励力频率与钻柱固有频率接近时，钻柱就会产生共振现象。由式(7-45)可知，对于一端固定、一端自由均质杆的纵向振动

$$\omega_n = \frac{(2n-1)c\pi}{2l} \quad \rightarrow \quad f_n = \sqrt{\frac{E}{\rho}}\frac{(2n-1)}{4l}$$

1982 年，D. W. Dareing 认为钻柱轴向固有频率主要由钻铤长度决定，并给出了简化的固有频率计算公式：

$$f_n = \frac{1283.82}{l}(2n-1) \quad (n = 1,2,3......) \tag{7-46}$$

式中 l——钻铤长度，m。

按上式计算钻柱轴向振动的固有频率，忽略了钻杆长度的影响。在钻杆长度不太长时，计算结果基本正确。但是，当 BHA 给定时，随着井深的增加固有频率将有较大的变化，钻杆长度对钻柱轴向固有频率的影响不能忽略。

固有频率是钻柱在不同组合下的固有特性。在钻进过程中，如果某一激振频率与钻柱自身的固有频率接近时，钻柱将产生共振现象。共振时，钻柱局部发生应力集中，严重时可对钻柱产生破坏作用，导致钻具断裂。避免钻柱共振，可以确保钻井工程施工的安全。在现场可以通过改变激振频率(如减小钻压，改变转速或钻井液性能等)，也可以通过改变钻柱自身的固有频率(例如采用不同的钻具组合，增加减震器等)来达到避免钻柱共振的目的。

(1) 钻柱轴向振动力学模型

目前，国内外已提出过多种装有减震器钻柱系统轴向振动的数学和力学模型，大体上可归纳为图 7-14 所示的三类。模型Ⅰ中，k_1 为吊悬及井架系统的综合刚度，m_1 为游动滑车系统、大钩、水龙头和方钻杆的质量之和；k_2 为减震器的弹性刚度，m_2 为减震器的质量。钻杆和钻铤分别考虑为两根长度为 L_1 和 L_2 的弹性杆件。

模型Ⅱ与模型Ⅰ不同之处在于它忽略了减震器质量 m_2。模型Ⅲ与模型Ⅰ不同之处在于它将钻铤简化为集中质量 m_2，并忽略了减震器质量的影响。模型Ⅰ考虑的因素比较全面，也比较接近实际；模型Ⅱ和模型Ⅲ是模型Ⅰ的简化。

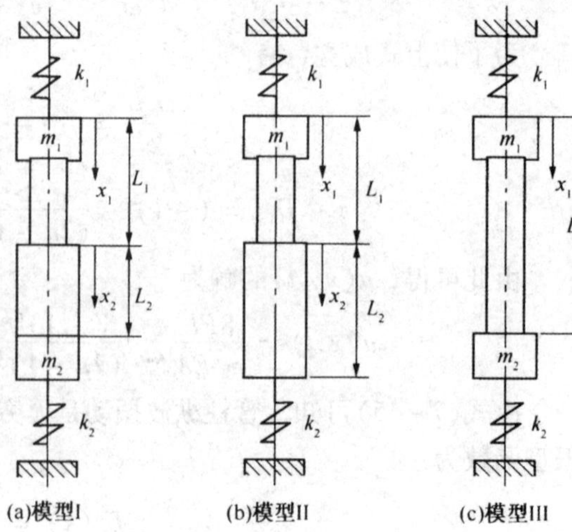

图 7-14 钻柱系统振动力学模型

（2）钻柱固有频率计算公式的推导

钻柱系统为一弹性杆体系，它们具有连续分布的质量与弹性。由于确定弹性体上无数质点的位置需要无限多个坐标，因此弹性体是具有无限多自由度的系统；这就意味着它具有无限多个固有频率，其振动方程要用时间和空间坐标函数来描述。轴向振动波在弹性杆中的波动方程的一般形式如式(7－38)，即

$$\frac{\partial^2 u}{\partial t^2} = c^2 \frac{\partial^2 u}{\partial x^2} \tag{7-47}$$

考虑一阶主振型，上述方程的通解为

$$u(x,t) = \left(A\sin\frac{\omega}{c}x + B\cos\frac{\omega}{c}x\right)\sin(\omega t + \varphi)$$

因此对钻杆和钻铤分别有

$$u_p(x,t) = \left(A_{p1}\sin\frac{\omega}{c_p}x + A_{p2}\cos\frac{\omega}{c_p}x\right)\sin(\omega t + \varphi_p)$$

$$u_d(x,t) = \left(A_{d1}\sin\frac{\omega}{c_d}x + A_{d2}\cos\frac{\omega}{c_d}x\right)\sin(\omega t + \varphi_d)$$

式中　A_{p1}、A_{p2}、A_{d1}、A_{d2}、φ_p、φ_d 分别由边界条件和初始条件确定的常系数。

取 $u_p(x,\ t)$、$u_d(x,\ t)$ 分别为钻杆和钻铤的位移，取静止情况下钻杆和钻铤的顶部为坐标 u_p、u_d 的原点，则初始条件为：

$$u_p(0,0) = \frac{m_1 + (A_p l_1 + A_d l_2)\rho + m_2}{k_1} \tag{7-48a}$$

$$u_d(l_2,0) = -\frac{m_1 + (A_p l_1 + A_d l_2)\rho + m_2}{k_2} \tag{7-48b}$$

式中　A_p、A_d——钻杆、钻铤横截面积，m^2；

ρ——管柱材料密度，kg/m^3；

管柱振动的连续条件为

$$m_1 \frac{d^2 u_p(0,t)}{dt^2} = EA_p \frac{\partial u_p(0,t)}{\partial x_1} - k_1 u_p(0,t) \tag{7-49a}$$

$$EA_p \frac{\partial u_p(l_1,t)}{\partial x_1} = EA_d \frac{\partial u_d(0,t)}{\partial x_2} \tag{7-49b}$$

$$u_p(l_1,t) = u_d(0,t) \tag{7-49c}$$

$$m_2 \frac{d^2 u_d(l_2,t)}{dt^2} = EA_d \frac{\partial u_d(l_2,t)}{\partial x_2} + k_2 u_d(l_2,t) \tag{7-49d}$$

由式(7－48a)、(7－48b)可得

$$u_p(0,0) = A_{p2}\sin\varphi_p = \frac{m_1 + (A_p l_1 + A_d l_2)\rho + m_2}{k_1}$$

$$u_d(l_2,0) = \left(A_{d1}\sin\frac{\omega l_2}{c_d} + A_{d2}\cos\frac{\omega l_2}{c_d}\right)\sin\varphi_d = -\frac{m_1 + (A_p l_1 + A_d l_2)\rho + m_2}{k_1}$$

由连续条件可得

$$(k_1 - m_1\omega^2)A_{p2}\sin(\omega t + \varphi_p) = EA_pA_{p1}\frac{\omega}{c_p}\sin(\omega t + \varphi_p)$$

$$\rightarrow \quad \frac{A_{p2}}{A_{p1}} = \frac{EA_p\omega}{(k_1 - m_1\omega^2)c_p} \tag{7-50a}$$

$$EA_p \frac{\omega}{c_p}\left(A_{p1}\cos\frac{\omega l_1}{c_p} - A_{p2}\sin\frac{\omega l_1}{c_p}\right)\sin(\omega t + \varphi_p)$$

$$= EA_d A_{d1}\frac{\omega}{c_d}\sin(\omega t + \varphi_d) \tag{7-50b}$$

$$\left(A_{p1}\sin\frac{\omega l_1}{c_p} + A_{p2}\cos\frac{\omega l_1}{c_p}\right)\sin(\omega t + \varphi_p) = A_{d2}\sin(\omega t + \varphi_d) \tag{7-50c}$$

$$(\mathrm{k}_2 + m_2\omega^2)\left(A_{d1}\sin\frac{\omega l_2}{c_d} + A_{d2}\cos\frac{\omega l_2}{c_d}\right)\sin(\omega t + \varphi_d) =$$

$$-EA_d\frac{\omega}{c_d}\left(A_{d1}\cos\frac{\omega l_2}{c_d} - A_{d2}\sin\frac{\omega l_2}{c_d}\right)\sin(\omega t + \varphi_d) \tag{7-50d}$$

将式(7-50b)与式(7-50c)等式左、右相除可得

$$\frac{\dfrac{EA_p\omega}{c_p}\left(A_{p1}\cos\dfrac{\omega l_1}{c_p} - A_{p2}\sin\dfrac{\omega l_1}{c_p}\right)}{\left(A_{p1}\sin\dfrac{\omega l_1}{c_p} + A_{p2}\cos\dfrac{\omega l_1}{c_p}\right)} = \frac{EA_d A_{d1}\omega}{c_d A_{d2}}$$

$$\frac{\left(1 - \dfrac{A_{p2}}{A_{p1}}\tan\dfrac{\omega l_1}{c_p}\right)}{\left(\tan\dfrac{\omega l_1}{c_p} + \dfrac{A_{p2}}{A_{p1}}\right)} = \frac{A_d c_p}{A_p c_d} \times \frac{A_{d1}}{A_{d2}} \tag{7-51a}$$

由式(7-49d)或式(7-50d)得

$$(k_2 + m_2\omega^2)\left(A_{d1}\sin\frac{\omega l_2}{c_d} + A_{d2}\cos\frac{\omega l_2}{c_d}\right) = -EA_d\frac{\omega}{c_d}\left(A_{d1}\cos\frac{\omega l_2}{c_d} - A_{d2}\sin\frac{\omega l_2}{c_d}\right)$$

$$(k_2 + m_2\omega^2)\left(\tan\frac{\omega l_2}{c_d} + \frac{A_{d2}}{A_{d1}}\right) = EA_d\frac{\omega}{c_d}\left(\frac{A_{d2}}{A_{d1}}\tan\frac{\omega l_2}{c_d} - 1\right)$$

$$\frac{A_{d2}}{A_{d1}} = \frac{\left(\dfrac{EA_d\omega}{(\mathrm{k}_2 + m_2\omega^2)c_d} + \tan\dfrac{\omega l_2}{c_d}\right)}{\left(\dfrac{EA_d\omega}{(\mathrm{k}_2 + m_2\omega^2)c_d}\tan\dfrac{\omega l_2}{c_d} - 1\right)} \tag{7-51b}$$

将式(7-51b)与式(7-50a)代入式(7-51a)，可得钻柱轴向固有频率方程为

$$\frac{\left(1 - \dfrac{EA_p\omega}{(k_1 - m_1\omega^2)c_p}\tan\dfrac{\omega l_1}{c_p}\right)}{\left(\tan\dfrac{\omega l_1}{c_p} + \dfrac{EA_p\omega}{(k_1 - m_1\omega^2)c_p}\right)} = \frac{A_d c_p}{A_p c_d} \times \frac{\left(\dfrac{EA_d\omega}{(k_2 + m_2\omega^2)c_d}\tan\dfrac{\omega l_2}{c_d} - 1\right)}{\left(\dfrac{EA_d\omega}{(\mathrm{k}_2 + m_2\omega^2)c_d} + \tan\dfrac{\omega l_2}{c_d}\right)} \tag{7-52a}$$

由于 $c_d = c_p = c$，因此式(7-52a)可以简化为

$$\frac{\left(1 - \dfrac{EA_p\omega}{(k_1 - m_1\omega^2)c}\tan\dfrac{\omega l_1}{c}\right)}{\left(\tan\dfrac{\omega l_1}{c} + \dfrac{EA_p\omega}{(k_1 - m_1\omega^2)c}\right)} = \frac{A_d}{A_p} \times \frac{\left(\dfrac{EA_d\omega}{(k_2 + m_2\omega^2)c}\tan\dfrac{\omega l_2}{c} - 1\right)}{\left(\dfrac{EA_d\omega}{(k_2 + m_2\omega^2)c} + \tan\dfrac{\omega l_2}{c}\right)} \tag{7-52b}$$

这是一个超越方程，利用一维搜索法可以获得钻柱振动的固有频率。进一步简化可以得到下式

$$f(\omega)=A_{\mathrm{d}}\sin\left\{\frac{\omega l_1}{c}+\arctan\left[\frac{EA_{\mathrm{p}}\omega}{c(k_1-m_1\omega^2)}\right]\right\}\sin\left\{\frac{\omega l_2}{c}+\arctan\left[-\frac{c(k_2+m_2\omega^2)}{EA_{\mathrm{d}}\omega}\right]\right\}$$
$$-A_{\mathrm{p}}\sin\left\{\frac{\omega l_2}{c}+\arctan\left[\frac{EA_{\mathrm{d}}\omega}{c(k_2+m_2\omega^2)}\right]\right\}\sin\left\{\frac{\omega l_1}{c}+\arctan\left[-\frac{c(k_1-m_1\omega^2)}{EA_{\mathrm{p}}\omega}\right]\right\}=0 \tag{7-53}$$

由此式还可以推导出几种特殊情况下固有频率方程的计算公式

① 不安装减震器，即 $m_2=0$

$$f(\omega)=A_{\mathrm{d}}\sin\left\{\frac{\omega l_1}{c}+\arctan\left[\frac{EA_{\mathrm{p}}\omega}{c(k_1-m_1\omega^2)}\right]\right\}\sin\left\{\frac{\omega l_2}{c}+\arctan\left[-\frac{ck_2}{EA_{\mathrm{d}}\omega}\right]\right\}$$
$$-A_{\mathrm{p}}\sin\left\{\frac{\omega l_2}{c}+\arctan\left[\frac{EA_{\mathrm{d}}\omega}{ck_2}\right]\right\}\sin\left\{\frac{\omega l_1}{c}+\arctan\left[-\frac{c(k_1-m_1\omega^2)}{EA_{\mathrm{p}}\omega}\right]\right\}=0 \tag{7-54}$$

这时，频率方程式中的 k_2 可近似为钻头和地层的综合刚度。

② 不安装减震器，且地层又相当坚硬，可近似认为 $k_2\to\infty$

$$f(\omega)=-A_{\mathrm{d}}\sin\left\{\frac{\omega l_1}{c}+\arctan\left[\frac{EA_{\mathrm{p}}\omega}{c(k_1-m_1\omega^2)}\right]\right\}\cos\left(\frac{\omega l_2}{c}\right)-$$
$$A_{\mathrm{p}}\sin\left(\frac{\omega l_2}{c}\right)\sin\left\{\frac{\omega l_1}{c}+\arctan\left[-\frac{c(k_1-m_1\omega^2)}{EA_{\mathrm{p}}\omega}\right]\right\}=0 \tag{7-55}$$

③ 钻柱下端自由，此时可认为是钻柱的划眼状态，即 $m_2=0$，$k_2=0$

$$f(\omega)=A_{\mathrm{d}}\sin\left\{\frac{\omega l_1}{c}+\arctan\left[\frac{EA_{\mathrm{p}}\omega}{c(k_1-m_1\omega^2)}\right]\right\}\sin\left(\frac{\omega l_2}{c}\right)$$
$$-A_{\mathrm{p}}\cos\left(\frac{\omega l_2}{c}\right)\sin\left\{\frac{\omega l_1}{c}+\arctan\left[-\frac{c(k_1-m_1\omega^2)}{EA_{\mathrm{p}}\omega}\right]\right\}=0 \tag{7-56}$$

例 7-3　设吊悬系统的综合刚度 $k_1=10^7\,\mathrm{N/m}$，质量 $m_1=7000\mathrm{kg}$，5″钻杆，长度 $l_1=900\mathrm{m}$，钻杆横截面积 $A_{\mathrm{p}}=0.0034\mathrm{m}^2$。7″钻铤长度 $l_2=108\mathrm{m}$，横截面积 $A_{\mathrm{d}}=0.021\mathrm{m}^2$。减振器的刚度 $k_2=5\times10^6\,\mathrm{N/m}$，质量 $m_2=500\mathrm{kg}$。钻柱弹性模量 $E=2.1\times10^{11}\,\mathrm{N/m}^2$。振动波在钻柱中的传递速度 $c=5400\mathrm{m/s}$。试分析减震器及钻杆长度的变化对钻柱固有频率的影响。

解：①减震器对钻柱固有频率的影响

通过式(7-52)，可以计算出钻柱在有减震器和无减震器时的固有频率，见表 7-1。由表 7-1 可见，通过合理设计减震器，可改变系统的刚度 k_2，使系统的固有频率 $\omega=17.6\mathrm{rad/s}$ 向后移动到 $\omega=30.7\mathrm{rad/s}$，这将改善钻柱振动的固有频率，避免钻柱在正常工作时诱发共振现象。

表 7-1　钻柱总长为 1000m 时固有频率的计算结果

工作模式		零阶		一阶		二阶		三阶		四阶	
m_2/kg	k_2/(N/m)	ω_0	f_0	ω_1	f_1	ω_2	f_2	ω_3	f_3	ω_4	f_4
500	5×10^6			38.3	6.1	60.6	9.7	96.2	15.3	131.8	21.0

续表

工作模式		零阶		一阶		二阶		三阶		四阶	
m_2/kg	k_2/(N/m)	ω_0	f_0	ω_1	f_1	ω_2	f_2	ω_3	f_3	ω_4	f_4
0	5×10^6			38.3	6.1	60.6	9.7	95.4	15.2	131.8	21.0
0	∝	17.5	2.8	38.3	6.1	62.1	9.9	113.1	9.9	152.4	24.2
0	0	14.7	2.3	38.3	6.1	59.9	9.5	95.8	15.2	131.8	21.0

② 井深对固有频率的影响

在BHA不变的情况下，随着井深的增加，钻杆部分逐渐增加，各阶振型固有频率将逐渐减小。图7-15给出了井深从500~4000m变化时，主振型固有频率的变化趋势曲线。从图上可以看出，随着井深的增加，如果一直保持原钻具结构和钻井参数不变，钻柱共振将不可避免。为此需要从更改钻柱设计、改变钻井参数或更换钻井方式等途径入手，来解决钻柱的共振现象。

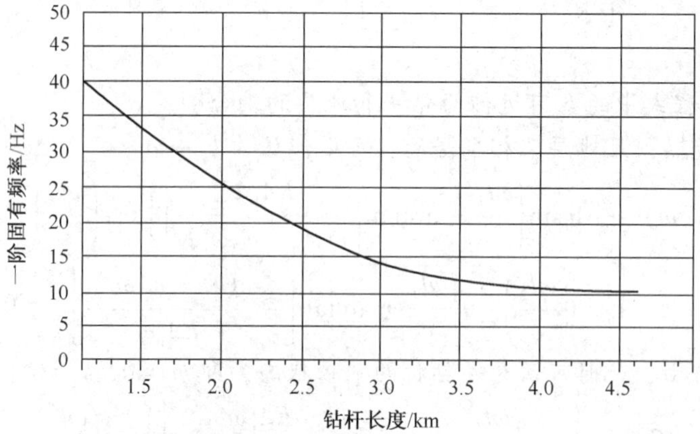

图7-15 井深对固有频率的影响

7.2.2 钻柱振动的离散力学模型

1）钻柱振动力学模型

关于钻柱纵向自由振动的力学模型，国内外学者已提出了好几种。这些力学模型大同小异，其共同特点是，为了绕过数学上的困难，把钻杆和钻铤作为连续等直杆来处理。其中最具影响力的一种模型如图7-16(a)[或图7-14(a)]所示[76]。图中 k_1 为井架和钢丝绳的综合刚度系数；m_1 为游动滑车、大钩、水龙头和方钻杆的质量和；m_2 为减震器的质量；k_2 为减震器的弹簧刚度系数。这种力学模型对于仅由一种规格的钻杆和钻铤及减震器等组成的简单钻柱系统是比较符合实际的，但对于较为复杂的钻柱系统(如采用复合钻杆系统，或者安装有多个稳定器或扩孔器等辅助工具系统)就有悖于实际。事实上，即使是仅由一种规格的钻杆、钻铤及减震器等组成的简单钻柱系统，钻杆柱和钻铤柱也不是等直的杆柱。

2）钻柱自由振动力学模型

(1) 钻柱纵向振动的总动能和总势能

钻柱纵向自由振动的离散力学模型可通过适当的抽象和概括而得，具体方法如下：

对于各个钻柱工具、附件和联接短节，由于它们相对于钻杆和钻铤来说既短又粗，因此可将其视为绝对刚性(即拉压变形为零)、质心在各自重心上的集中质量块。

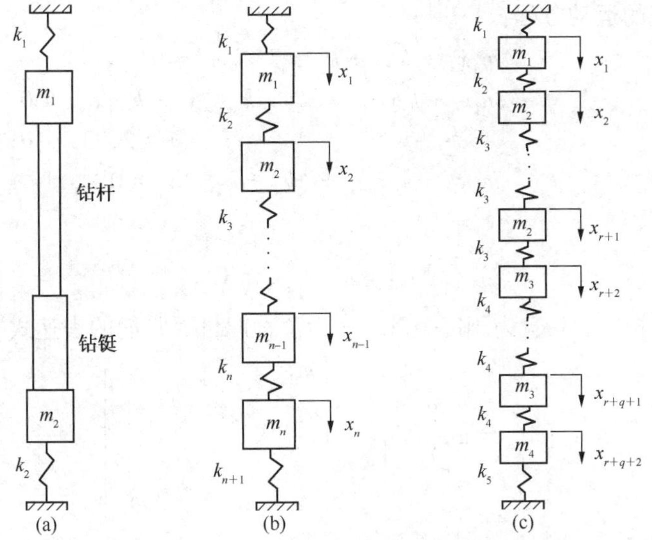

图 7-16　钻柱纵振力学模型

对于钻杆和钻铤，可把每根杆件的两头加厚端作为质量结点，把它们的质量按平分法集中于各杆件两端的质量结点上，将各杆件的拉压变形特性用无重弹簧来代替，其刚度系数可按材料力学方法计算确定。

由于钻柱的结构为细长非等直杆，所有零件的质量中心均在钻柱轴线上，因此这种离散化方法相对来说既简单又比较准确。图 7-16(b)所示为钻柱纵向振动的一般离散模型。图中质点质量 m_1为游动滑车、大钩、水龙头、方钻杆及方钻杆短节的质量和，m_n为减振器的质量(在不安装减震器时，m_n为钻头及其短节的质量)，m_2，m_3，…，m_{n-1}为各个钻杆、钻铤、各种短节、附件及工具的质量；k_1为井架和钢丝绳的综合刚度系数，k_2为方钻杆刚度系数，k_{n+1}为减震器的弹簧刚度系数(在不装减震器时，k_{n+1}为钻头和岩石结构的综合刚度系数)，k_3，…，k_n为对应于质量 m_2，m_3，…，m_{n-1}的各杆件的弹簧刚度系数。

对于简单钻柱系统，其离散模型可简化为如图 7-16(c)所示的形式。图中 r 为钻杆根数，q 为钻铤根数，m_1仍为游动滑车、大钩、水龙头和方钻杆及方钻杆短节的质量和，m_2为单根钻杆的质量，m_3为单根钻铤的质量，m_4为减震器的质量(在不安装减震器时，m_4为钻头及其短节的质量)，k_1为井架和钢丝绳的综合刚度系数，$k_2=\dfrac{EA_2}{2L_2}$为方钻杆的刚度系数，$k_3=\dfrac{EA_3}{2L_3}$为钻杆的刚度系数，$k_4=\dfrac{EA_4}{2L_4}$为钻铤的刚度系数，k_5为减震器的弹簧刚度系数(在未安装减震器时，k_5为钻头和岩石结构的综合刚度系数)。

下面推导图 7-16(b)力学模型的振动方程。图 7-16(c)力学模型由图 7-16(b)通过简化而得。图 7-16(b)确定各质点的向下运动为正方向，取各质点的静平衡位置为坐标原点。在任意时刻，系统的总动能和总势能为

$$T=\sum_{i=1}\frac{1}{2}m_i\dot{x}_i^{\,2},\quad U=\frac{1}{2}k_1x_1^{\,2}+\sum_{i=2}^{n}\frac{1}{2}k_i(x_i-x_{i-1})^2+\frac{1}{2}k_{n+1}x_{n+1}^{\,2}$$

(2) 钻柱弹性体纵向自由振动数学模型

考虑到该系统是保守系统，按照拉格朗日方程：

$$\frac{d}{dt}\frac{\partial T}{\partial \dot{x}_i}-\frac{\partial T}{\partial \dot{x}_i}+\frac{\partial U}{\partial x_i}=0(i=1,\ 2\cdots\cdots n=p+q+2)$$

容易推得系统的运动方程：

$$m_1\ddot{x}_1 + (k_1 + k_2)x_1 - k_2x_2 = 0$$

$$m_i\ddot{x}_i - k_ix_{i-1} + (k_i + k_{i+1})x_i - k_{i+1}x_{i+1} = 0 \quad (i = 2, 3, \cdots\cdots n - 1)$$

$$m_n\ddot{x}_n - k_nx_{n-1} + (k_n + k_{n+1})x_n = 0$$

写成矩阵形式，有

$$[M]\ddot{\vec{x}} + [K]\vec{x} = 0$$

式中 $[M]$为质量矩阵，$[K]$为刚度矩阵，$\vec{x}$ 为位移向量。它们的表达式分别为

$$[M] = \mathrm{diag}[m_i] = \begin{bmatrix} m_1 & & & \\ & m_2 & & \\ & & \cdots & \\ & & & m_n \end{bmatrix}$$

$$[K] = \begin{bmatrix} k_1 + k_2 & -k_2 & & & \\ -k_2 & k_2 + k_3 & -k_3 & & \\ & & \cdots & \cdots & \\ & & -k_{n-1} & k_{n-1} + k_n & -k_n \\ & & & -k_n & k_n + k_{n+1} \end{bmatrix}$$

$$\vec{x} = [x_1,\ x_2,\ x_3,\ \ldots x_n]^T$$

3）钻柱弹性体纵向自由振动固有频率分析

由振动力学知，由上式决定的钻柱纵向振动的固有圆频率方程为

$$\Delta(\omega^2) = \det(\boldsymbol{K} - \omega^2\mathrm{M}) = 0$$

式中，ω 为固有圆频率。

该方程的特征值为

$$\Delta(\lambda^2) = \det(\boldsymbol{S} - \lambda\mathrm{I}) = 0$$

式中 $\boldsymbol{S}$ 为系统矩阵，$\boldsymbol{S}=\boldsymbol{M}^{-1}\boldsymbol{K}$；$\lambda$ 为系统矩阵 $\boldsymbol{S}$ 的特征值，$\lambda=\omega^2$。

将上述质量矩阵和刚度矩阵代入后，可得：

$$\begin{bmatrix} \dfrac{k_1 + k_2}{m_1} - \lambda & \dfrac{-k_2}{\sqrt{m_1m_2}} & & & \\ \dfrac{-k_2}{\sqrt{m_1m_2}} & \dfrac{k_2 + k_3}{m_2} - \lambda & \dfrac{-k_3}{\sqrt{m_2m_3}} & & \\ & & \cdots & \cdots & \\ & & \dfrac{-k_{n-1}}{\sqrt{m_{n-1}m_{n-2}}} & \dfrac{k_{n-1} + k_n}{m_{n-1}} - \lambda & \dfrac{k_n}{\sqrt{m_nm_{n-1}}} \\ & & & \dfrac{k_n}{\sqrt{m_nm_{n-1}}} & \dfrac{k_n + k_{n+1}}{m_n} - \lambda \end{bmatrix} = 0$$

方程左边是一个带状矩阵，解此矩阵可借助于一些专门的数值计算方法。运用实对称矩阵特征值的二分法，不难求得矩阵的各阶特征值 $\lambda_i(i=1,\ 2,\ \cdots,\ n)$。求得了特征值后，按

$\omega=\sqrt{\lambda}$ 即可确定各阶固有圆频率 $\omega_i(i=1,\ 2,\ \cdots,\ n)$。

例 7-4　钻柱系统结构参数：$k_1=9.81\times10^6\mathrm{N/m}$；$m_1=7140\mathrm{kg}$；方钻杆规格 133.35mm，$l_1=16.5\mathrm{m}$，$A_1=248\mathrm{cm}^2$；钻杆规格 127mm，$l_2=9.27\mathrm{m}$，$A_2=34\mathrm{cm}^2$，$m_2=263.6\mathrm{kg}$，钻杆总根数 $r=200$（总长约 1854m）；钻铤规格 177.8mm，$l_3=9.35\mathrm{m}$，$A_3=210\mathrm{cm}^2$，$m_3=1496\mathrm{kg}$，钻铤总根数 = 12（总长约 108m）；$m_4=305.8\mathrm{kg}$，$k_5=49\times10^5\mathrm{N/m}$；$E=2.06\times10^5\mathrm{MPa}$。

解：根据以上各参数可求得

$$k_2=\frac{EA_1}{i_1}=\frac{2.06\times10^{11}\times248\times10^{-4}}{16.5}=30.9\times10^7\mathrm{N/m}$$

$$k_3=\frac{EA_2}{i_2}=\frac{2.06\times10^{11}\times34\times10^{-4}}{9.27}=7.5\times10^7\mathrm{N/m}$$

$$k_4=\frac{\mathrm{EA}_3}{i_3}=\frac{2.06\times10^{11}\times210\times10^{-4}}{9.35}=46.27\times10^7\mathrm{N/m}$$

由此可得矩阵 $[S]$ 为

$$[S]=\begin{bmatrix}
44735.29 & -225672.56 & & & & & & & & \\
-225672.56 & 1461305.00 & -286798.18 & & & & & & & \\
 & -286798.18 & 573596.36 & -286798.18 & & & & & & \\
 & & & \cdots & & & & & & \\
 & & & -286798.18 & 573596.36 & -120388.03 & & & & \\
 & & & & -120388.03 & 359826.20 & -309291.44 & & & \\
 & & & & & -309291.44 & 618582.89 & -309291.44 & & \\
 & & & & & & & \cdots & & \\
 & & & & & & & -309291.44 & 618582.89 & -684092.71 \\
 & & & & & & & & -684092.71 & 1529103.99
\end{bmatrix}$$

该矩阵为 $n=r+q+2=214$ 阶实对称三对角阵，系统的全部特征值共有 214 个。用求解实对称三对角矩阵特征值的二分法，可求得系统一、二、三阶特征值 λ_1，λ_2 和 λ_3，即

$\lambda_1=53.77$　　$\lambda_2=184.37$　　$\lambda_3=347.48$

对应于这三阶特征值的固有圆频率分别为：$\omega_1=7.33$，$\omega_2=13.58$，$\omega_3=18.64$。前 10 阶钻柱固有频率随钻杆数量的变化关系可参见图 7-17。

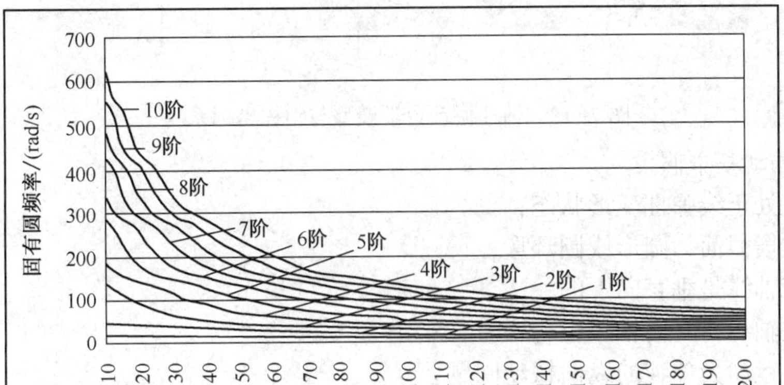

图 7-17　钻柱固有圆频率与钻杆数量的变化关系

文献[96]指出，采用离散力学模型计算得到的钻柱固有频率，比按图 7-16(a)的等直连续模型计算所得固有圆频率略小。

7.2.3 有阻尼钻柱纵向振动基本方程

1）力学模型与坐标系

在钻柱纵向振动的同时，起升系统也随着振动，因此，纵向振动系统应该包括井架、钢丝绳、游车、水龙头和钻柱，一般可以将这一振动系统进行图 7-18 形式的简化。

在图 7-18(a)中，井架承受着压力，并随着钻柱的振动而振动。为了研究方便，将井架“颠倒”过来，如图 7-18(b)所示。因为井架是线性弹性体，所以将图 7-18(a)简化为图 7-18(b)，只是将井架受力由压力变为拉力，对钻柱的振动特性没有任何影响。在此振动系统中，井架、钢丝绳、游车和水龙头所起的作用类似于钻柱，因此，将它们各视为一段管柱，见图 7-18(c)，就形成了简化的钻柱纵向振动系统。

选用柱坐标和局部曲线坐标系(图 7-18d)，柱坐标系原点 O 位于第一段管柱顶端即井架底部，r 为 P 点到井眼中心线 x 轴的距离，θ 为极角，x 为纵坐标，单位矢量为 $\vec{k}$。局部曲线坐标系原点取在各段钻柱顶端，向下为正。

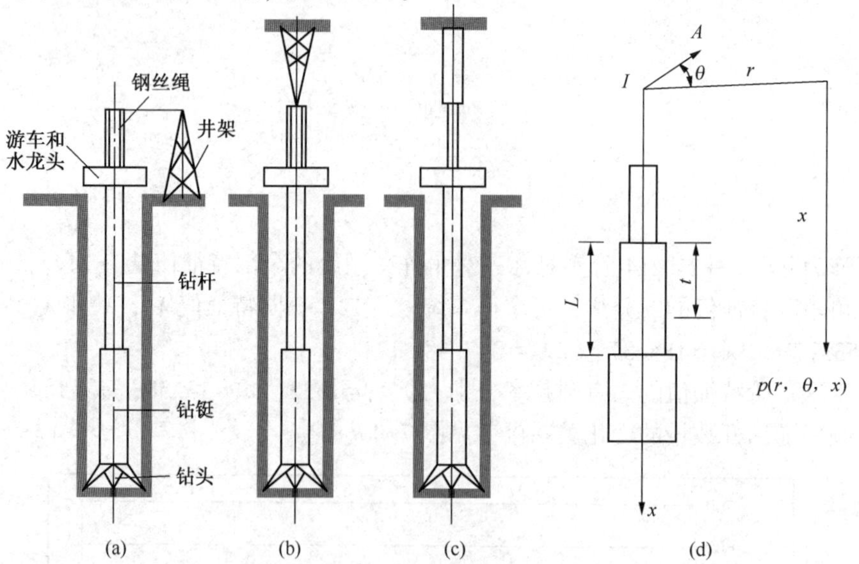

图 7-18 钻柱振动力学模型与钻柱坐标系[108]

2）钻柱振动基本假设

(1) 钻柱处于线弹性变形状态；

(2) 钻柱横截面为圆形或圆环形；

(3) 井筒轴线是垂直向下的；

(4) 钻柱轴线与井筒轴线重合；

(5) 管柱运动为单纯的纵向振动问题；

(6) 钻井液为牛顿流体；

(7) 钻井液的动压力为零；

(8) 略去温度的影响；

(9) 略去钻柱重力、平均钻压、钻井液浮力、钻柱的匀速运动等静力的影响；

（10）仅研究钻柱的纵向振动特性。

3）钻柱纵向振动力学模型的建立

（1）纵向振动基本方程

设在图 7-18(c)中共有 m 段钻柱，对于第 i 段用局部坐标系表示，推导出钻柱纵向振动微分方程：

$$\frac{\partial^2 u_i}{\partial t^2} = c_i^{\ 2} \frac{\partial^2 u_i}{\partial x_i^{\ 2}} - \eta_i \frac{\partial u_i}{\partial t} \qquad (i = 1,\ 2,\ 3,\ \ldots m)(0 \leqslant x_i \leqslant L_i) \tag{7-57}$$

式中，$c_i^2 = \sqrt{\dfrac{E}{\rho}}$，$\eta_{\text{i}} = \dfrac{2\pi\mu\lambda}{A_{\text{i}}\rho_{\text{i}}\ln\left(\dfrac{D_{\text{w}}}{d_{\text{oi}}}\right)}$

式中，u_i、L_i、c_i、E_i、ρ_i、d_{oi}、A_i分别为第 i 段钻柱的纵向位移函数、钻柱长度、波速、材料弹性模量、材料密度、钻柱直径、截面积；x_i为第 i 段钻柱任意一点到该段顶端的距离；D_{w}为井径；t 为时间；μ 为钻井液的动力黏度；λ 为钻柱偏心导致的阻力增加系数。

（2）模型条件

a）连续条件

上式仅给出了该段钻柱独立的纵向振动泛定方程，要研究整个钻柱的纵向振动，就必须把它们联系在一起。这个联系条件是两段钻柱连接处钻柱的位移和负荷连续条件，即

$$E_{i-1}A_{i-1}\frac{\partial u_{i-1}(x_{i-1},\ t)}{\partial x_{i-1}}\Big|_{x_{i-1}=L_{i-1}} = E_{i1}A_i\frac{\partial u_i(x_i,\ t)}{\partial x_i}\Big|_{x_i=0} \tag{7-58a}$$

$$u_{i-1}(L_{i-1},\ t) = u_i(0,\ t) \tag{7-58b}$$

b）边界条件

钻柱纵向振动系统的边界条件有二：一个是地面或钻台的边界条件；另一个是钻头边界条件。

（a）地面边界

第一段钻柱顶端即井架底座固定，因此

$$u_1(0,\ t) = U(t)$$

其中 $U(t)$为钻台位移函数。

（b）钻头边界条件

对于钻头边界条件，有两种不同的取法：一是认为钻头处的波动力已知，即激励力法；一是认为钻头处的波动位移已知，即激励位移法。

① 激励位移法钻头边界条件

$u_{\text{m}}(L_{\text{m}},\ t) = U_{\text{b}}(t)$

式中　$U_{\text{b}}(\text{t})$为钻头振动函数。

②激励力法钻头边界条件

在一般情况下钻头处的压力是未知的，但可以采用 MWD 测量得到钻头处的钻压及波动值的：

$$E_m A_m \frac{\partial u_m(x_m,\ t)}{\partial x_m}\Big|_{x_m=L_m} = B(t)$$

式中　$B(t)$为钻头振动负荷函数。

§7.3 管柱的扭转振动

7.3.1 均质杆管扭转振动

设柱体的横截面在扭转振动中保持平面作整体振动。柱体单位长度的转动惯量为 $J_z(x)$，剪切弹性模量为 G，截面的极惯性矩为 $I_O(x)$，柱体受周围介质单位长度的摩擦力矩为 M_u。

$$M_u = C\frac{\partial\varphi}{\partial t}L(x)R$$

式中 C 为比例系数，$L(x)$ 为周长，R 为半径。

分析微元 dx 的受力情况，见图 7-19。

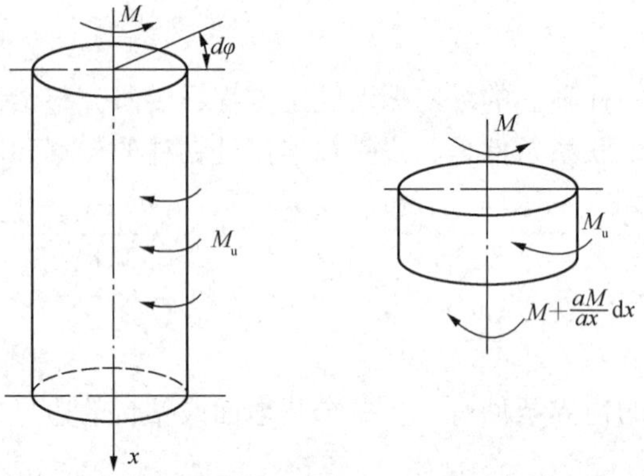

(a)扭转振动受力图　　(b)单元体受力图

图 7-19　管柱的扭转振动

以 $\phi(x, t)$ 表示 x 截面处的角位移，对应的扭矩为：$M = GI_O(x)\dfrac{\mathrm{d}\varphi}{\mathrm{d}x}$

在 x+dx 截面上扭矩为：$M + \dfrac{\partial M}{\partial x}\mathrm{d}x$

微元的动量矩为：$J_z(x)\,\mathrm{d}x\omega = J_z(x)\,\mathrm{d}x\,\dfrac{\partial\varphi}{\partial t}$

微元的外力对 x 轴的力矩为：$M + \dfrac{\partial M}{\partial x}\mathrm{d}x - M + M_u\mathrm{d}x = \dfrac{\partial M}{\partial x}dx + C\dfrac{\partial\varphi}{\partial t}L(x)R\mathrm{d}x$

由动量矩定理得：$J_z(x)\,dx\,\dfrac{\partial^2\varphi}{\partial t^2} = \dfrac{\partial M}{\partial x}dx + C\dfrac{\partial\varphi}{\partial x}L(x)Rdx$

$$\therefore\quad J_z\frac{\partial^2\varphi}{\partial t^2} = \frac{\partial}{\partial x}\left[GI_O\frac{\partial\varphi}{\partial x}\right] + C\frac{\partial\varphi}{\partial t}LR = G\left[\frac{\partial I_0}{\partial x}\frac{\partial\varphi}{\partial x} + I_0\frac{\partial^2\varphi}{\partial x^2}\right] + CLR\frac{\partial\varphi}{\partial t}$$

对于等截面柱体 J_Z、I_O、L、R 均为常量，上式可写为：

$$J_z\frac{\partial^2\varphi}{\partial t^2} = GI_0\frac{\partial^2\varphi}{\partial x^2} + CLR\frac{\partial\varphi}{\partial t} \tag{7-59}$$

对于实心圆柱体：$I_0 = \frac{\pi R^4}{2} = \frac{\pi d^4}{32}$，$J_z = \frac{\rho \pi d^4}{32} = \rho I_0$

对于空心圆柱体：$I_0 = \frac{\pi(R^4 - r^4)}{2} = \frac{\pi(D^4 - d^4)}{32}$，$J_z = \frac{\rho\pi(D^4 - d^4)}{32} = \rho I_0$

在无阻尼的情况下(即 $M_u = 0$)，有

$$J_z \frac{\partial^2 \varphi}{\partial t^2} = GI_0 \frac{\partial^2 \varphi}{\partial x^2} \tag{7-60a}$$

或

$$\frac{\partial^2 \varphi}{\partial t^2} = a^2 \frac{\partial^2 \varphi}{\partial x^2} \tag{7-60b}$$

式中 φ——杆柱的扭角，rad；

$a = \sqrt{\frac{G}{\rho}}$；

G——材料的剪切模量，钢材 $G = 784.5 \times 10^5$ kPa；

ρ——材料密度，钢材 $\rho = 7.85$ g/cm^3；

方程(7-60)的一般解是：

$$\varphi = \left(A\sin \frac{p}{a}x + B\cos \frac{p}{a}x\right)\sin(pt + \varphi_0) \tag{7-61}$$

式中 p——管柱扭转振动圆频率，rad/s；

A、B、ϕ_0——常数，由边界和初始条件确定。

例 7-5 求两端自由的均匀圆柱体扭转振动的固有频率与扭转振型函数。

解：对于两端自由的均匀柱体的扭转振动，两端扭矩为 0，即边界条件

$$M|_{x=0} = GI_0(x)\frac{d\varphi}{dx}|_{x=0} = 0,\ M|_{x=L} = GI_0(x)\frac{d\varphi}{dx}|_{x=0} = 0$$

求得：$A = 0$，$B\sin \frac{p_n}{a} l = 0$，因此有：$p_n = 0,\ \frac{a\pi}{L},\ \frac{2a\pi}{L},\ \frac{3a\pi}{L}\cdots\cdots$.

管柱振动的固有圆频率为：$p_n = \frac{an\pi}{l}$ $(n = 0,\ 1,\ 2,\ 3\cdots\cdots)$

相应的振型函数为：$\phi_n(\mathrm{x}) = \cos \frac{n\pi}{l} x$ (7-62)

例 7-6 求一端固定，一端自由的均匀圆柱体扭转振动的固有圆频率与扭转振型函数。

解：显然，这种情况下的边界条件为：

$$\varphi(0,\ t) = 0,\ M|_{x=L} = GI_O(x)\frac{d\varphi}{dx} = 0$$

求得：$B = 0$，$A\cos \frac{p_n}{a} L = 0$，因此有：$p_n = \frac{a\pi}{2L},\ \frac{3a\pi}{2L},\ \frac{5a\pi}{2L}\cdots\cdots$

管柱振动的固有圆频率为：$p_n = \frac{(2n+1)a\pi}{2l}$ $(n = 0,\ 1,\ 2,\ 3\cdots\cdots)$

相应的振动型函数为：$\varphi_n(x) = \sin \frac{(2n+1)\pi}{2l} x$ (7-63)

比较式(7-62)和式(7-63)可以看出，管柱的扭转振型函数是由边界条件决定的。

7.3.2 直井钻柱的扭转振动

钻柱扭转振动也是直井段钻柱振动理论的一个重要组成部分。发生扭转振动时，钻柱处于扭转摆动的状态。在这种情况下，钻柱各部分之间产生剪切应力。强烈的扭转振动，会使钻柱在短时间内受到破坏。

为了建立钻柱的扭转振动模型需作如下假设：

(1) 每一根钻柱都被认为是均质弹性直杆；

(2) 井眼轴线和钻柱轴线重合，忽略钻柱的弯曲变形，以及与井壁的摩擦作用；

(3) 钻头切削岩石所产生的扭矩是时间的函数。

假设钻柱扭转时，每一横截面积绕通过截面形心的轴线转动一个角度后，横截面仍保持为平面。振动时扭转角度不单依赖于坐标 x，而且依赖于时间 t。横截面上每一点的位移由该截面的扭转角度确定。采用线性分析法分析钻柱的扭转振动，力学模型见图 7-18(c)。沿钻柱轴向取为 x，微元段为 dx，振动的位移取为扭转角 $\varphi=\varphi(x, t)$，对应的扭矩为 $M=M(x, t)$。令 G 为剪切弹性模量，J_z为钻铤柱转动惯量，I_p为钻杆横截面惯性矩。则钻柱的扭转振动方程可用式(7-60)表示。

井底钻具分为钻杆和钻铤两部分。钻杆在井口固定，而钻铤可由集中质量惯性矩来代替。方程式(7-60)的边界条件为

$$\varphi|_{x=0}=0,\ GI_p\frac{\partial\varphi}{\partial x}|_{x=L}=-J_z\frac{\partial^2\varphi}{\partial t^2}|_{x=L} \tag{7-64}$$

由式(7-61)、(7-64)可得：

$$\varphi|_{x=0}=B\sin(pt+\varphi_0)=0\rightarrow B=0$$

$$GI_pA\frac{p}{a}\cos\left(\frac{p}{a}L\right)\sin(pt+\varphi_0)=J_zAp^2\sin\left(\frac{p}{a}L\right)\sin(pt+\varphi_0)$$

$$\frac{GI_p}{a}\cos\left(\frac{p}{a}L\right)=J_z\text{p}\sin\left(\frac{p}{a}L\right)$$

$$p=\frac{GI_p}{J_z\tan\left(\frac{pL}{a}\right)} \tag{7-65}$$

式(7-65)是一个关于扭转圆频率 p 的超越方程，反映了钻柱的扭转共振频率和钻柱的结构组成有关。这是一种理想的状态，因为钻柱处于流动的钻井液中，钻柱与井壁之间还有摩擦存在，阻尼对钻柱的振动存在一定的影响。

例 7-7 选取直井钻具组合为：26″钻头+36″扩眼器+8″钻铤×10+5″加重钻杆×30。钢材弹性模量 2.06×10^{8}kPa，质量密度 $\rho_s=7850\text{kg/m}^3$，剪切摸量 $G=7.8453\times10^7$kPa。求钻柱扭转振动的各阶固有频率。

解：由于加重钻杆的壁厚 $\delta=25.4$mm，$d_{po}=5\times25.4=127$mm，$d_{pi}=d_{po}-2\times25.4=76.2$mm

$$I_p=\frac{\pi}{64}(d_{po}^4-d_{pi}^4)=1.1115\times10^{-5}\text{m}^4$$

同理，$d_{co}=8\times25.4=203.2$mm，$d_{ci}=71.4$mm，$J_z=\frac{\pi}{32}(d_{co}^4-d_{ci}^4)\rho_sL_c=1293.877\text{kg}\cdot\text{m}^2$

另外，$a=\sqrt{\frac{G}{\rho_s}}=3161.33\text{m/s}$；取单根长度为 10m，则钻杆长度 $L_p=L=30\times10=300\text{m}$

将上述数值代入式(7-65)超越方程，可以得到直井段钻进过程中的钻柱扭转振动的各阶固有频率，具体参见表 7-2。

表 7-2 直井钻柱扭转振动的固有频率

阶数	1	2	3	4
频率/Hz	3.514	8.579	13.647	18.718

随着阶数的增加，钻柱扭转振动的固有频率逐渐增加，从表 7-2 可以看出，前两阶的共振频率在实际钻井的转速范围内，容易出现共振。假设钻铤的各种参数保持不变，只改变加重钻杆的长度，钻柱的扭转共振一阶频率随钻柱长度的变化规律，如图 7-20 所示。从图中可以看出，随着钻柱长度的增加，钻柱扭转共振频率逐渐降低。

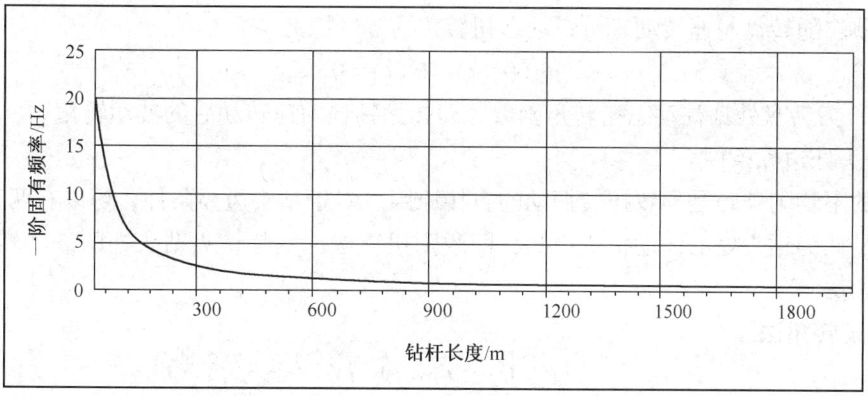

图 7-20 扭转共振频率随钻柱长度的变化

在一般情况下，一阶共振时扭转振动的幅度最大，对钻柱的危害最大。钻柱处于扭转共振状态时，在钻柱各截面内部产生很大的剪切应力，如果超出钻柱的应力允许范围，钻柱很容易因强度不足而发生破坏。

7.3.3 有阻尼管柱扭转振动基本方程

1）管柱扭转振动微分方程

设整个钻柱由 m 段组成，对于第 i 段用局部坐标系表示，推导出钻柱扭转振动的微分方程为

$$\frac{\partial^2\varphi_i}{\partial t^2}=\frac{G_i}{\rho_i}\frac{\partial^2\varphi_i}{\partial x^2}-\chi_i\frac{\partial\varphi_i}{\partial t}(i=1,2,3,\cdots,m)(0\leqslant x\leqslant L_i) \tag{7-66}$$

$$\chi_i=\frac{\pi\mu D^2{d_{oi}}^2\lambda}{2\rho_{si}J_i(D_w^2-\mathrm{d}_{oi}^2)}$$

式中 φ_i,、L_i、G_i、ρ_{si}、d_{oi}、J_i分别为第 i 段钻柱的扭转角函数、钻柱长度、材料剪切弹性模量、材料密度、钻柱直径、极惯性矩；x 为第 i 段钻柱任意一点到该段顶端的距离；D_w为井径；t 为时间；μ 为钻井液的动力黏度；λ 为钻柱偏心导致的阻力增加系数。

2）模型条件

(1) 连续条件

式(7-66)仅给出了该段钻柱独立的扭转振动泛定方程，利用两段钻柱连接处钻柱扭转角相等、扭矩相等，即

$$\varphi_{i-1}(L_{i-1},\ t)=\varphi_i(0,\ t) \tag{7-67a}$$

$$G_{i-1}J_{i-1}\frac{\partial\varphi_{i-1}(x,\ t)}{\partial x}\Big|_{x_{i-1}=L_{i-1}}=G_iJ_i\frac{\partial\varphi_i(x,\ t)}{\partial x}\Big|_{x_i=L_i} \tag{7-67b}$$

可以建立整个管柱系统的扭转振动方程。

(2) 边界条件

钻柱扭转振动系统的边界条件有二：一个是地面或钻台的边界条件；另一个是钻头边界条件。

a）钻台边界条件

钻柱顶端随转盘匀速转动，可设动态扭转角为零，因此

$$\theta_1(0,\ t)=\Theta(t)=0$$

式中　$\Theta(t)$为转盘处钻柱动态扭转角函数，即扣除钻柱匀速转动后的波动转角。

b）钻头处边界条件

岩石的不均匀破碎是导致扭转振动的直接原因。对于钻头边界条件，可以有两种不同的取法。一是认为钻头处的波动扭矩已知，即激励扭矩法；一是认为钻头处的波动转角已知，即激励转角法。

① 激励转角法

$$\theta_m(L_m,\ t)=\Theta_b(t) \tag{7-68a}$$

式中　$\Theta_b(t)$——钻头动态扭转角函数。

② 激励扭矩法

在一般情况下钻头处的扭矩是未知的，但可以采用 MWD 来测得钻头处的扭矩及波动值，故有

$$G_mJ_m\frac{\partial\varphi_m(x,\ t)}{\partial x}\Big|_{x=L_m}=-T_{ob}(t) \tag{7-68b}$$

式中　$T_{ob}(t)$——钻头扭矩波动函数。

§7.4　管柱的横向振动

7.4.1　均质杆横向振动分析

1）无轴向力均质直杆的无阻尼横向振动

在分析均质杆横向振动问题时，将每根管柱看成是两端接头为铰支点的弦，铰支点之间的均质杆作弦振动，如图 7-21 所示。由杆件的弯曲理论和达朗贝尔原理，可以得到式(7-69)的杆件横向振动偏微分方程

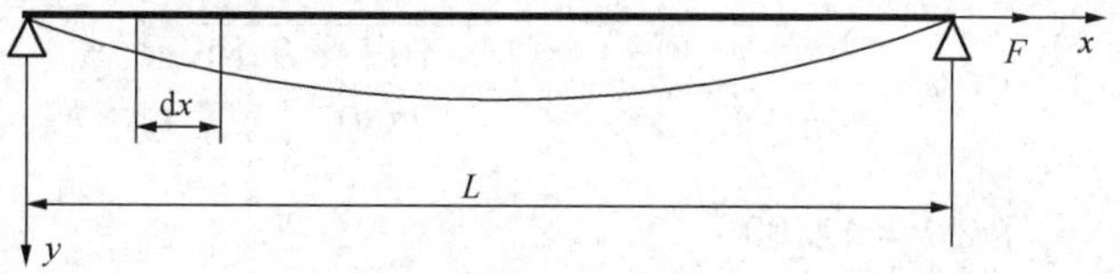

图 7-21　均质杆横向振动力学模型

$$\frac{\partial^2 u}{\partial t^2} + a\frac{\partial^4 u}{\partial x^4} = 0 \tag{7-69}$$

式中　$a^2 = \frac{EI}{A\rho}$

A——管柱横截面积；

I——管柱横截面惯性矩；

u——离开坐标原点任意处杆柱轴线的挠度；

t——时间。

在此仅研究主振型，杆件上各点的变形都是时间的谐和函数，即

$$u = X(A\cos\omega t + B\sin\omega t)$$

X 是 x 的函数。将上式代入微分方程(7-69)得到

$$\frac{\partial^4 X}{\partial x^4} = \frac{\omega^2}{a^2}X \tag{7-70}$$

此方程的通解为

$$X = C_1(\cos kx + \cosh kx) + C_2(\cos kx - \cosh kx) + C_3(\sin kx + \sinh kx) + C_4(\sin kx - \sinh kx)$$

式中　$k^4 = \frac{\omega^2 A\rho}{EI}$

两端为铰支的边界条件为：

$$X|_{x=0} = 0,\ \frac{d^2X}{dx^2}|_{x=0} = 0$$

$$X|_{x=L} = 0,\ \frac{d^2X}{dx^2}|_{x=L} = 0$$

由以上条件可以求得积分常数 $C_1 = C_2 = 0$；$C_3 = C_4$；且有 $\sin(kL) = 0$，由此可以推导得到

$$\omega_n = \frac{n^2\pi^2}{L^2}\sqrt{\frac{EIg}{q}} = a\frac{n^2\pi^2}{L^2} \tag{7-71}$$

式中　ω_n——杆件的 n 阶横向振动圆频率，rad/s；

q——单位长度杆件的重量，$q = \frac{\pi d^2\rho g}{4}$，N/m

I——杆管柱的横截面惯性矩；

ρ——管材密度。

取第一频率 $n=1$，并将有关数据代入式(7-71)，并将圆频率变换成每分钟转速，可以得到管柱的临界转速

$$RPM = \frac{30\omega_1}{\pi} = \frac{30\pi}{4}\sqrt{\frac{2.1\times10^{11}\times9.81}{7850}}\frac{d}{L^2}$$

$$RPM = 12100\frac{d}{L^2} \tag{7-72}$$

由于式(7-72)在计算杆柱横向自由振动固有频率时未考虑杆件所受的轴向拉力，计算得到的临界转速的准确度约为15%，在使用时应避开由此公式计算出的临界转速的范围。

2）有轴向力均质直杆无阻尼横向受迫振动

由于管柱在钻井、采油过程中轴向始终受到拉、压力的作用，应考虑拉、压力对杆柱横向自由振动固有频率的影响。承受拉力时杆柱运动微分方程为

$$\rho A\frac{\partial^2 u}{\partial t^2} + \frac{\partial^2}{\partial x^2}\left[\left(EI\frac{\partial^2 u}{\partial x^2} - F\times u\right)\right] = F_0\sin\omega_0 t \tag{7-73}$$

式中，A 为管柱的横截面积；振动部位钻柱长为 L；E 为钻柱的弹性模量；I 为钻柱的横截面惯性矩；d_o、d_i分别为微元段的外径、内径；F 为管柱所受的拉力，N。

采用分离变量法，设

$$u(x,\ t) = \sum f_n(t)Y(x) \qquad (n=1,\ 2,\ 3\cdots)$$

上式中 $Y(x)$ 为主振型函数，满足 $Y(x) = \sin\frac{n\pi}{L}x$ 。由此可得

$$\frac{\mathrm{d}^2 f_n(t)}{\mathrm{d}t^2} + \left[\left(\frac{n\pi}{L}\right)^4\frac{EI}{\rho A} + \frac{F}{\rho A}\left(\frac{n\pi}{L}\right)^2\right]f_n(t) = F_0\sin\omega_0 t$$

设

$$\omega_n = \frac{an^2\pi^2}{L^2}\sqrt{1 + \frac{FL^2}{n^2EI\pi^2}} \tag{7-74}$$

式中 $a = \sqrt{\frac{EI}{\rho A}}$

ω_n为第 n 阶钻柱在静态载荷作用下的横向振动固有圆频率，方程(7-73)的解为

$$f_n(t) = \frac{4F_0\sin\omega_0 t}{n\pi\rho A(\omega_n{}^2 - \omega_0{}^2)} \tag{7-75}$$

钻柱在周期性外力的作用下的横向振动方程为

$$u(x,\ t) = \sum\frac{4F_0\sin\omega_0 t}{n\pi\rho A(\omega_n{}^2 - \omega_0{}^2)}\sin\frac{n\pi}{L}x \tag{7-76}$$

从式(7-75)可以得出：受激状态下钻柱横向振动具有周期性，频率为激振力频率 ω_o。当 ω_o和 ω_n一定时，横向振动的幅度为 x 的正弦函数。当 ω_o接近 ω_n时，横向振动的幅度相当大；特别是阶数 $n=1$ 时，钻柱处于强烈的横向共振状态。此时钻柱在交变的拉伸、压缩状态下工作，钻柱受到的拉、压载荷可能超过管柱的允许范围，管柱有可能在短时间内发生破坏。

3）管柱横向振动频率的分布

避免管柱发生横向共振的前提是获得管柱的横向共振的固有频率，式(7-74)说明静态轴向载荷的分布可以对钻柱的横向振动产生很大的影响。钻柱所受轴向力为拉力时横向振动固有频率增大，钻柱受压部位横向振动固有频率减小。由于管柱各个部位轴向载荷的不同，

在钻井、采油作业过程中管柱的横向共振频率随井深的不同会产生了很大的变化。以钻柱为例，有关管柱横向振动的特征介绍如下

(1) 中和点附近钻柱横向振动固有频率

钻柱处在钻井液中，有的部位受拉力，有的部位受压力。因为中和点附近的轴向力为零，所以中和点附近钻柱横向振动的固有频率为

$$\omega_n = \left(\frac{n\pi}{L}\right)^2 \sqrt{\frac{EI}{\rho A}} \tag{7-77}$$

表 7-3 是钻杆和钻铤在不同组合长度情况下，横向振动固有频率变化的计算结果。

从表 7-3 中可以看出，单根钻杆的横向自激频率很高，一阶频率达到了 3.27Hz。单根钻铤的固有频率比单根钻杆的固有频率高 0.59Hz，中和点附近容易发生单根钻杆的横向共振。随着钻柱横向振动长度的增加，其共振频率逐渐降低。单根钻杆和两根钻铤的固有频率和实际的钻井转速接近，容易发生很强的横向共振。钻柱的中和点和钻柱其他部位不同，因为中和点附近的轴向载荷为 0，钻柱横向振动的能量不能沿钻柱很快传播，所以中和点是能量的陷落点。中和点附近钻柱的横向振动相对于钻柱其他部位来说概率大，并且强烈。

表 7-3 127mm 钻杆与 178mm 钻铤前 2 阶横向自振频率

1 根钻杆		2 根钻杆		3 根钻杆		4 根钻杆		1 根钻铤		2 根钻铤	
转速/(r/min)	频率/Hz	转速/(r/min)	频率/Hz	转速/(r/min)	频率/Hz	转速/(r/min)	频率/Hz	转速/(r/min)	频率/Hz	转速/(r/min)	频率/Hz
196.31	3.27	49.08	0.82	21.81	0.36	12.27	0.20	231.49	3.86	57.87	0.96
785.23	13.09	196.31	3.27	87.25	1.45	49.08	0.82	925.95	15.43	231.49	3.86

(2) 钻柱横向共振频率与轴向载荷 F 的关系

从式(7-74)可以看出，管柱各阶横向振动固有频率 ω_n 与轴向载荷之间存在着密切的关系。随着 F 的增大，ω_n 增大，因此，在底部受压部位管柱的横向振动固有频率将减小，而在上部受拉部位管柱的横向振动固有频率将增大。

以长度为 30m，壁厚 12.7mm 的 127mm 钻杆，以及内径为 71.4mm、外径 178mm 的钻铤为例，钻杆横向振动一阶固有频率随轴向力的变化如图 7-22 所示。从图上可以看出，当轴向力在 0～25kN 范围变化时，钻杆的横向振动一阶临界转速由 49.08r/min 增大至 63.08r/min，变化很大；而钻铤由 57.87r/min 增至 60.76r/min，变化不大，因此，横向振动容易在钻铤段内传播。同样的钻杆在井眼不同部位，由于所受轴向力的不同横向振动固有频率有差异，因此横向振动波不易在钻杆纵向实现有效的传播。

(3) 钻柱横向共振频率与共振部位到井底距离的关系

在钻井过程中钻柱的横向共振的频率宽，全井钻柱都有可能发生横向共振，甚至引起死绳的晃动，非常不稳定。由于轴向力的影响，处于不同部位钻柱的横向共振频率有所不同。

取阶数 $n=1$，$\omega=\omega_1$，由 $f=\dfrac{30}{\pi}\omega$ 及式(7-74)得轴向力

$$F = \frac{L^2 f^2 \rho A}{900} - \frac{EI\pi^2}{L^2}$$

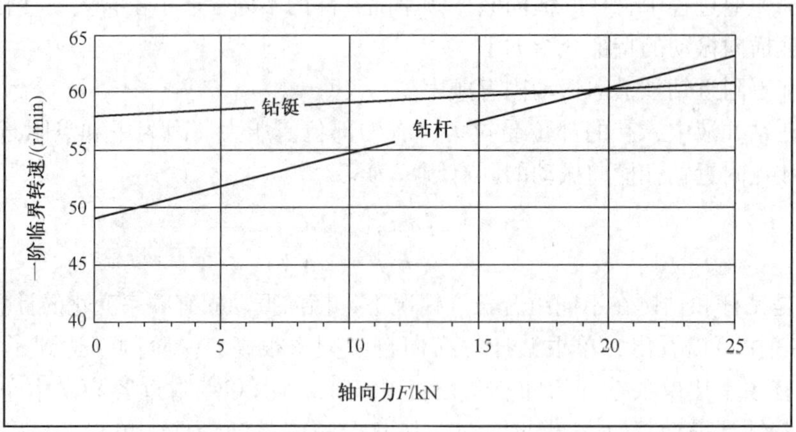

图 7-22 管柱横向固有频率与轴向力之间的关系曲线

下面分析中和点以上轴向力为拉力时钻柱横向振动的情况。对中和点以上共振部位以下的钻柱进行受力分析，这一部位受到重力、浮力和向上的轴向拉力，轴向拉力等于该段钻柱的重量减去浮力，即

$$F = (x\rho_s Ag + h\rho_s A_1 g)\left(1 - \frac{\rho_m}{\rho_s}\right)$$

式中 x 为横向振动部位以下中和点以上钻柱的长度，近似为振动部位到井底的距离；A_1 为钻铤的横截面积；ρ_m 为钻井液密度，h 为中和点以上钻铤的长度，则有

$$\frac{L^2 f^2 \rho A}{900} - \frac{EI\pi^2}{L^2} = (x\rho_s Ag + h\rho_s A_1 g)\left(1 - \frac{\rho_m}{\rho_s}\right)$$

$$f = \frac{30}{L}\sqrt{\frac{1}{\rho A}\left[(x\rho_s Ag + h\rho_s A_1 g)\left(1 - \frac{\rho_m}{\rho_s}\right) + \frac{EI\pi^2}{L^2}\right]} \tag{7-78}$$

式(7-78)反映了钻柱横向振动的固有频率与共振部位到井底的距离的关系，不同井深处横向振动的频率各不相同。x 越大，f 越高。由于各井段管柱的横向振动固有频率有差异，因此这种振动不容易在管柱轴向上进行传播。

钻柱的横向振动由于受到轴向力的影响，使其振动的频率范围非常宽，在钻井过程中发生横向共振的概率相对来说更大些。避开横向共振频率，是减小横向共振的关键；避免钻头与井底、钻柱与地层发生涡动反转可以减小钻柱发生横向振动的概率。许多研究钻柱振动的学者都提到了钻柱运动中的反向涡动问题，反转是激发钻柱横向振动的主要因素。

由于横向共振的转速频带较宽，用选择转速的办法来避开横向共振是困难的。在现有的钻井技术条件下，不在这一井段共振，就会在另一井段共振。无论选用纵向的或扭转的减震器都无法施加决定性的影响，因为横向振动的共振转速不受其约束。

横向共振的严重后果之一，是使直线的油井管柱，在旋转下横摆而弯曲。由于弯曲进而引起离心力的作用，进一步加剧了横摆和弯曲，最终导致共振杆段由绕自身轴线旋转(自转)状态变成绕管柱中心轴线旋转(公转)。由于其旋转方式象弓箭绕弦旋转，故一般称其为弓状旋转。弓状旋转还会增大上部杆柱的轴向拉力。

7.4.2　管柱横向振动力学模型的建立

1）假设条件

下面以钻柱为例，为了建立管柱的横向振动力学模型(参见图 7-23)，需要对管柱作如下假设：

① 钻杆内外都是等直径光平弹性管柱；

② 按照 W. B. 勃莱特雷提出的光钻铤下部钻柱的小车模型，把钻头与钻柱视为铰接。同时也把井口约束简化为铰链约束；

③ 钻柱的弯曲振动为小挠度振动。

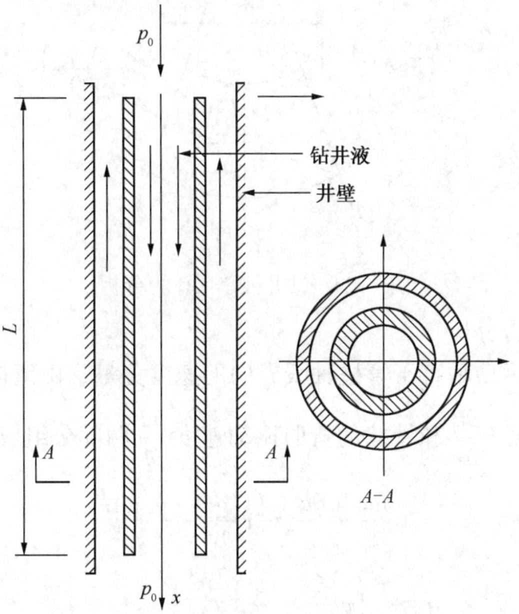

图 7-23　管柱横向振动分析模型

2）横向振动微分方程的推导

引进小挠度关系式

$$M_b = -EI\frac{\partial^2 u}{\partial x^2} \qquad \beta = \frac{\partial u}{\partial x}$$

其中 β 为管柱截面偏离平衡位置的转角；τ、n 分别为其切线和法线矢量。

由于管内有流体流动，如钻井液、油、气、水等，管内流体的绝对加速度 a_a 由相对加速度、牵连加速度和科氏加速度 3 部分组成，即

$$\begin{aligned}\vec{a}_a &= \vec{a}_e + \vec{a}_n + \vec{a}_k \\ &= \vec{a}_e + \vec{a}_{nr} + \vec{a}_{n\tau} + \vec{a}_k\end{aligned}$$

其中

$$a_e = \frac{\partial^2 u}{\partial t^2},\ a_{nr} = \frac{v^2}{R} = -v^2\frac{\partial^2 u}{\partial x^2}$$

$$a_k = 2\omega_e v_r = 2v\frac{\partial^2 u}{\partial x \partial t}$$

$$a_{n\tau} = 0$$

式中 a_e，a_{nr} 和 $a_{n\tau}$——分别为管内流体的牵连加速度、法向加速度和切向加速度，m/s²；

a_k——科氏加速度，m/s²；

v——管内流体的流速，m/s；

ω_e——管柱在振动时的转动速度，rad/s；

v_r——相对速度；

R——弯曲管柱的曲率半径，m。

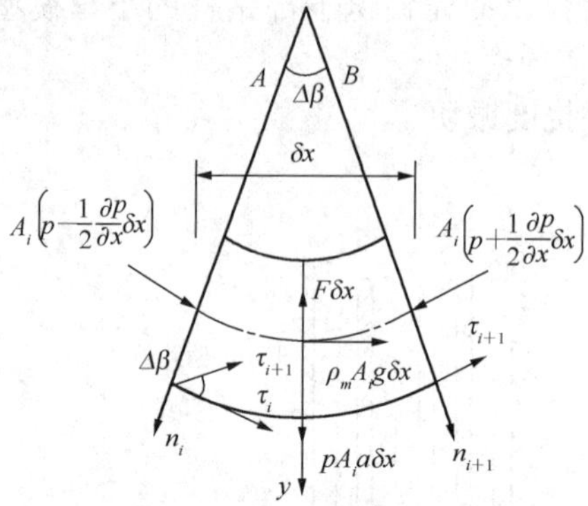

图 7-24　钻井液单元受力分析

(1) 管柱内流体受力分析

管柱内流体的绝对运动垂直于管柱轴线方向的速度分量，由流体在沿管柱轴线方向的速度 v 运动时的分运动速度 $v\dfrac{\partial u}{\partial x}$ 和管柱的弯曲振动速度 $\dfrac{\partial u}{\partial t}$ 两部分组成，即

$$v\frac{\partial u}{\partial x}+\frac{\partial u}{\partial t}=\left(v\frac{\partial}{\partial x}+\frac{\partial}{\partial t}\right)u$$

则加速度分量

$$a=\frac{\partial}{\partial t}\left(v\frac{\partial}{\partial x}+\frac{\partial}{\partial t}\right)u$$

流体流过弯曲管柱时，由于管柱曲率的变化和管柱横向的振动使流体发生加速，这些加速度的力被作用在流体微元的流体垂直分量上。管壁作用在流体微元单位长度上的力 F_m，被流体重力所平衡。当变形很小时，在 y 方向上可得：

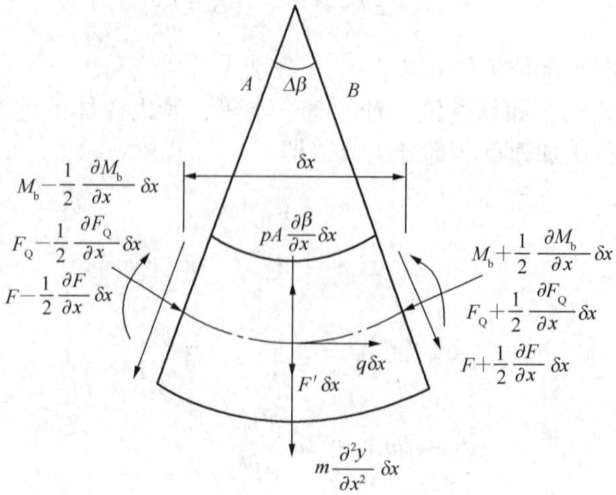

图 7-25　钻井液单元受力分析

$$F_m - pA_i \frac{\partial^2 u}{\partial x^2} = \rho_m A_i a \tag{7-79}$$

（2）管柱微元受力分析

流体对管柱的浮力为

$$G = \rho_m g A \delta x$$

假定管柱的轴向力为 F。在管柱发生弯曲之后，管柱内外静液压力在管柱表面作用的合力为：

$$F_p = pA\Delta\beta$$

管柱中的横向剪力 F_Q 与管柱弯曲力矩 M_b 和管柱变形量有关，即

$$F_Q = \frac{\partial M_b}{\partial x} = - EI \frac{\partial^3 u}{\partial x^3}$$

在管柱微元上受到的外力主要有：横向剪力 F_Q、轴向力 F、F_m 的反作用力 F'、重力 q、静液压力 F_p。这些力在管柱微元的 y 方向发生加速，当变形微小时有

$$\rho_m g A \frac{\partial^2 u}{\partial x^2} + \frac{\partial F_Q}{\partial x} - F \frac{\partial^2 u}{\partial x^2} - F' = m_p \frac{\partial^2 u}{\partial t^2} \tag{7-80}$$

将上述方程联立起来，消除 F_Q 和 F_m 之后，整理得

$$K_1 \frac{\partial^4 u}{\partial x^4} + K_2 \frac{\partial^2 u}{\partial x^2} + K_3 \frac{\partial^2 u}{\partial t^2} + K_4 \frac{\partial^2 u}{\partial x \partial t} = 0 \tag{7-81a}$$

或

$$EI \frac{\partial^4 u}{\partial x^4} + (F + pA_i + \rho_m A_i v^2 + pA) \frac{\partial^2 u}{\partial x^2} + (\rho_m A_i - m_p) \frac{\partial^2 u}{\partial t^2} + 2\rho_m A_i v \frac{\partial^2 u}{\partial x \partial t} = 0 \tag{7-81b}$$

上式就是管柱横向振动的运动方程。在此方程中，第一、第三项是通常的刚度项和流体项，这两项不管液流流动与否都存在。第二项则是管柱曲率变化所引起的轴向力和液流流动方向的改变，以便符合管柱曲率所需的力。最后一项是混合项，它表示管柱中每一点以角速度 $\frac{\partial^2 u}{\partial x \partial t}$ 转动时使液流微元转动所需的力。

由于环空中液流的流速相对较低，可不考虑环空内液流流动的影响。连续介质的运动遵循质量守恒和动量守恒定律。

3）边界条件

若发生振动的横截面的长度为 L，此问题的边界条件为

$$u(0,\ t) = 0,\ u(L,\ t) = 0 \tag{7-82a}$$

$$\frac{\partial^2 u(0,\ t)}{\partial t^2} = 0,\ \frac{\partial^2 u(L,\ t)}{\partial t^2} = 0 \tag{7-82b}$$

7.4.3　深井测试管柱横向振动分析

1）横向振动基本方程

测试管柱是油气井测试中井下油管柱及各种井下工具、阀件的总称，位于套管内工作，承受着拉、压、弯及气（液）流的静压与冲击载荷，其运动过程比较复杂。在深井测试过程中，测试管柱除受到压力、温度等变化引起的伸缩运动外，同时还伴随着各种振动。测试管

柱振动可造成密封管脱出封隔器密封腔，损坏套管、封隔器、测试阀及井口设备等；当测试管柱剧烈振动时，可能引起管柱连接螺纹松扣或发生疲劳断裂。文献[182]对此进行了分析，得到如下形式的测试管柱横向振动方程

$$EI\frac{\partial^4 u}{\partial x^4}+F_1\frac{\partial^2 u}{\partial x^2}-2q_{\rm d}v\frac{\partial^2 u}{\partial x\partial t}+\left(q_1+\frac{1}{4}\pi d_{\rm o}{}^2\rho C_m\right)\frac{\partial^2 u}{\partial t^2}+C_{\rm s}I\frac{\partial^5 u}{\partial t\partial x^4}=0 \qquad (7-83)$$

式中　EI——测试管柱的抗弯刚度，N·m²；

F_1——测试管柱的张力，N。$F_1=F+q_{\rm d}v^2$，其中 F 为任意截面管柱的轴向力

$$F=F_0-q_{\rm m}{\rm d}x=F_0-qB_f{\rm d}x=F_0-q\left(1-\frac{\rho_{\rm m}}{\rho_{\rm s}}\right){\rm d}x$$

F_0——测试管柱下端轴向载荷，N；

dx——计算截面至管柱下端的长度；

$q_{\rm m}$———每米测试管柱浮重，N/m；

q——测试管柱在空气中的每米质量，kg/m；

$\rho_{\rm m}$——环空流体密度，kg/m³；

$\rho_{\rm s}$——测试管材料密度，kg/m³；

$q_{\rm d}$——每米管柱内流体的质量，kg/m；

$q_1=q_{\rm d}+q$——单位长度管柱的总质量，kg/m；

v——测试管柱内流体的平均流速，m/s；

$d_{\rm o}$——测试管柱外径，m；

$C_{\rm m}$——附加质量系数，无量纲；

$C_{\rm s}$——与应变速度相关的阻尼，Pa·s。

2）横向振动特性分析

方程(7-83)中，由于轴向压力沿 x 轴变化，使得该方程为变系数四阶偏微分方程，不可能求其理论解。近似将测试管柱的受压段自重对分，假设测试管柱受压段的长度为 L，则 F_1 简化为

$$F_1=F_0-\frac{1}{2}q_{\rm m}L+q_{\rm d}v^2 \qquad (7-84)$$

令 $\alpha=\dfrac{F_1}{EI}$，$\beta=-\dfrac{2q_{\rm d}v}{EI}$，$\gamma=\dfrac{q_1+0.25\pi d_{\rm o}{}^2\rho_{\rm m}C_{\rm m}}{EI}$，$\delta=\dfrac{C_{\rm s}}{E}$，式(7-83)简化为

$$\frac{\partial^4 u}{\partial x^4}+\delta\frac{\partial^5 u}{\partial t\partial x^4}+\alpha\frac{\partial^2 u}{\partial x^2}+\beta\frac{\partial^2 u}{\partial x\partial t}+\gamma\frac{\partial^2 u}{\partial t^2}=0$$

设动力响应为：$u(x,t)=U(x)T(t)=U(x)\sin\omega t$，代入上式得

$$\frac{\partial^4 U}{\partial x^4}+D\frac{\partial^2 U}{\partial x^2}+R\frac{\partial U}{\partial x}+GU=0 \qquad (7-85)$$

式中，$D=\dfrac{\alpha}{1+\delta\omega}$，$R=\dfrac{\beta\omega}{1+\delta\omega}$，$G=-\dfrac{\gamma\omega^2}{1+\delta\omega}$。

对于式(7-85)，其主振型函数可表示为

$$U(x)=\sum_{i=1}^{\infty}A_i\sin\frac{i\pi}{L}x\,(i=1,2,3,\cdots) \qquad (7-86)$$

将式(7-86)代入式(7-85)，并沿着所取测试管柱长度积分可得

$$\left(\frac{\pi}{L}\right)^4\sum_{i=1}^{\infty}A_i i^4 B_i + D\left(\frac{\pi}{L}\right)^2\sum_{i=1}^{\infty}A_i i^2 B_i + R\left(\frac{\pi}{L}\right)\sum_{i=1}^{\infty}A_i i C_i + G\sum_{i=1}^{\infty}A_i = 0 \tag{7-87}$$

式中，$B_i=\int_0^L \sin\left(\frac{i\pi}{L}x\right)\sin\left(\frac{k\pi}{L}x\right)\mathrm{d}x$，$C_i=\int_0^L \cos\left(\frac{i\pi}{L}x\right)\sin\left(\frac{k\pi}{L}x\right)\mathrm{d}x$

由于 $\left\{\sin\left(\frac{i\pi}{L}x\right)\sin\left(\frac{k\pi}{L}x\right)\right\}$ 在区间[0，L]为正交函数系，$\left\{\cos\left(\frac{i\pi}{L}x\right)\sin\left(\frac{k\pi}{L}x\right)\right\}$ 在区间[0，L]为非正交函数系，所以有

$$B_i=\begin{cases}\dfrac{L}{2} & (i=k;\ i,\ k\in N)\\ 0 & (i\neq k;\ i,\ k\in N)\end{cases}$$

$$C_i=\begin{cases}\dfrac{L}{2n}\left[\dfrac{1-\cos(i+k)\pi}{i+k}+\dfrac{1-\cos(k-i)\pi}{i+k}\right] & (i=k;\ i,\ k\in N)\\ 0 & (i\neq k;\ i,\ k\in N)\end{cases}$$

当 $k=2m-1(m=1,2,\cdots,N)$ 时，对所有的 $n=2m$ 的项，有

$$B_i=0$$

$$C_i=\frac{4L}{2\pi}\frac{2m-1}{[2(m-j)-1][2(m+j)-1]}\qquad (j=1,2,\cdots N)$$

对所有的 $n=2m-1$ 的项，有 $B_i=\frac{L}{2}$，$C_i=0$。将上述结果代入式(7-86)可得

$$\left(\frac{\pi}{L}\right)^4(2m-1)^4A_{2m-1}-D\left(\frac{\pi}{L}\right)^2(2m-1)^2A_{2m-1}+GA_{2m-1}+\frac{R}{L}\sum_{j=1}^{\infty}\frac{8m(2j-1)}{[2(m+j)-1][2(m-j)-1]}=0 \tag{7-87a}$$

同理，当 k=2m 时，式(7-87)变为

$$\left(\frac{\pi}{L}\right)^4(2m)^4A_{2m}-D\left(\frac{\pi}{L}\right)^2(2m)^2A_{2m}+GA_{2m}+\frac{R}{L}\sum_{j=1}^{\infty}\frac{8m(2j-1)}{[2(m+j)-1][2(m-j)-1]}=0 \tag{7-87b}$$

联立式(7-87a)和式(7-87b)，可以得到关于 A_n 的线性齐次方程组，其矩阵形式为

$$([K]+G[I])A=0 \tag{7-88}$$

式中　$A=(A_1,A_2,\ldots A_n,\cdots)^{\mathrm{T}}$；

$[I]$——单位矩阵；

[K]——刚度矩阵，其各元素的值为

$$k_{ij}=\begin{cases}\left(\dfrac{4\pi}{L}\right)i^4+D\left(\dfrac{\pi}{L}\right)^2i^2 & (i=j)\\ \dfrac{8R}{L}\dfrac{j^2}{i^2-j^2} & (i\neq j,\ i+j=\text{奇数})\\ 0 & (i\neq j,\ i+j=\text{偶数})\end{cases}$$

要使方程(7-88)具有非凡解，其充要条件是矩阵中的行列式值为0，即

$$|[K]+G[I]|=0 \tag{7-89}$$

上式就是测试管柱横向振动频率的特征方程。通过求解该方程可以得到一系列特征圆频率：ω_1，ω_2，ω_3，$\cdots\omega_n$，$\cdots$。然后，将得到的特征频率代入式(7-88)，确定对应特征频率ω_i下的振幅A_i，再结合式(7-86)即可得到相应的振型函数。

若只取前两个振型，则式(7-87)化为

$$\begin{vmatrix} \left(\frac{\pi}{L}\right)^4 - D\left(\frac{\pi}{L}\right)^2 + G & -\frac{8R}{3L} \\ -\frac{8R}{3L} & 16\left(\frac{\pi}{L}\right)^4 - 4D\left(\frac{\pi}{L}\right)^2 + G \end{vmatrix} = 0 \tag{7-90}$$

将D、R、G的表达式代入上式，忽略材料不完全弹性对振型的影响，则可以得到振型系数的相对值为

$$\frac{A_1}{A_2} = \frac{8\beta\omega}{3L\left[\gamma\omega^2 + 16\left(\frac{\pi}{L}\right)^4\delta\omega + 16\left(\frac{\pi}{L}\right)^4 - 4\left(\frac{\pi}{L}\right)^2\right]} \tag{7-91}$$

令$\omega' = \left(\frac{\pi}{L}\right)^2\frac{\omega}{\sqrt{\gamma}}$，$a = \alpha\left(\frac{L}{\pi}\right)^2$，$b = \frac{q_d}{q_1 + 0.25\pi d_0{}^2\rho_m C_m}$。当$0 \leqslant a \leqslant 1$，$b$在$[0,\ 1]$区间变化时，可以认为$\omega'$与$b$无关，由式(7-91)可以得到测试管柱振动的前两个特征圆频率为

$$\omega_1 = \left(\frac{\pi}{L}\right)^2\sqrt{\frac{EI}{q_1 + 0.25\pi d_0{}^2\rho_m C_m}}\sqrt{\left(\frac{L}{\pi EI}\right)^2\left(q_d v^2 + F_0 - \frac{W_e L}{2}\right) - 1} \tag{7-92a}$$

$$\omega_2 = 2\left(\frac{\pi}{L}\right)^2\sqrt{\frac{EI}{q_1 + 0.25\pi d_0{}^2\rho_m C_m}}\sqrt{\left(\frac{L}{\pi EI}\right)^2\left(q_d v^2 + F_0 - \frac{W_e L}{2}\right) - 4} \tag{7-92b}$$

从上式可以得到，测试管柱的振动频率不仅取决于管柱本身的力学特性和几何特性，而且与管柱承受的轴向载荷、管柱内外流体的密度、管柱尺寸等密切相关。

作业及思考题

1. 什么是振动？振动系统有哪些基本的组成部分？

2. 已知一钻柱系统由钻杆和钻铤两部分组成，L_p、q_p、A_p、E分别为钻杆长、单位长度钻井液中的重量、钻杆横截面积和材料的弹性模量，将钻铤看成为一集中质量为M_{dc}的物块，试利用能量法推导钻柱系统纵向振动固有频率。

3. 有一图7-16(c)的钻柱系统，该系统的结构参数如下：$k_1 = 10.0\times10^6$N/m；$m_1 = 8000$kg；钻杆规格127mm，$L_2 = 1000$m，$A_2 = 34\text{cm}^2$，$q_2 = 28.43$kg/m；钻铤规格177.8mm，$L_3 = 120$m，$A_3 = 210\text{cm}^2$，$q_3 = 160$kg/m；$m_2 = 305.8$kg，$k_2 = 5.0\times10^6$N/m；$E = 2.06\times10^5$MPa。求该钻柱系统振动的一阶固有频率。

4. 有一直井钻具组合为：9⅝″钻头+8″钻铤×10+5″加重钻杆×20。钢材弹性模量为2.06×10^8kPa，质量密度$\rho = 7850\text{kg/m}^3$，剪切摸量$G = 7.8453\times10^7$kPa。求该钻柱扭转振动的各阶固有频率。

5. 为什么钻柱中和点是横向振动能量的陷落点？

6. 计算127mm钻杆与178mm钻铤长10m、20m、30m，分别受轴向力为−30、0、30、60、90、120kN时，管柱的一阶横向振动固有频率。

第八章 海洋隔水管动力学分析

§8.1 概述

8.1.1 隔水管研究现状

在大海的深处蕴藏着巨大的石油储量。据报道[186][187]，在全球水深超过 500m 的地层里已经发现了 69 亿 m^3的新增储量，可能还有 137 亿 m^3的潜在储量。在预计含油气的深水区域中，已经勘探的面积只占一半左右。有估计预示，全世界未发现的海上油气储量有 90%潜伏在水深超过 1000m 以上的地层中，因此，深海油井是决定石油工业前途的关键所在。这些深水区域处于目前勉强能够达到的水平，有的已经超过了目前的极限。水深是海洋石油勘探开发技术的第一指标，是制约海洋油气钻井的关键因素。近年来随着科学技术的进步和海洋油气勘探开发的需要，开发水深持续增加，海洋深水钻井已在国际大石油公司相继展开。

深水钻井的最大特点是海水深度不断增加，甚至达到了 3000m 左右。这一钻井环境的改变给钻井作业带来了一系列的问题。深水与普通水深钻井的差别主要表现在：

(1) 深水钻井时，隔水管增长，海流、涌浪对其影响加大。随着隔水管自身重量的增加，普通隔水管强度难以满足实际施工的要求；

(2) 隔水管两端的阻流/压井管线加长，井控压井时回压(阻力)加大，易压破地层，特别是在压力敏感地区钻井，井控难度加大；

(3) 使用锚泊系统的平台，其锚链出链长度增加，锚机负荷加大，从海底至转盘面钻井液循环的低返速路程加长，易压漏地层，也不利于井眼携砂清洗；

(4) 防喷器控制系统的液压管线加长，海水静液压力加大，会对防喷器控制系统产生不利的影响；

(5) 起下防喷器时间增加，防台应急性能减弱。

隔水管随着水深的增加而增长，隔水管系统受力状况变得愈发复杂，其强度、稳定性能否适应深水钻井的要求，就成了深水钻井必须考虑的最主要的问题之一。有不少浮动钻井船或平台由于隔水管系统不能适应和承受巨大的综合性外力而迫使钻井工作中断，甚至无法恢复钻进，损失巨大。以北海为例，仅一年之内因隔水管系统而造成的直接损失就多达 110 台天和 350 万美元。而我国海域的石油勘探钻井工作，由于隔水管系统事故而造成停工也多次发生。因此，对海洋深水钻井的隔水管系统进行分析，找出作用于深水隔水管系统的主要外载以及作用的方式，并建立相应的力学模型，为深水环境条件下隔水管柱强度设计提供科学的依据，来解决隔水管的安全、稳定问题，就显得尤为重要。

海洋隔水管主要是一个处于特殊环境中的管柱纵、横向振动动力学问题。对于隔水管系统的强度，国外许多学者进行了分析。早期采用二维静力学的研究方法，用弹性力学方法来模拟隔水管的变形，进而对其强度进行分析。例如，B. G. Burke 建立了隔水管的分析模型，所建立的隔水管弹性微分方程如下[188]：

$$EI\frac{d^4u}{dx^4}=P\frac{d^2u}{dx^2}+W\frac{du}{dx}+q \tag{8-1}$$

这样的分析方法对于浅水钻井中的隔水管具有一定的适用性。但随着水深的增加，动态因素对隔水管的影响越来越显著，人们提出了动力学分析的原理和方法。M. F. Zedan 和 A. Mangiconachi 研究了在涡流力作用下的隔水管响应，提出用解析解的方法来研究隔水管的受力和强度的动力学模型。考虑水质点的速度 v 是由周期为 T 的稳态正弦波产生，即可用一个正弦稳态解法来描述周期相同的隔水管横向振动。通过调和函数的变换将动力反应模型简化为：

$$\frac{d^2}{dt^2}\left[EI\frac{d^2u_0}{dx^2}\right]+T\frac{d^2u_0}{dx^2}+W\frac{du_0}{dx}+(i\omega c-i\omega^2m)u_0=F_0 \tag{8-2}$$

美国学者 A. Ertas 和 T. J. Kozik 概述了建立隔水管模型的原理与方法，并在 1985 年提出了动态分析隔水管受力的数值求解方法，其数学模型如下[189]

$$\frac{\partial^2}{\partial x^2}\left(EI\frac{d^2u}{dx^2}\right)-\frac{\partial}{\partial x}\left(T\frac{d^2u}{dx}\right)+M\frac{\partial^2u}{\partial t^2}=F(x,\ t) \tag{8-3}$$

在该模型中，海流力 $F(x,\ t)$ 是用莫里森方程来描述的，并采用有限差分法对动力学方程进行求解。

在国内的研究中，边若武[191]分析了隔水管的随机振动谱；贾星兰、方华灿[192]在 1995 年采用泛函分析法导出了与式(8-3)相类似的隔水管振动的微分方程，利用边界条件确定了动力响应的通式，得出具体条件下隔水管的动力响应。李华桂[193]在 1996 年将隔水管假设成均质、各向同性的线弹性材料，将海浪、海流及隔水管的运动都放在同一个二维平面内，用数值差分的方法对隔水管进行了二维的动力学分析。而文献[194]考虑了包括海浪、海流、海底潜流在内的三维载荷，通过建立分析深水隔水管系统的静力学与动力学的三维模型，采用有限元法研究了深水隔水管小应变大变形状态，以及轴向力影响的非线性迭代计算方法，开展了深水隔水管的非线性分析。王林、石晓兵[195][196]等探讨了轴向载荷对海洋深水隔水管力学特性的影响，分析了海洋深水钻井锚链的动力特性。畅元江[198][199]等研究了深水钻井隔水管的时域非线性动态响应和隔水管固有频率的近似计算。

8.1.2 隔水管

隔水管是海洋石油工程中的重要设备，是海洋浮式生产系统中的一个重要的附属系统，作为连接平台与海底井口之间的重要部件，它内装各种用途的管路，是浮式平台或驳船与海底钻孔之间的极为重要的联接系统，参见图 8-1，而图 8-2 是现场和室内组装的隔水管实例。隔水管的受力状态非常复杂，在波流联合作用下，作为柔性构件的隔水管必然产生较大的动力响应，隔水管动态响应的强度校核是海洋石油钻采设备研究中的重要问题。

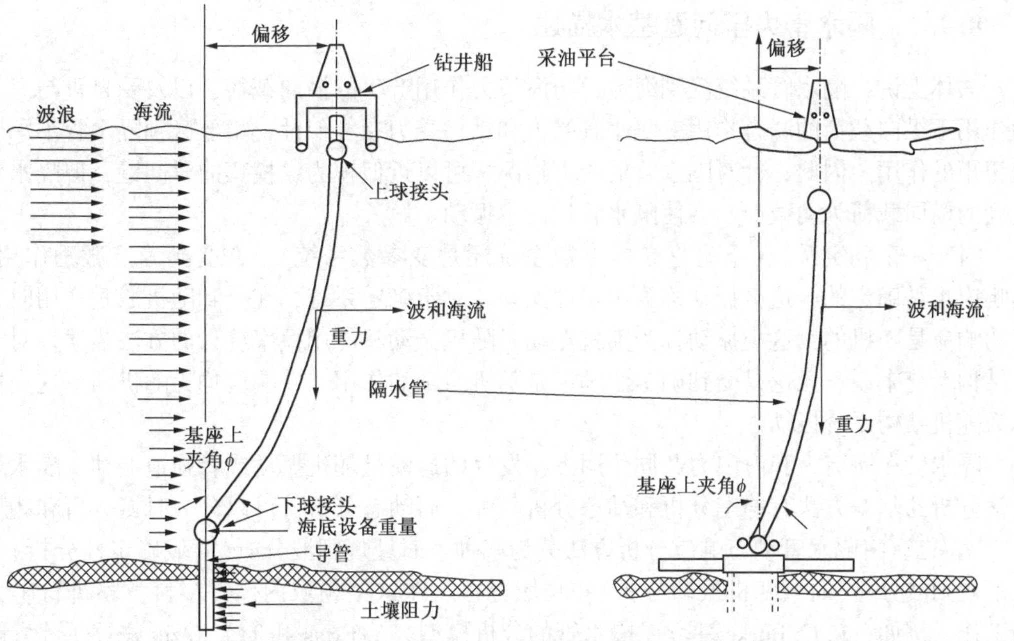

图 8-1　海洋钻井隔水管系统

隔水管的形式很多，主要有顶张力隔水管和固定式钻井装置隔水管等。前者主要用于浮式钻井船，后者主要用于固定式钻井平台。固定式钻井装置隔水管是指隔水管被安装在能够固定的钻井装置上，如导管架平台、自升式钻井平台等。在这种情况下，隔水管被打桩机打入海底几十米深，有时隔水管上部还要承重，也就是要承受一定的垂直方向的载荷[200]。

图 8-2　海洋钻井隔水管

8.1.3 隔水管力学问题基本描述

大体上讲，隔水管系统受到海流力与海浪力作用产生的横向载荷，以及受自重与海水浮力作用下纵向载荷的联合作用。隔水管受力和钻柱受力有相似性，主要区别隔水管不承受轴向扭矩的作用。因此，针对隔水管的受力情况，可以近似视为纵横弯曲梁问题，但隔水管柱受到的横向载荷为动载荷，会使隔水管柱发生振动。

对于一个确定系统(不论它是常参数系统还是变参数系统)，在受到确定激励作用时，其响应也是确定的，这类振动称为确定性振动。对于确定系统，在受到随机激励作用时，系统的响应是随机的，这类振动称为随机振动，随机振动只能用概率统计的方法描述。对于随机结构系统来说，无论是受到确定激励还是随机激励的作用，其响应均为随机的，这类振动称为随机结构系统振动。

隔水管在海流力和海浪力共同作用下，发生的运动是随机振动或者强迫振动。隔水管动力学分析的基本方法有静态分析和动态分析两种，而动态分析又可以分为时域分析和频域分析[193]。也有将隔水管动态响应分析方法分为三种：时域规则波分析(时域确定性分析)、时域不规则波分析(时域随机振动分析)和频域分析。在这个领域内，许多科学家进行了大量的工作，例如，B. G. Burke 建立了隔水管的分析模型，A. Ertas 和 T. J. Kozik 概述了建立隔水管模型的原理和方法，M. F. Zedan 和 A. Mangiconachi 研究了在涡流作用下隔水管的响应。目前，国内外有关隔水管动态响应的研究较多，涉及把风浪流条件转化为浮体运动的预报，还要综合考虑水深、主管及其构件的维数、合适的边界条件等。不少研究者已对主管的静态性能作了分析，在垂直面内求出主管的最大响应，而并不考虑波浪、平台驳船运动及系统惯性等随时间变化的因素，仅在一个合适的周期内，计算出临界参数的最大值[210][211]，Bathe 等人(1974)用了有限差分公式计算，Gosse(1969)采用有限单元法计算，Burke(1973)采用四阶 Runge-kutta 直接积分法，Jones(1975)采用了假设主管为弹性悬链变形的形状，Fisher 与 Ladwig(1966)采用了幂级数分析方法等。

实际上，海水与隔水管之间的相对流速、流体和隔水管的加速度，以及水面平台的运动对隔水管弯曲应力分析都是很重要的因素(参见图 8-3)。由于波浪和海流的非定向性，隔水管可能在多个垂直平面内运动，因而对它的动力分析向人们提出了大量具有挑战性的问题。主要涉及到隔水管峰值张力、弯曲应力，以及端部倾角、响应模态的确定等。Krolikowski 与 Gay(1980)[212]，Young 等(1977)进行了频域求解，TuckerandMurtha(1973)进行了非确定性随机振动分析，前一种方法由于对波浪谱的次要变化过于敏感，而后一种方法由于难以计入水面平台或驳船的运动以及非线性化形式阻力，都使应用受到限制。

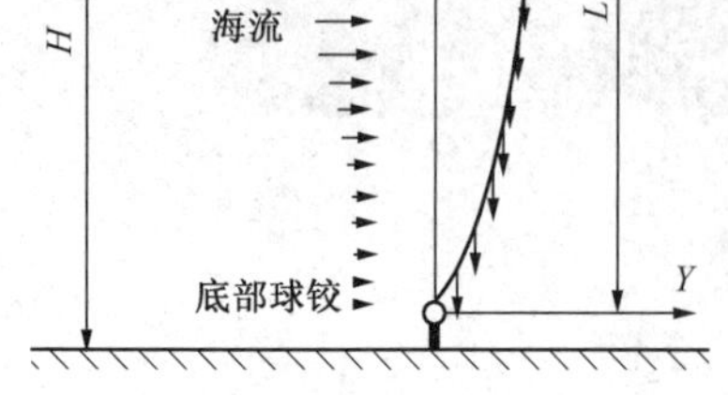

图 8-3 顶部张顶力隔水管力学模型

动力分析的时域解法相当灵活，是经常采用的一种方法。例如，文献[192]采用确定性波浪力模型，分析了波流联合作用下的动力响应；文献[200]应用随机振动的理论和方法，研究了隔水管在随机载荷波浪力作用下的随机响应；还有从不同角度对隔水管进行了动力分析等[187][193][197][206]，但这些研究都是针对隔水管两端铰支这一比较简单的边界条件。B. J. Koo 等人[208]的研究涉及到隔水管与导向架之间的间隙接触条件，研究的重点是间隙接触条件对 Spar 平台整体运动的影响。文献[199][200]以我国某海区的平台隔水管为例，考虑波流联合作用下隔水管与导向架之间的间隙接触条件，采用 ANSYS 软件进行隔水管有限元分析，研究了非线性边界条件下隔水管的动态响应，得到动态响应过程中的最大等效应力与最大变形。

由于稳定流中旋涡的发散会引起管线的震动，且往往与纵向、横向激励同时出现，这种涡流激振可以产生管线疲劳，在实际中也是非常重要的[213~215]。

§8.2　波流联合作用下隔水管动力学方程

8.2.1　海洋波浪运动描述

海洋中的波浪运动是海水重要的运动形式之一，从海面到海洋内部处处都可以看到这种波动。波动的基本特点是在外力的作用下，水质点离开其平衡位置作周期或准周期性运动。由于流体的连续性，必然带动邻近水质点的运动，导致其运动状态在空间的传播，因此运动随时间与空间的周期性变化为波动的主要特征。实际海洋中的波浪运动是一种十分复杂的现象，严格说，它们都不是真正意义上的周期性运动。

1）波浪要素

一个简单波浪运动剖面可用一条正弦曲线加以描述，如图 8-4 所示。曲线的最高点称为波峰，最低点称为波谷，相邻两波峰(或波谷)之间的水平距离称为波长(L)，相邻两波峰(或者波谷)通过某固定点所经历的时间称为周期(T)。显然，波形传播的速度 $c_w=L/T$，简称为波速。从波峰到波谷之间的铅直距离称为波高(h_w)，波高的一半 $a=h_w/2$ 称为振幅，是指水质点离开其平衡位置的向上(或向下)的最大铅直位移。波高与波长之比称为波陡，以 $\delta=h_w/L$ 表示。在直角坐标系中取海面为 xor 平面，设波动沿 r 方向传播，波峰在 x 方向将形成一条线，该线称为波锋线，与波锋线垂直并指向波浪传播方向的线称为波向线。

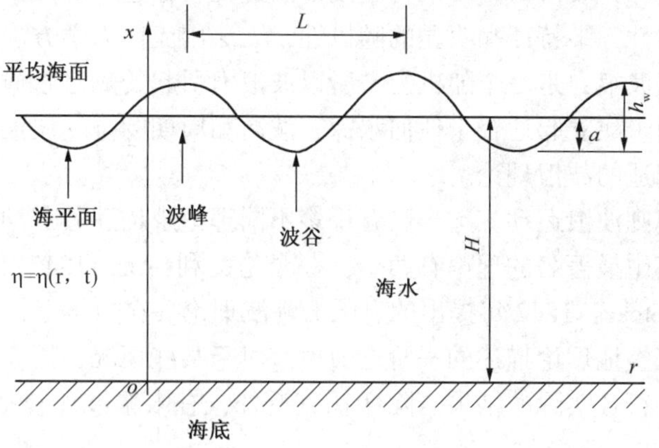

图 8-4　波浪运动要素

2）海洋中的波浪

海洋中的波浪有很多种类，引起的原因也各不相同。例如，海面风应力，海底及海岸附近的火山、地震，大气压力的变化，日、月引潮力等。被激发的各种波动的周期可从零点几秒到数十小时以上，波高从几毫米到几十米，波长可以从几毫米到几千千米。一般由风引起的周期从1~30s的波浪所占能量最大；周期从30s至5min为长周期重力波，多以长涌或先行涌的形式存在，一般由风暴系统引起。从5min到数小时的长周期波主要由地震、风暴等产生，它们的恢复力主要为科氏力，重力也起重要作用。周期为12~24h的波动，主要是由日、月引潮力产生的潮波。各种波的相对能量比较参见图8-5。

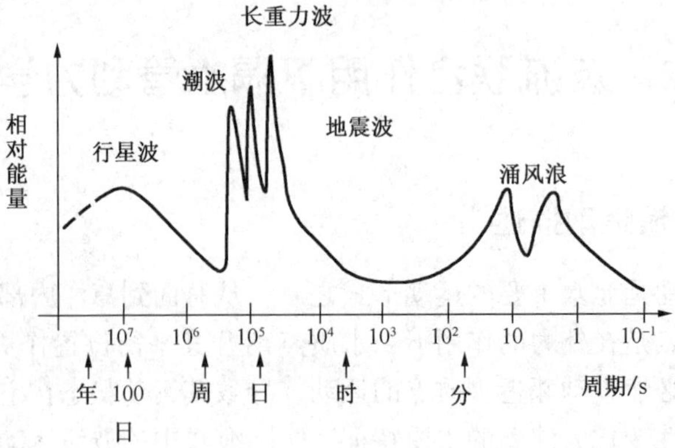

图8-5 各种波的相对能量

波浪分类可从不同角度给出不同的称谓。例如：按相对水深（水深与波长之比，即*H/L*）可将波浪分为深水波（短波）和浅水波（长波）；按波形的传播与否又有前进波与驻波之分；按波动发生的位置有表面波、内波和边缘波之分；按成因可分为风浪、涌浪、地震波等。

3）波浪运动的描述方法和控制方程

（1）波浪运动的描述方法

海浪的传播将引起海水的流动。海水在流动过程中受到阻碍时，将对阻碍其流动的结构产生作用力，这种力称为波浪力。波浪力与波浪的速度、加速度等因素有关。波浪运动极其复杂的，它具有非线性三维特征和明显的随机性，无法用流体力学方法进行描述。波浪是一个典型的随机过程，波浪力是一个随机力，所以波浪力引起的隔水管横向振动就是一个典型的随机振动。目前尚未建立起适合于任何水深、波高和周期的统一波浪理论，工程上往往根据实际工况来选择合适的波浪理论。

但是对于二维规则波浪运动，迄今已有许多不同理论来描述其运动特性。描述简单波浪运动的理论很多，其中最著名的理论有两个：一个是艾利（Airy）1845年提出的微幅波理论，另一个是斯托克斯（Stokes）1847年提出的有限振幅波理论。在数学上，艾利波理论可以看作是对波浪运动进行完整地理论描述的一阶近似值。对于某些情况，用有限振幅波理论来描述波浪运动会得到更加符合实际的结果。除斯托克斯外，有限幅波还包括坦谷型波、摆线波、孤立波等。

各种波浪理论的应用范围如表8-1所示。

表 8-1　各种波浪理论的适用范围[190]

参数 / 水深类型	描述参数			波浪类型
	$\frac{H}{L_w}$	$\frac{h_w}{H}$	$\vartheta=\frac{h_w}{L_w}\left(\frac{L_w}{H}\right)^3$	
深水	>0.5	≪1	≪1	艾利波
		≪1	<1	斯托克斯波
过渡水深	0.05~0.5	≪1	≪1	艾利波
		≪1	<1	斯托克斯波
浅水	<0.05	≪1	≪1	线性波
		<1	≈1	摆线波或孤立波
极浅水	≪0.005	≪1	≪1	线性波
		≤1	≫1	长波理论

表中 H 表示海水深度，m；L_w 为海浪波长，m；h_w 为海浪波高，m；ϑ 称为厄塞尔(Ursell)数。

(2) 波浪运动控制方程和定解条件

现研究一列沿正 r 方向以波速 C_w 向前传播的二维运动的自由振荡推进波，如图 8-4 所示，r 轴位于海底面上，x 轴竖直向上为正，波浪在 xor 平面内运动。

假定流体是均质和不可压缩的，其密度为一常数；流体是无黏性的理想流体；自由水面的压力是均匀的且为常数；水流运动是无旋的；海底水平、不透水；流体上的质量力仅为重力，表面张力和柯氏力可忽略不计；波浪属于平面运动，即在 xor 平面内作二维运动。

根据流体力学原理，在上述假定下的波浪运动为势运动，这种波浪称为势波。势波运动的控制方程就是著名的拉普拉斯(Laplace)方程

$$\frac{\partial^2\phi}{\partial x^2}+\frac{\partial^2\phi}{\partial r^2}=0 \tag{8-4}$$

式中　ϕ——海水质点的速度势函数。

式(8-4)是二元二阶偏微分方程，有无穷多解。为了求得定解需要有定解条件，包括初始条件和边界条件。由于波浪是自由波动，因而初始条件可不予考虑，定解条件均为边界条件。二维波动应满足的边界条件一般有：

① 在海底表面，水质点垂直速度应为零，即

$$v_x\big|_{x=0}=0 \tag{8-5a}$$

② 在自由波面 $z=\eta(r,\ t)$ 处，应满足两个边界条件：一个是动力边界条件，即自由水面的压力为常数

$$p\big|_{x=\eta}=\text{const} \tag{8-5b}$$

另一个是运动边界条件，即自由水面形状是由位于自由水面上的各水质点所组成，因此自由水面上各点的运动速度应等于位于自由水面上各水质点的运动速度，即

$$v_x=\frac{dx}{dt}=\frac{\partial\eta}{\partial t}+\frac{\partial\eta}{\partial r}\frac{dr}{dt}=\frac{\partial\eta}{\partial t}+\frac{\partial\eta}{\partial r}v_r$$

$$\therefore\quad\left(\frac{\partial\eta}{\partial t}+\frac{\partial\eta}{\partial r}v_r-v_x\right)_{x=\eta}=0 \tag{8-5c}$$

但要精确解出式(8-4)二维波列的定解，将遇到如下两个困难：

① 自由水面边界条件是非线性的；

② 自由水面位移 $\eta(r, t)$ 的值是未知的，即自由水面边界条件是不确定的。

由于在求式(8-4)解时遇到的上述困难，求解过程在此不作详细的介绍，有兴趣的读者可参阅相关的文献。

参照表 8-1 中各种波浪理论的对应水深，海洋深水隔水管问题遇到最多的是艾利波和斯托克斯波。下面就针对这两种波展开隔水管柱动力响应分析，在分析过程中需要确定海浪力和海流阻力对隔水管的作用。

4) 微幅波理论

微幅波理论假设运动是缓慢的，波动的振幅 a 远小于波长 L 或水深 H，由此将式(8-4)所述的波动问题线性化。它首先由艾利 1845 年提出，故又称艾利波理论，或线性波理论。

随着海洋钻井作业深度的不断加深，波高与水深相比很小，属于微幅波。根据微幅波理论，由波浪运动的控制方程和定解条件可以推导得到海浪速度势函数和自由水面的波面曲线公式为[217]

$$\psi(r, x, t) = \frac{gh_w}{2k_w c_w} \frac{\cosh k_w (H - x)}{\sinh(k_w H)} \sin k_w (r - c_w t) \tag{8-6a}$$

$$\eta(r, t) = \frac{h_w}{2} \cos k_w (r - c_w t) \tag{8-6b}$$

式中 k_w，c_w——分别为波数和波速；

h_w，H——分别为浪高和水深；

r——波浪沿水平面的运动方向，参见图 8-4。

上式显示了海浪速度势在 r 方向的周期性。设 ω 为波浪的圆频率，且 $k_w c_w = \omega$，同时 ω 与 k_w 之间为线性色散关系，即

$$\omega^2 = gk_w \tanh k_w H$$

在深水情况下，$k_w H$ 很大，当 $k_w H > \pi$ 时下式近似成立

$$\sinh k_w H \approx \cosh k_w H \approx \frac{1}{2} e^{-k_w H}, \ \tanh k_w H \approx 1$$

于是式(8-6)可简化为：

$$\psi(r, x, t) = \frac{gh_w}{2k_w c_w} e^{-k_w (H-x)} \sin k_w (r - c_w t) = \frac{gh_w}{2\omega} e^{-k_w (H-x)} \sin(k_w r - \omega t)$$

从而可求得波浪中任意点(r, x)处的速度(v_r, v_x)及加速度 a_r、a_x，即

$$v_r = \frac{\partial \psi}{\partial r} = \frac{h_w}{2} \omega e^{-k_w (H-x)} \sin(k_w r - \omega t) \tag{8-7a}$$

$$v_x = \frac{\partial \psi}{\partial x} = \frac{h_w}{2} \omega e^{-k_w (H-x)} \cos(k_w r - \omega t) \tag{8-7b}$$

$$a_r = \frac{\partial v_r}{\partial t} = \frac{h_w}{2} \omega^2 e^{-k_w (H-x)} \sin(k_w r - \omega t) \tag{8-7c}$$

$$a_x = \frac{\partial v_x}{\partial t} = \frac{h_w}{2} \omega^2 e^{-k_w (H-x)} \cos(k_w r - \omega t) \tag{8-7d}$$

微幅波水质点的水平速度和垂直速度分布情况可参见图 8-6。概而言之，微幅波水质点的运动具有如下特点：

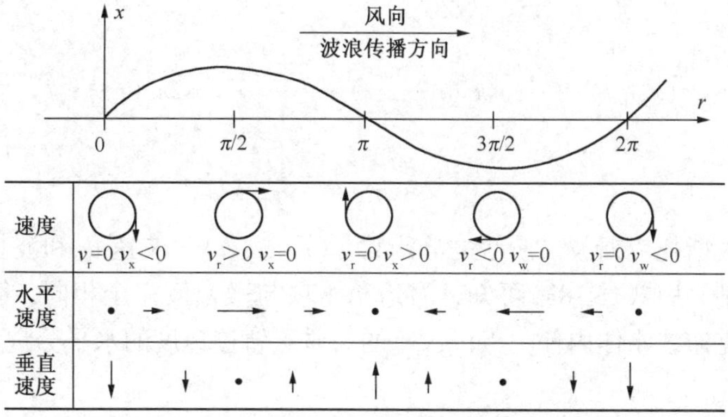

图 8-6　水质点的水平速度与垂直速度分布

① 波浪水质点的运动轨迹为圆。随着深度 x 的增加，其速度与加速度呈指数规律递减。

② 深水波中，无论水质点的运动速度还是轨迹半径都随深度的增大而呈指数减小。当到达一个波长的深度时波动已近消失。

③ 当水深 H 相对波长 L 很小时(一般取 $H<L/20$)的波动称为浅水波或长波。长波中水质点的运动轨迹为椭圆，随深度的增加椭圆长轴几乎不变，而短轴迅速减小，近海底处几乎只在水平方向上作周期性往复运动。

④ 无论长波还是短波，随深度的增大，它们的波长 L 是不变的，即在自由水面的波长多大，随深度增大直至波动消失处的波长仍然不变。

⑤ 对深水波而言，其波速与水深无关，仅与波长有关。对长波而言波速与波长无关，而只与水深 H 有关。

⑥ 当相对水深 H/L 介于 1/2 与 1/20 之间时，需要对势函数进行适当修正。

5) 斯托克斯波理论

斯托克斯波理论的基本假定、控制方程与定解条件与前面所述的波动假设一样，波浪运动也是势运动。对于波陡较小的弱非线性问题，一般采用摄动法(Perturbation Procedure)求解。斯托克斯波二阶近似解的势函数和波面方程如下

$$\psi(r,\ x,\ t)=\frac{gh_w}{2k_w c_w}\frac{\cosh[k_w(H-x)]}{\sinh(k_w H)}\sin k_w(r-c_w t)+\frac{3}{8}\frac{\pi g h_w}{2k_w c_w}\frac{h_w}{L}\frac{\cosh[2k_w k_w(H-x)]}{\sinh^4(k_w H)}\sin 2k_w(r-c_w t) \tag{8-8a}$$

$$\eta(r,\ t)=\frac{h_w}{2}\cos k_w(r-c_w t)+\frac{\pi h_w}{8}\frac{h_w}{L}\frac{\cosh(k_w H)\ [\cosh(2k_w H)+2]}{\sinh^3(k_w H)}\sin 2k_w(\mathrm{r}-c_w t) \tag{8-8b}$$

$$c_w=\frac{gT}{2\pi}\tanh(k_w H) \tag{8-8c}$$

$$L=\frac{gT^2}{2\pi}\tanh(k_w H) \tag{8-8d}$$

深水情况下相应的$\psi(r, x, t)$、$\eta(r, t)$和c_w的二阶解可化简为

$$\psi(r, x, t)=\frac{gh_w}{2k_w c_w}e^{-k_w(H-x)}\sin k_w(r-c_w t)$$

$$\eta(r, t)=\frac{h_w}{2}\cos k_w(r-c_w t)+\frac{\pi h_w}{4}\frac{h_w}{L}\cos 2k_w(r-c_w t)$$

$$c_w=\frac{gT}{2\pi},\quad L=\frac{gT^2}{2\pi}$$

可见，深水时斯托克斯波二阶解的势函数$\psi(r, x, t)$、波速d_w和波长L与微幅波完全一致，但波面有别。由式(8-8a)可知，右边第1项与微幅波完全相同，第2项是非线性影响项。二阶斯托克斯波水体内任一点(r, x)的水质点轨迹速度的水平分量v_r和垂直分量v_x可分别推导得到

$$\begin{aligned}v_r=&\frac{\pi h_w}{T_w}\frac{\cosh(k_w x)}{\sinh(k_w H)}\cos\left[k_w(H-x)-\omega_w\times t\right]\\&+\frac{3}{4}\frac{\pi^2 h_w}{T}\frac{h_w}{L}\frac{\cosh(2k_w x)}{\sinh^4(k_w H)}\cos 2\left[k_w(H-x)-\omega_w\times t\right]\end{aligned}\tag{8-9a}$$

$$\begin{aligned}v_x=&\frac{\pi h_w}{T_w}\frac{\sinh(k_w x)}{\sinh(k_w H)}\sin\left[k_w(H-x)-\omega_w\times t\right]\\&+\frac{3}{4}\frac{\pi^2 h_w}{T}\frac{h_w}{L}\frac{\sinh(2k_w x)}{\sinh^4(k_w H)}\sin 2\left[k_w(H-x)-\omega_w\times t\right]\end{aligned}\tag{8-9b}$$

式中 k_w，c——分别为波数和波速；

h_w——海浪最大波高，m；

T_w——波周期，s；

H——海水的深度，m；

ω_w——波浪圆频率，rad/s；

x——计算点离海底的距离，m；

t——时间，s。

斯托克斯波具有以下特点：

① 波剖面(波浪的垂直剖面)不是简谐曲线，且对于横轴不是对称的，通过质点振动中心的平面高于对应的静止水面(自由表面)；

② 波速与振幅大小有关，振幅与波长之比越大，波速越大；

③ 质点轨迹接近于圆，但不是封闭的。每经过一个周期后沿波浪传播方向有一段净的水平位移，因此，沿此方向产生一定的水流；

④ 质点沿着它的轨迹运动时，压力是变化的。因此，除自由表面及水底外，其它波面均不是等压面；

⑤ 振幅对波长之比超过一定限度后，产生波面破碎；

⑥ 波动的动能与势能不相等，动能在铅直及水平方向上的分配不相等，波动的能量传播速度也与小振幅波动情形不同。

利用式(8-9a)，便可将v_r代入海浪力计算公式确定出不同水深$H-x$处的海浪力。

8.2.2　波浪力计算公式

1）波浪力分析

一般情况下，流动着的海水对结构的作用力 f 包括以下几项：

$$f = f_v + f_I + f_G$$

式中　f_v——由于海流阻力 f_c 或海流与波浪力合成的阻力 f_{wr} 所造成的隔水管单位长度上的横向力；

f_I——海浪水质点的加速度作用所造成的对隔水管柱单位长度的阻力；

f_G——由于附加外力造成的隔水管单位长度的阻力。

根据不同的情况，可将 f 中的变量看成是时间 t、垂直坐标 x、水平坐标 r 的不同组合的两种情况，分别介绍如下：

（1）将 f 看成是垂直位置坐标 x 的函数

这时，$f=f(x)$，而 $f(x)$ 仅表示海流力 f_c。

海流力是作用在海洋石油钻采设备上的一种流动阻力，这种阻力是由于运动的水产生的定常流动阻力，根据水下结构物上的阻力是流体的动能的函数的原理，按照稳定流动条件下流动阻力的数学表达方法，可以写出海流力 f_c 为

$$f_c = \frac{\rho D}{2}\int_0^H C_D {V_c}^2 \mathrm{d}x$$

式中　f_c——海流作用在圆柱形障碍物上的总合力；

ρ——海水的密度，kg/m^3

D——隔水管的直径，m；

H——海平面在海底以上的高度，m；

V_c——海流速度，单位 m/s；

$\mathrm{d}x$——隔水管沿垂直方向上的长度增量，m；

C_D——阻力系数，无因次；

g——重力加速度，取 9.8m/s^2。

若取隔水管单位长度上的海流总力，则上式可以改写成

$$f_c = \frac{1}{2}\rho D C_D {V_c}^2 \tag{8-10}$$

（2）将 f 看成是垂直位置坐标 x 及时间 t 的函数

这时，$f=f(x, t)$，由于 $f(x, t)$ 涉及时间项，因此 $f(x, t)$ 可以表示海流力与海浪力共同作用于隔水管的合力。对于海浪力，定义为波动的海水作用在物体上的力，一般可分为 5 个主要的力，即

① 阻力：它是和稳定流动条件下的阻力相类似的力，仍是流体动能的函数。

② 惯性力：它是水下结构物排代的流体的质量与流体质点加速度乘积的函数。

③ 撞击力：它是物体撞击所产生的力，当波峰穿过空气打击在结构物上，发生冲击或波浪破碎时引起的突发冲击载荷。这时，由于空气被波浪所包围，不断压缩常使之爆炸，发出轰鸣声。撞击力一般可按总阻力在波峰部惯性力的几分之几来计算，有时采用五分之一。

④ 压差力：这种力是由于海水通过沉没水中的物体的压力差所造成的。当有沉没于水

中的物体时，经验表明压差力等于静压差的一半乘以投影面积。

⑤ 动量反射力：当波浪作用在沉没于水中的大型物体上时，将出现一个反动量，这一能量反射将在大型结构上作用一个相当的力，即称为动量反射力。一般对于高度相当大的大型沉没物体必须考虑此力。

波浪力非常复杂，对它的计算一般采用 Morison 方程。Morison 提出的以绕流理论为基础的半理论半经验的公式，解决了作用在孤立桩柱上海浪力的计算问题。海洋隔水管可以看成时沉没于海水之中的孤立桩柱，因此，Morison 方程对于海洋隔水管所受海浪力模型也具有适用性。

2）波浪力的计算

海洋工程实际应用中，通常采用 Morison 方程来计算波浪载荷，它由速度力(阻力)f_D和惯性力f_M两部分组成。速度力f_D是由波浪水质点运动的水平速度v_r引起的对隔水管的作用力，它与波浪水质点水平速度的平方及垂直于波面的投影面积成正比，即

$$f_D = C_D \frac{1}{2}\rho_w D v_r^2 \tag{8-11a}$$

式中 C_D——阻力系数，一般在 0.4~1.6 之间；

ρ_w——海水密度；

D——隔水管直径。

惯性力f_M则是由波浪水质点的加速度引起的对隔水管的作用力。由于隔水管的实体存在，使其所占空间内的原水质点动量由于运动水体被排代而变为零，因而受到一个惯性力，它等于被排代水体质量乘以其加速度；此外，除了隔水管所占空间排代的水体外，其附近一部分水体也将随之受到影响而变速，对隔水管产生一附加惯性力，这部分水体的质量称为附连水质量。惯性力f_M可按下式计算

$$f_M = C_M \frac{\pi}{4}\rho_w D^2 a_r \tag{8-11b}$$

式中 C_M——惯性力系数，$C_M = 1+C_m$；

C_m——附连水质量系数，一般在 0.93~2.30 之间。对于隔水管这样的圆形横截面构件，其附连水质量系数一般取 2。

由此可以推导得到，作用在单位长度隔水管上总的波浪力水平载荷为：

$$f = f_D + f_M = C_D \frac{1}{2}\rho_w D v_r^2 + C_M \frac{\pi}{4} p\rho_w D^2 a_r \tag{8-12}$$

3）波浪力计算公式的适用条件

标准 Morison 方程没有考虑海上结构物的运动问题，而是将它们看成是一个刚性、静止的物体。因此，当海上结构物具有动力反应或是浮力的一部分时，结构物运动和海水质点的速度和加速度相比较是显著而不可忽略的。因此，针对不同的工况应当采用相应的波浪力计算公式来确定海水对隔水管的作用力，具体介绍如下。

（1）当只有波浪作用时，依据 Morison 方程计算作用于隔水管的流体载荷为

$$f = C_D \frac{1}{2}\rho_w D v_r |v_r| + \frac{\pi}{4}\rho_w D^2 a_r + \frac{\pi}{4} C_m \rho_w D^2 a_r \tag{8-13a}$$

等式右边第一项为正比于水质点相对速度平方的拖曳力；第二项为正比于水质点加速度的惯性力；第三项为正比于水质点加速度、由于附加质量引起的惯性力。

(2) 当波浪、海流同时作用于隔水管时，式(8-12)变为

$$f = C_D \frac{1}{2}\rho_w D(v_r + v_c)|v_r + v_c| + \frac{\pi}{4}\rho_w D^2 a_r + \frac{\pi}{4}C_m\rho_w D^2 a_r \tag{8-13b}$$

式中 v_c为波浪稳态时的流速。由于海流是稳态的，它只对隔水管产生拖曳力，而不会对惯性力产生影响。但计算拖曳力的水质点速度不是简单地将二者相加，而是要计算波浪与海流各自引起的水质点速度的矢量和。

当对隔水管进行动态分析时，由于隔水管本身的运动，需要对式(8-12)进一步修正得到[218]

$$f(x,\ t) = \frac{\pi}{4}C_m\rho_w D^2 a_r - \frac{\pi}{4}(C_m - 1)\rho_w D^2\frac{\partial^2 u}{\partial t^2} + \frac{1}{2}C_D\rho_w D\left(v_r + v_c - \frac{\partial u}{\partial t}\right)\left|v_r + v_c - \frac{\partial u}{\partial t}\right| \tag{8-13c}$$

(3) 只考虑波浪和隔水管本身运动，不考虑海流的影响时，式(8-12)变为

$$f(x,\ t) = \frac{\pi}{4}C_m\rho_w D^2 a_r - \frac{\pi}{4}(C_m - 1)\rho_w D^2\frac{\partial^2 u}{\partial t^2} + \frac{1}{2}C_D\rho_w D\left(v_r - \frac{\partial u}{\partial t}\right)\left|v_r - \frac{\partial u}{\partial t}\right| \tag{8-13d}$$

式(8-12c)和式(8-13d)的共同之处在于均考虑了隔水管运动的影响，不同之处在于动态分析时Morison方程的拖曳力项是否包括海流引起的水质点速度。

海流引起的隔水管动态响应中的时不变分量，不等同于隔水管静态分析时海流造成的静态响应。而波浪通过如下二种方式影响隔水管的设计：①作用于隔水管的水动力波浪力；②作用于钻井或采油平台，通过作业平台的幅值响应影响隔水管动态特性。研究表明，在相同波浪下，海流越大，弯曲应力响应中的静应力越大。不能把波浪与海流联合作用看作各自单独作用下的简单叠加，因为非线性水动力与水质点相对速度的平方有关。

4) 阻力系数 C_D以及惯性力系数 C_M的确定

海流力阻力系数 C_D是根据稳定流通过物体时的阻力进行试验而取得的，取决于雷诺数及结构物表面的粗糙度等。对于圆柱的结构物来说，可以根据表8-2选择阻力系数 C_D。

海浪力阻流系数 C_D也与研究海流力的阻力系数一样，都取决于雷诺数及结构物表面的粗糙度。应当注意，Morison方程中的阻力系数 C_D只是在当海浪力垂直于结构物纵轴，而表面摩擦很小的情况下才适用的。因此，当结构物具有歪脖的桩柱导板、撑条、加强筋等构件时，需要另做实验求取 C_D值或再另外考虑一个表面摩擦系数，一般大约为阻力系数的十分之一。

表8-2 计算海浪力时雷诺数与阻力系数对照关系

区 间	雷诺数 Re	阻力系数 C_D
临界区	$2\times10^5<Re<5\times10^5$	≈1.2
超临界区	$5\times10^5<Re<5\times10^5$	≈0.4~1.2
极临界区	$Re>5\times10^5$	≈0.4~0.7

惯性力系数 C_M可以通过实验确定，它涉及到的许多问题与阻力系数 C_D的问题一样，但需要增加一个加速流问题。一般可根据桩柱的断面形状的不同，由表8-3选取。

表 8-3　计算海浪力时的常用惯性力系数

断面形状		C_M	断面形状		C_M
圆形截面	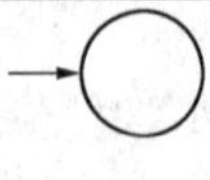	2.0	正方形截面	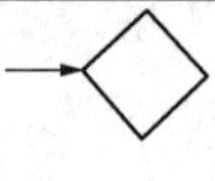	2.2
正方形截面	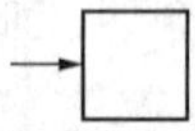	2.5	三角形截面	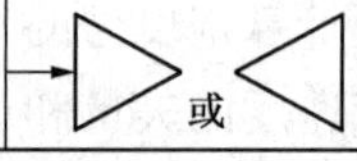	2.3

在阻力与惯性力对海浪力作用强弱的比较上，根据波高 h_w 与桩柱直径 D 的比值不同，一般来说有：

① $\frac{h_w}{D}=2\sim5$，阻力与惯性力两项同等重要；

② $\frac{h_w}{D}>10$，惯性力与阻力相比，惯性力可忽略；

③ $\frac{h_w}{D}<1$，阻力可忽略不计。

8.2.3　隔水管动力学方程的建立

1）基本假设

为了能进行理论上的分析和计算，对于隔水管及其运动作如下的简化和假设：

(1) 由于隔水管系统中的压井、阻流管线较细，它们的刚度对隔水管刚度的影响较小，可以忽略不计，故不考虑隔水管系统中压井、阻流管线和其它小管束存在对隔水管受力的影响。假设隔水管是由均质、各项同性、线弹性材料制成的，可以认为是一种理想的圆管，管段接头具有与管身材料相同的强度特性；

(2) 一般情况下海浪的方向是无规则的，海流的方向也可以随时间而变化，是一种多方向现象对隔水管产生的作用。从最坏的情况考虑，假设海浪、海流及隔水管的运动都处在同一个平面内，即运动是二维的；

(3) 隔水管在外载和自重作用下，仅产生微小的变形。隔水管与垂直方向所成的角度不大于 10°；

(4) 隔水管内部充满钻井液。在正常情况下钻柱不接触隔水管内壁，故不考虑钻柱对隔水管弯曲刚度的影响。

2）振动微分方程

隔水管可简化为如图 8-8 所示底端简支的等截面梁。隔水管全长为 L，受到水平方向波浪力的作用。由小角度大变形的假设，可推得受变张力 $F(x, t)$ 和外载荷作用的管状梁柱运动方程为

$$\frac{\partial^2}{\partial x^2}\left[EI(x)\frac{\partial^2 u}{\partial x^2}\right]-\frac{\partial}{\partial x}\left[F_e(x, t)\frac{\partial u}{\partial x}\right]+m_0(x)\frac{\partial^2 u}{\partial t^2}=f(x, t) \tag{8-14}$$

式中　$u(x, t)$——动力位移；

$m_0(x)$——单位长度隔水管质量(包括管内物质)；

E——隔水管的弹性模量；

$I(x)$——隔水管截面惯性矩；

$F_e(x, t)$——轴向有效张力；

$f(x, t)$——流体流动阻力。

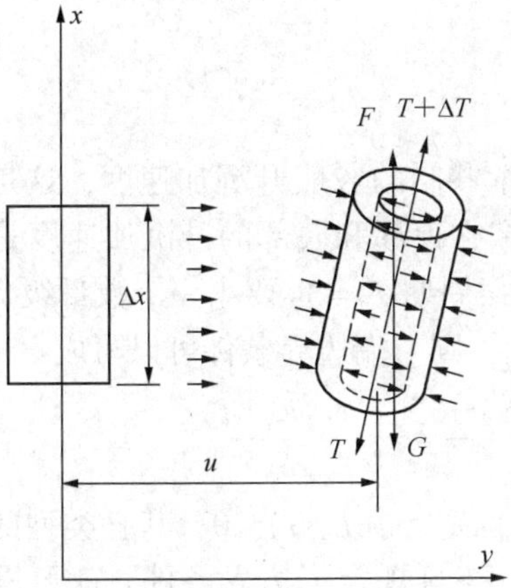

图 8-7　隔水管微元振动分析

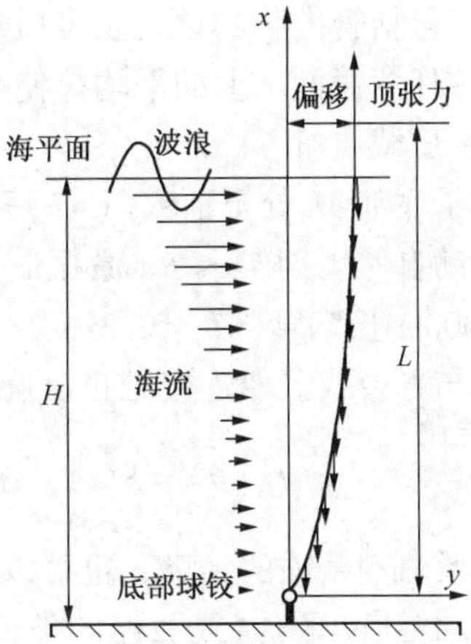

图 8-8　隔水管振动力学模型

有效张力 $F_e(x, t)$ 与作用在隔水管上的内外静压力有关，考虑到隔水管倾斜或弯曲时产生的净浮力与张力 F 之和，即

$$F_e = F + P_o A_o - P_i A_i \tag{8-15}$$

式中　P_o，P_i——隔水管在 x 处管外、管内流体静压力；

A_o，A_i——隔水管在 x 截面处的外(内)横截面积。可以注意到，外区 P_o 增加张力，而内压 P_i 则起相反作用。F 是隔水管轴向平均张力

$$F = \frac{(F_0 + F_0')}{2}$$

式中，F_0、F_0' 是隔水管计算单元两端的张力，N。

若 EI 为常数，则隔水管横向振动的微分方程为

$$EI(x)\frac{\partial^4 u}{\partial x^4} - F_e(x, t)\frac{\partial^2 u}{\partial x^2} + m_o(x)\frac{\partial^2 u}{\partial t^2} = f(x, t) \tag{8-16}$$

3) 边界条件

由于基本运动微分方程在考虑管子弯曲刚度时为四阶，因而需要四个边界条件，下端两个，上端两个。当隔水管下端为球形铰固定，且具有旋转刚度 k_b 时，下端边界条件为：

$$u(0, t) = 0,\quad EI\frac{\partial^2 u(0, t)}{\partial x^2} = k_b\frac{\partial u(0, t)}{\partial x} \tag{8-17}$$

若下端为一铰接压载质量 M_0，则 $u(0, t) \neq 0$，但可以用力矩为零和剪力协调方程作为下端边界条件，即

$$EI(0)\frac{\partial^2 u(0, t)}{\partial x^2} = 0,\ EI(0)\frac{\partial^3 u(0, t)}{\partial x^3} = -M_0\frac{\partial^2 u(0, t)}{\partial t^2} \tag{8-18}$$

一般以平台或驳船的运动作为隔水管上端的边界条件，如上端横向运动就可以用平台或驳船的横荡运动 $S(t)$ 来描述，驳船或平台的垂直振荡(升沉)运动 $H(t)$ 可以用作方程的参数激励条件，即可用 $H(t)$ 描述轴向力的变化规律：

$$F(x, t) = (m_0 x + M_0)H + (m_1 x + M_1)g \tag{8-19}$$

式中 m_1g——管子在水中的单位长重量；

M_1g——压载在水中的重量；

m_0——包括管内物的单位长度质量，kg；

$F(x,\ t)$——任意截面 x 上的平均拉伸荷载，N；

M_0——压载质量，kg。

式中对管子底部 M_0 处至顶部($x=L$)采用了一个共同的驳船升沉加速度，这是因为如果管子的纵向振动自然周期 $T_1 \ll T_2$(激振周期)，那么它顶部和底部的升沉加速度是近似相同的，例如对 1000m 长钢管，$T_1=0.3s$，它比最短激振周期 $T_2=3$s 要小一个数量级。

如果上端与平台或驳船连接处也有旋转刚度 k_u，则上端边界条件可以写成：

$$u(L,\ t)=S(t),\quad EI\frac{\partial^2 u(L,\ t)}{\partial x^2}=k_u\frac{\partial u(L,\ t)}{\partial x} \tag{8-20}$$

对上端为系泊索系泊的钻塔，也可以设为横向固定，$u(L,\ t)=0$，其它类型的边界条件可以按隔水管和钻塔(平台)或驳船的类型来规定。一旦规定了边界条件，就可以在初始为垂直静止状态条件下对运动方程进行数值积分求解。

§8.3 海洋钻井隔水管动力响应分析

8.3.1 两端铰支隔水管的动力响应

1) 隔水管主振型

隔水管振动的主振型决定于边界条件，对于图 8-9 所示两端铰支的隔水管系统，令 $f(x,\ t)=0$，由式(8-16)可得

$$EI(x)\frac{\partial^4 u}{\partial x^4}-F_e(x,\ t)\frac{\partial^2 u}{\partial x^2}+m_0(x)\frac{\partial^2 u}{\partial t^2}=0 \tag{8-21}$$

设动力响应为

$$u(x,\ t)=U(x)T(t)=U(x)\sin(\omega t+\phi)$$

代入式(8-21)可得

$$EI\frac{\mathrm{d}^4 U}{\mathrm{d}x^4}-F_e\frac{\mathrm{d}^2 U}{\mathrm{d}x^2}-\omega^2 mU=0$$

设 $\alpha=\sqrt{\dfrac{F_e}{EI}}$，$k^4=\dfrac{\omega^2 m}{EI}$，则上式变为

$$EI\frac{\mathrm{d}^4 U}{\mathrm{d}x^4}-\alpha^2\frac{\mathrm{d}^2 U}{\mathrm{d}x^2}-k^4 U=0$$

上式的解为

$$U(x)=A\sin\lambda_1 x+B\cos\lambda_1 x+C\sinh\lambda_2 x+D\cosh\lambda_2 x \tag{8-22}$$

式中，$\lambda_1=\sqrt{-\dfrac{\alpha^2}{2}+\sqrt{\dfrac{\alpha^4}{4}+k^4}}$，$\lambda_2=\sqrt{\dfrac{\alpha^2}{2}+\sqrt{\dfrac{\alpha^4}{4}+k^4}}$。

针对图 8-8 的隔水管柱力学模型，由于两端是铰支，考虑边界条件可得

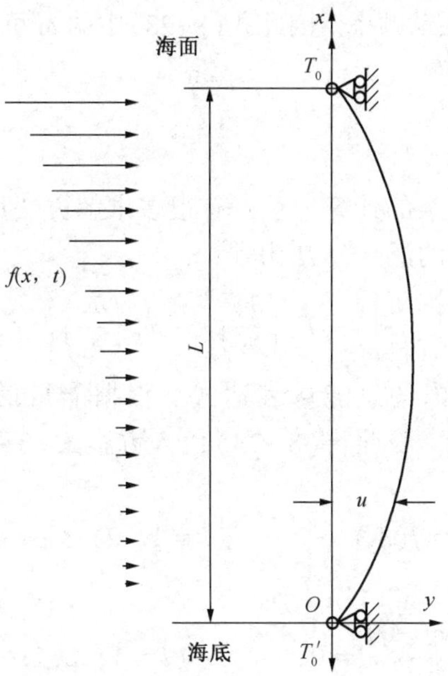

图 8-9　隔水管振动力学模型

$$U(0)=0,\ EI\frac{d^2U(0)}{dx^2}=0$$

$$U(L)=0,\ EI\frac{d^2U(L)}{dx^2}=0$$

可得：

$$U(0)=B+D=0$$

$$EI\frac{d^2U(0)}{dx^2}=EI(\lambda_1{}^2B+\lambda_2{}^2D)=0$$

$$U(L)=A\sin\lambda_1L+B\cos\lambda_1L+C\sinh\lambda_2L+D\cosh\lambda_2L=0$$

$$EI\frac{d^2U(L)}{dx^2}=-EI(A\lambda_1{}^2\sin\lambda_1L+B\lambda_1{}^2\cos\lambda_1L+C\lambda_2{}^2\sinh\lambda_2L+D\lambda_2{}^2\cosh\lambda_2L)=0$$

由此可以推导得到

$$B=C=D=0$$

$$A\sin\lambda_1L=0\rightarrow\sin\lambda_1L=0\rightarrow\lambda_1=\frac{i\pi}{L}$$

因此，上述振动方程的主振型为

$$U(x)=A\sin\frac{i\pi}{L}x\qquad(i=1,\ 2,\ 3,\ \cdots\cdots)$$

2）动力响应函数与 $u(x,\ t)$ 的确定

显然，$u(x,\ t)$ 可以表示为

$$u(x,\ t)=\sum_{i=1}^{\infty}A_i\sin\left(\frac{i\pi}{L}x\right)\sin\omega t\tag{8-23}$$

由于隔水管的振动来源于波浪力。根据机械振动原理，在稳态情况下隔水管的振动频率

等于激扰频率，即波浪力的振动频率，因此式(8-23)中的ω可以表示为

$$\omega = \frac{2\pi}{T} \tag{8-24}$$

式中 T——波浪力周期。

确定 $u(x, t)$ 是一个很复杂的计算过程，有很多求解方法可供选择。如果采用能量法，则可建立挠曲线 $u(x, t)$ 方程的泛函数 Π 为[192]

$$\Pi = \frac{1}{2}\int_0^T\int_0^L\left[EI\left(\frac{\partial^2 u}{\partial x^2}\right)^2 + F_e\left(\frac{\partial u}{\partial x}\right)^2 - m_0\left(\frac{\partial u}{\partial x}\right)^2 - 2f(x, t)u\right]\mathrm{d}x\mathrm{d}t \tag{8-25}$$

这是隔水管在一个周期内的总能量表达式。根据能量最小(稳态)原理，Π 应当在可能的变形条件下取极小值，因此将(8-23)代入方程式(8-16)，再代入上式进行逐项积分可得

$$\Pi = f(A_i) \qquad (i = 1, 2, 3\cdots\cdots)$$

取Π的极小值条件为

$$\frac{\partial \Pi}{\partial A_i} = \frac{\partial f(A_i)}{\partial A_i} = 0 \qquad (i = 1, 2, 3\cdots\cdots)$$

就可以得出关于 A_i 的线性方程组，解此方程组就可以得到 A_i 的具体表达式。

例 8-1 某海水水深 $H=200$m，海浪最大波高 $h_w=15$m，周期 $T=13$s，海水密度 $\rho_w=1050\mathrm{kg/m^3}$。隔水管外径 $D=0.5334$m，壁厚 $\delta=0.0127$m，有40%超张力。钢材弹性模量 $E=2.10\times10^7$Pa，钢材密度 $\rho_s=7800\mathrm{kg/m^3}$。钻杆外径 $d_p=0.127$m，钻井液密度 $\rho_m=1300\mathrm{kg/m^3}$。

求：隔水管的动力响应方程

解：(1)波浪参数的计算

波长：$L_w = \dfrac{T^2 g}{2\pi} = 263.7\mathrm{m}$ （g 为重力加速度，$g=9.8\mathrm{m/s^2}$）

波数：$k_w = \dfrac{2\pi}{L_w} = 0.0238\mathrm{m^{-1}}$

圆频率：$\omega = \dfrac{2\pi}{T} = 0.4831\mathrm{rad/s}$

(2) 隔水管参数计算

隔水管抗弯刚度：$EI = \dfrac{E\pi}{64}[D^4 - (D - 2\delta)^4] = 1.479 \times 10^8\mathrm{N\cdot m^2}$

隔水管在振动过程中，内部钻井液与外部附连水都要与隔水管一起振动，因此隔水管单位长度的质量 m 包括单位长度隔水管中的钻井液质量 m_m、外部附连水质量 m_a 和隔水管自身钢结构质量 m_s 三项，即

$$m = m_s + m_a + m_m$$

其中，各项质量的计算公式为

$$m_s = \frac{\pi}{4}[D^2 - (D - 2\delta)^2]\rho_s = 162 \qquad (\mathrm{kg/m})$$

$$m_m = \frac{\pi}{4}[(D - 2\delta)^2 - d_p^{\ 2}]\rho_m = 246.9 \qquad (\mathrm{kg/m})$$

$$m_a = (C_m - 1) m_w = m_w = \frac{\pi}{4} D^2 \rho_w = 233.3 \qquad (\text{kg/m})$$

对于圆柱而言，$C_m = 2$。因此隔水管单位长度的振动质量为

$$m = m_s + m_a + m_m = 642.2\text{kg/m}。$$

隔水管浮重：$W = G - B = \frac{\pi}{4}[(D - 2\delta)^2 - d_p{}^2] L\rho_s B_f = 2.767 \times 10^5$ (N)

因为有 40%的超张力，所以隔水管底部的张力为：

$$F'_0 = 0.4W = 1.107 \times 10^5 \qquad (\text{N})$$

顶部张力为

$$F_0 = F'_0 + W = 1.4W = 3.874 \times 10^5 \qquad (\text{N})$$

任一水深处隔水管张力为：$F(x) = F'_0 + \frac{x}{L} W = (1.107 + 1.384x) \times 10^5$ (N)

(3) 波浪力的计算

① Morison 方程

因为 $\frac{H}{D} = 28.12 > 10$，所以可以忽略惯性力，Morison 方程变为

$$f(x, t) = \frac{1}{2} \rho_w C_D D \left(v_r - \frac{\partial u}{\partial t}\right) \left| v_r - \frac{\partial u}{\partial t} \right|$$

② 波浪理论的选择

由于 $\frac{H}{L_w} = 0.758 > 0.5$，$\frac{h_w}{H} = 0.075 \ll 1$，$\frac{h_w}{H}\left(\frac{L_w}{H}\right)^2 = 0.172 < 1$，因此可以选择线性艾利波理论。经坐标变换后，可以得到水平速度 v_r 的表达式

$$v_r = \frac{\pi h_w}{T} e^{\frac{2\pi(x-H)}{L}} \sin\omega t = 3.623 e^{0.0238(x-200)} \sin\omega t \qquad (\text{m/s})$$

③ 阻力系数 C_D 的选取

因为计算的是最大波浪力，所以 C_D 应当按照最大速度来选取

$$u_{r\max} = \frac{\pi h_w}{T} e^{\frac{2\pi(x-H)}{L}} \Big|_{x=H} = \frac{\pi h_w}{T} = 3.623 \qquad (\text{m/s})$$

海水的运动黏度为 $\nu = 0.9 \times 10^{-5}\,\text{m}^2/\text{s}$，因此雷诺数 $Re = u_{r\max} D/\nu = 2.147 \times 10^6$，查文献[190]可得 $C_D = 0.70$。

④ 波浪力的计算

通过计算可得：

$$f(x, t) = 196.02 \times \left(v_r - \frac{\partial u}{\partial t}\right) \left| v_r - \frac{\partial u}{\partial t} \right|$$

(4) 振幅计算

采用能量法结合式(8-25)，可以实现隔水管振动各阶固有频率所对应的振幅 A_i 的求解，并由此确定具体的 $u(x, t)$。例如文献[192]采用上述数据，利用计算机编程求解，得到：$A = (2.111, -1.369, 0.181, -0.087, \cdots\cdots)$。只取前 4 阶振型，则隔水管的动力响应为：

$$u(x,\ t)=\left[\begin{array}{l}2.111\sin\dfrac{\pi}{L}x-1.369\sin\dfrac{2\pi}{L}x\\+0.181\sin\dfrac{3\pi}{L}x-0.087\sin\dfrac{4\pi}{L}x\end{array}\right]\sin\omega t$$

不难看出，在 $\sin\omega t=1$ 时，存在最大动力响应

$$u(x)=2.111\sin\frac{\pi}{L}x-1.369\sin\frac{2\pi}{L}x+0.181\sin\frac{3\pi}{L}x-0.087\sin\frac{4\pi}{L}x$$

将 $u(x)$ 进行图形显示，可得图 8-10。

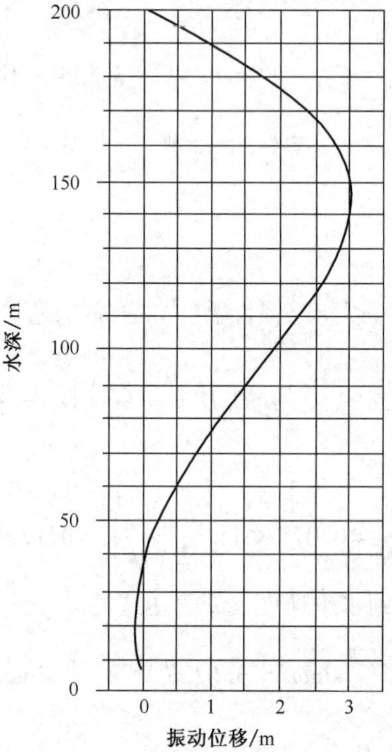

图 8-10　隔水管动力响应

8.3.2　海洋钻井隔水管固有频率简化计算公式

顶张力海洋钻井隔水管可以简化为如图 8-8 所示的简支梁模型。在顶张力 F_0 作用下，假设隔水管处于小变形状态，那么，隔水管的动态响应可表示为无穷多个不同频率和振幅的正弦波的叠加，可用如下公式表示

$$u=\sum_{n=1}^{\infty}A_n\sin\left(\frac{n\pi x}{L}\right)\tag{8-26}$$

式中，A_n 是第 n 阶模态响应的幅值；$\sin\left(\dfrac{n\pi x}{L}\right)$ 是对应的振型函数。

隔水管横向变形引起的长度变化量 λ 和弹性应变能 U 分别为

$$\lambda=\frac{1}{2}\int_0^L\left(\frac{\mathrm{d}u}{\mathrm{d}x}\right)^2\mathrm{d}x$$

$$U = \frac{EI}{2}\int_0^L \left(\frac{d^2u}{dx^2}\right)^2 dx$$

将式(8-26)代入上两式，并进行积分，可得

$$\lambda = \frac{\pi^2}{4L}\sum_{n=1}^{\infty} n^2 {A_n}^2$$

$$U = \frac{EI\pi^4}{4L^3}\sum_{n=1}^{\infty} n^4 {A_n}^2$$

上面两式对 A_n 求导，得到模态幅值单位变化量 dA_n 引起的隔水管长度单位变化量 $d\lambda$ 和单位弹性应变能 dU 分别为

$$d\lambda = \frac{\partial \lambda}{\partial A_n} dA_n = \frac{\pi^2}{2L} n^2 A_n dA_n$$

$$dU = \frac{\partial U}{\partial A_n} dA_n = \frac{EI\pi^4}{2L^3} n^4 A_n dA_n \tag{8-27}$$

隔水管张力 F 在单位长度变化量 $d\lambda$ 上所作的功 dP 为

$$dP = F_e d\lambda$$

式中　F_e——隔水管承受的有效张力，近似取其管跨中部的张力。

显然，可以推导得到

$$dP = \frac{F_e \pi^2}{2L} n^2 A_n dA_n \tag{8-28}$$

微量载荷 $q dc$ 在 $x=c$ 处所作的外功为

$$dW = A_n \sin\left(\frac{n\pi c}{L}\right) q dc \tag{8-29}$$

式中　c——微量载荷距坐标原点的距离；

q——分布式载荷，是 c 的函数。

由于能量守恒，所以

$$dW = dU + dP$$

将式(8-27)、式(8-28)、式(8-29)代入上式，并约去两侧的 A_n，这样得到

$$\sin\left(\frac{n\pi c}{L}\right) q dc = \left[\frac{EI\pi^4}{2L^3} n^4 + \frac{F_e \pi^2}{2L} n^2\right] dA_n$$

对上式两边在 0~L 上进行积分，得到

$$A_n = \frac{1}{\dfrac{EI\pi^4}{2L^3} n^4 + \dfrac{F_e \pi^2}{2L} n^2} \int_0^L \sin\left(\frac{n\pi c}{L}\right) q dc \tag{8-30}$$

令 $Q_n = \dfrac{2}{L}\int_0^L \sin\left(\dfrac{n\pi c}{L}\right) q dc$，$Q_n$ 为分布式载荷 q 对应于 n 阶模态的谐值(称之为模态载荷)，则由式(8-30)可以看出，模态响应幅值 A_n 正比于模态载荷 Q_n。

对(8-30)式进行等式替换，得到

$$A_n = \frac{Q_n L^4}{EI\pi^4 n^4} \times \frac{1}{1+\alpha} \tag{8-31}$$

式中 $\alpha = \dfrac{F_e L^2}{EIn^2\pi^2}$。

对于隔水管自由振动来说，惯性力为唯一的载荷，故模态载荷 Q_n 可以表示为 $Q_n = m\ddot{A}_n$。由于 $\ddot{A}_n = -\omega^2 A_n$，所以 $Q_n = m\ddot{A}_n = -m\omega^2 A_n$。其中，$\omega_n$ 为隔水管第 n 阶固有频率。这样得到的隔水管固有频率简化计算公式为

$$\bar{\omega}_n = \frac{n^2\pi^2}{L^2}\sqrt{\frac{EI(1+\alpha)}{m}} \tag{8-32}$$

在以上分析中，m 为隔水管振动时的单位长度质量，包括隔水管自身质量、外部节流与压井管线质量、内部钻井液质量以及外部附连水质量(前 3 项之和被称为隔水管空气中单位长度振动质量，所有 4 项之和被称为隔水管水中单位长度振动质量)。

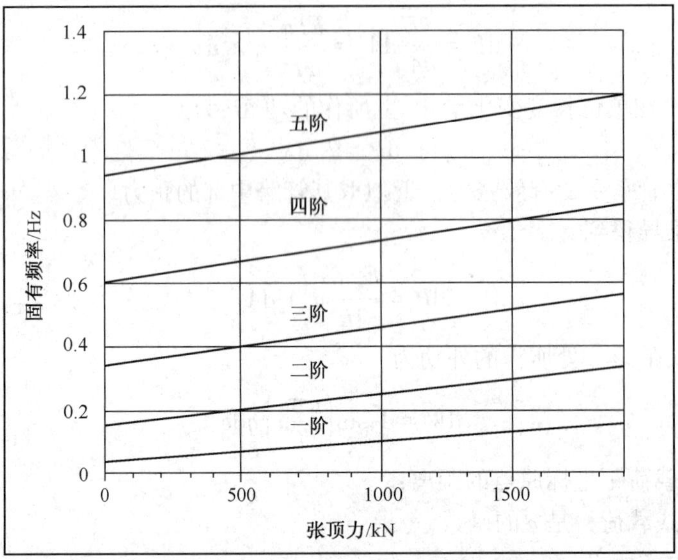

图 8-11 隔水管固有频率随张顶力变化曲线

例 8-2 隔水管的基本参数为：管外径 0.6096m，壁厚 0.0159m，长度 152.4m，管材密度 6967.1kg/m³，隔水管材料杨氏模量 206GPa。海水深度 152.4m；海水密度 1037.9kg/m³；钻井液密度 1362.6kg/m³；隔水管顶张力 1.8×10^7N。请用近似方法计算隔水管固有频率。

解：采用式(8-32)计算来计算隔水管固有频率，有

$$D_o = 0.6096\text{m} \quad \delta = 0.0159\text{m} \quad D_i = D_o - 2\times\delta = 0.5778\text{m}$$

$$I_0 = \frac{\pi}{64}(D_o^{\ 4} - D_i^{\ 4}) = 1.30758\times10^{-3}\text{m}^4$$

隔水管振动时单位长度质量 m

$$m = m_s + m_a + m_m$$

其中，各项质量的计算公式为

$$m_s = \frac{\pi}{4}[D_o^{\ 2} - (D_o - 2\delta)^2]\rho_s = 206.617(\text{kg/m})$$

$$m_m = \frac{\pi}{4}[(D - 2\delta)^2]\rho_m = 357.284(\text{kg/m})$$

$$m_a = (C_m - 1)m_w = m_w = \frac{\pi}{4}D^2\rho_w = 302.925(\text{kg/m})$$

得到的结果为

$\omega_1 = 0.97\text{rad/s}$　$\omega_2 = 2.10\text{rad/s}$　$\omega_3 = 3.53\text{rad/s}$　$\omega_4 = 5.34\text{rad/s}$　$\omega_5 = 7.56\text{rad/s}$

研究表明，顶张力对隔有管固有频率也会产生显著影响。当顶张力处于较低水平时，隔水管固有频率随着顶张力的增加而显著增加，但隔水管固有频率增加的速度会随着顶张力的继续增加而变慢。图 8-11 就是计算隔水管前五阶固有频率随顶张力的变化曲线。

作业及思考题

1. 什么是隔水管？隔水管的功能是什么？

2. 什么是海浪力？影响海浪力的因素有哪些？

3. 波浪力有哪几部分组成？简述不同情况波浪力的计算公式。

4. 某海水水深 $H=500\text{m}$，海浪最大波高 $h_w=10\text{m}$，周期 $T=15\text{s}$，海水密度 $\rho_w=1050\text{kg/m}^3$。试确定海浪质点的速度方程。

5. 某海水水深 $H=600\text{m}$，海浪最大波高 $h_w=16\text{m}$，周期 $T=12\text{s}$，海水密度 $\rho_w=1050\text{kg/m}^3$。隔水管外径 $D=0.533\text{m}$，壁厚 $\delta=0.0127\text{m}$，有 35%超张力。钢材弹性模量 $E=2.10\times10^7\text{Pa}$，钢材密度 $\rho_s=7850\text{kg/m}^3$。钻杆外径 $d_p=0.127\text{m}$，钻井液密度 $\rho_m=1300\text{kg/m}^3$。求隔水管的动力响应方程。

6. 隔水管的基本参数为：外径 0.6096m，壁厚 0.0159m，长度 152.4m，管材密度 9800.0kg/m³，隔水管材料杨氏模量 206GPa，隔水管顶张力 $2.0\times10^7\text{N}$。海水深度 350m，海水密度 1050.0kg/m³，钻井液密度 1300.0kg/m³。请用近似方法计算隔水管固有频率。

第九章 油气井管柱强度设计与校核

§9.1 概述

9.1.1 强度的定义

构件强度问题是材料力学所研究的最基本问题之一。根据《中国大百科全书》(力学卷)和《力学词典》关于强度理论的定义："强度理论是判断材料在复杂应力状态下是否破坏的理论"；"屈服准则是物体中某点在复杂应力状态下由弹性状态转变到塑性状态时各应力分量组合应满足的条件"。广义的破坏包括材料由弹性状态到塑性状态的转变。因此，强度理论包括屈服准则和破坏准则。更广义的强度理论还包括多轴疲劳准则、多轴蠕变条件，以及计算力学和计算程序中的材料模型等[219]。

在材料力学领域，所谓构件的强度是指构件承受载荷的能力或构件抵抗破坏的能力。通常认为当构件承受的载荷达到一定大小时，材料就会在应力状态最危险的一点首先发生破坏。因此，为了保证构件能正常地工作，必须找出进入危险状态的原因，从而建立材料在各种不同应力状态下强度条件的一般公式，作为设计或校核构件截面尺寸的依据。

值得注意的是，简单应力状态下构件的强度计算问题，其强度条件是通过直接试验建立的，不需要去考虑导致材料破坏的原因。而强度理论主要解决在复杂应力状态下构件的强度计算问题。在这种情况下，强度条件不可能通过直接试验建立，而只能从观察、分析材料破坏的现象入手，对导致材料破坏的主要因素做出合理的假设，由此建立强度条件。因此，强度理论实际上是关于材料在复杂应力状态下发生破坏的假设和构件强度的计算准则。

强度理论在理论研究、工程应用和有效利用材料等方面都具有很重要的意义。特别是在各种结构设计中，对多轴应力的合理的强度预计是一个实际问题。强度理论是物理学家、材料学家、地球科学家，以及土木工程师、机械工程师等共同关注的交叉研究领域。

9.1.2 强度理论的分类

在长期的生活和生产实践中，人们对材料破坏的形式和原因进行了分析与研究，发现构件的破坏形式大体上可以分为两类：一类是脆性断裂，另一类是塑性屈服。例如铸铁试件受拉伸时总是沿着横截面断裂，而低碳钢试件受拉伸时总是沿着斜截面发生塑性屈服。因此强度理论随着历史的发展也分为两大类：一类是关于断裂破坏的强度理论；另一类是关于屈服破坏的强度理论。关于断裂强度理论，有

(1) 最大正应力强度理论——第一强度理论；

(2) 最大拉应变强度理论——第二强度理论；

关于屈服强度理论，包括

(1) 单剪强度理论——单参数和二参数，即第三强度理论和 Mohr-Coulomb 理论；

(2) 八面体剪应力强度理论或三剪强度理论，即第四强度理论；

这是材料力学中的四个古典强度理论，分别被称为第一、第二、第三和第四强度理论，它们都是适合于拉压强度相同材料的单参数强度理论。

材料强度理论已经经历了二百年的发展历程[220]。为了能够进行工程设计，人们不得不根据观察试验结果，对于引起材料破坏的因素作出某些假定来建立的强度理论。把这些理论应用到工程实践中就可以解决设计上的问题，使工程实践向前推进一步。但随着生产力的发展和科学技术的进步，旧理论中与某些实验结果不一致的地方逐渐被发现，于是又提出新的假定来对旧的理论作出修正，从而建立起新的强度理论。在上述四个强度理论的基础上，在上世纪 60 年代，人们逐渐建立起拉压强度不相同材料的强度理论，即双剪强度理论[219]。关于强度理论的发展历史的详细综述，可参阅文献[221]。.

9.1.3 强度理论的选用

一般来说，处于复杂应力状态并在常温和静载条件下的脆性材料，多发生断裂破坏，所以通常采用第一强度理论；第二强度理论由于与实际不符，在工程实践中已经很少使用，个别应用的部门也只是在某些特殊的应力状态场合下使用[219]。塑性材料多发生屈服破坏，所以应该采用第三或第四强度理论。第三强度理论的表达式比较简单，而第四强度理论用于设计可以得到较为经济的截面尺寸。

根据材料来选择相应的强度理论，在多数情况下是合适的。但是，材料的破坏形式不仅与材料本身的性质有关，而且与材料的应力状态和环境条件也有很大的联系。试验表明，同一种材料在不同的应力状态下会有不同的破坏形式。例如铸铁试件拉伸时呈脆性断裂，而在压缩时则有较大的塑性变形[220]。因此在选择强度理论时，也要注意到在特殊情况下，必须按照可能发生的破坏形式和应力状态来选择适宜的强度理论，以便对构件的强度进行合理的计算。例如，在三向拉伸应力状态下，不论是脆性材料还是塑性材料都应当采用第一强度理论；在三向压缩应力状态下，不论是脆性材料还是塑性材料都应当采用第三或第四强度理论。此外又如铸铁这类脆性材料在二向拉伸应力状态下，以及在二向拉伸——压缩应力状态且拉应力较大的情况下，宜采用第一强度理论。而在二向拉伸——压缩应力状态且压应力较大的情况下，宜采用第一强度理论。因此，强度问题实际上是一个极其复杂的问题，许多因素彼此错综复杂地相互影响着，在不同的情况下究竟如何选用强度理论，这并不是一个单纯的力学问题，而与有关工程技术部门长期积累的经验，以及根据这些经验制订的一整套计算方法和规定的容许应力数值都有关系。

石油工程管柱的破坏形式也分为塑性破坏和脆性断裂两种，但这两种破坏发生的机理比较复杂。在工程设计中，可以分为简单应力状态和复杂应力状态两种情况；在复杂应力状态下，人们多采用第四强度理论进行管柱强度的设计计算。

§9.2 管柱强度的设计与校核

管柱管体内的主要应力有：轴向拉(压)力产生的拉(压)应力、扭矩产生的剪切应力、井眼弯曲产生的附加拉应力、钻柱屈曲产生的附加拉(压)应力、钻井液内外压力产生的应力等。由于套管柱强度设计有一套专门的设计流程，在此不做赘述。下面针对钻柱和油管柱简要介绍管柱强度的设计与校核。

9.2.1 应力计算

1）轴向拉(压)力产生的拉(压)应力

$$\sigma_t = \frac{F}{A}$$

式中 σ_t——轴向拉(压)力产生的拉(压)应力，N/m^2；

A——钻柱截面积，m^2。

2）薄壁管柱上扭矩产生的剪应力

$$\tau = \frac{M \times R_o}{J}$$

式中 τ——扭矩产生的剪应力，N/m^2；

J——管柱截面极惯性矩，m^4；

M——作用在管柱上的轴向扭矩，N·m。

3）井眼弯曲产生的管柱弯曲应力

$$\sigma_b = Ek_bR_o$$

式中 σ_b——井眼弯曲产生的管柱弯曲应力，N/m^2；

R_o——管柱外半径，m。

4）屈曲产生的应力

a）钻柱

若管柱的有效轴向力 F_e 满足 $-2\sqrt{\frac{2EIq_m\sin\alpha}{r}} \leqslant F_e < -2\sqrt{\frac{EIq_m\sin\alpha}{r}}$ 时，管柱处于正弦屈曲失稳状态。发生正弦屈曲后，附加弯曲应力可以用下式近似计算[108]

$$\sigma_{bc} \approx 0.3151\frac{2xr}{I}(-F_e)^{0.08}\left[-F_e - 2\sqrt{\frac{EIq_m\sin\alpha}{r}}\right]^{0.92}$$

式中 x——计算点到钻柱弯曲中性面的距离，m；

F_e——钻柱有效轴向拉力，N。

若管柱的有效轴向力 F_e 满足 $F_e \leqslant -2\sqrt{\frac{2EIq_m\sin\alpha}{r}}$，则管柱处于螺旋屈曲失稳状态。在管柱处于螺旋屈曲状态下，附加弯曲应力为

$$\sigma_{bc} = \frac{xrF_e}{2I} \times \frac{1.5|M| + \sqrt{(1.5M)^2 - 8EIF_e}}{\sqrt{-8EIF_e}}$$

b）油管

下入和施工作业过程中油管屈曲产生的弯曲应力可以用下式计算[223]

$$\sigma_{bc} = -\frac{R_orF_e}{2I}$$

5）内外液压力产生的应力

在考虑此项的影响时，应当根据具体的工程条件，按照可能发生的最危险情况进行设计与校核。例如，考虑套管内压力时，可以按照外压力为0，即管外掏空；而考虑抗挤毁时可以按照内压力为0，即管内掏空进行设计。根据厚壁筒理论，内外压力产生的应力为：

$$\sigma_r = \frac{R_i^2 P_i - R_o^2 P_o}{R_o^2 - R_i^2} - \frac{R_i^2 R_o^2 (P_i - P_o)}{R^2 (R_o^2 - R_i^2)}$$

$$\sigma_\theta = \frac{R_i^2 P_i - R_o^2 P_o}{R_o^2 - R_i^2} + \frac{R_i^2 R_o^2 (P_i - P_o)}{R^2 (R_o^2 - R_i^2)}$$

式中　σ_r——钻井液的压力产生的径向应力，N/cm^2；

p_i、p_o——管柱的内、外压力，N/cm^2；

R_i——管柱的内半径，cm；

R——以管柱中心为原点的极坐标半径，cm；

σ_θ——钻井液的压力产生的切向应力，N/cm^2。

6）热应力

如果管柱不能自由伸缩，则温度变化导致管柱截面应力的计算公式为

$$\sigma_T = E\alpha_T (T - T_0) = E\alpha_T \times \Delta T$$

式中　σ_T——管柱在温差作用下的轴向应变；

α_T——测试管柱的热膨胀系数，1/℃；

ΔT——温度变化量，℃。

9.2.2　应力强度校核

1）钻柱

（1）对于受拉段

$$\sigma_i = \sqrt{(\sigma_t + \sigma_b)^2 + \sigma_r^2 + \sigma_\theta^2 - [(\sigma_t + \sigma_b)\sigma_r + \sigma_r\sigma_\theta + \sigma_\theta(\sigma_t + \sigma_b)] + 3\tau^2}$$

式中　σ_i——应力强度，N/cm^2。

（2）对于受压但没有失稳段

$$\sigma_i = \sqrt{(\sigma_t - \sigma_b)^2 + \sigma_r^2 + \sigma_\theta^2 - [(\sigma_t - \sigma_b)\sigma_r + \sigma_r\sigma_\theta + \sigma_\theta(\sigma_t - \sigma_b)] + 3\tau^2}$$

（3）对于受压处于失稳段

$$\sigma_i = \sqrt{(\sigma_t - \sigma_b - \sigma_{bc})^2 + \sigma_r^2 + \sigma_\theta^2 - \begin{bmatrix} (\sigma_t - \sigma_b - \sigma_{bc})\sigma_r \\ + \sigma_r\sigma_\theta + \sigma_\theta(\sigma_t - \sigma_b - \sigma_{bc}) \end{bmatrix} + 3\tau^2}$$

2）油管柱

油管柱起出时主要受到轴向力、油管随井眼弯曲的弯曲应力的作用，因此其应力强度可表示为

$$\sigma_i = \sigma_t + \mathrm{sign}(\sigma_t)\sigma_b$$

在油管柱下入过程中，主要受到轴向力、油管随井眼弯曲的弯曲应力、螺旋屈曲弯曲应力和流体内外压力的作用，其应力强度计算公式为

$$\sigma_i = \sqrt{(\sigma_t + \mathrm{sign}(\sigma_t)\sigma_b + \mathrm{sign}(\sigma_t)\sigma_{bc})^2 - [\sigma_t + \mathrm{sign}(\sigma_t)\sigma_b + \mathrm{sign}(\sigma_t)\sigma_{bc}]\sigma_\theta + \sigma_\theta^2}$$

3)安全系数

因为应力强度从钻柱内壁到外壁是变化的，因此，应取其最大值为校核的依据。

$$n = \frac{\sigma_s}{\sigma_{imax}}$$

式中　n 为安全系数；σ_s 为材料的屈服极限，Pa；σ_{imax} 为截面上最大应力强度，Pa。

作业及思考题

1. 简述材料的强度定义。
2. 什么是材料的屈服？什么是材料的破坏？
3. 什么是材料的第四强度理论？
4. 如何正确地选用材料强度理论？

参 考 文 献

1 宋治，冯耀荣等编著. 油井管与管柱技术及应用[M]. 北京：石油工业出版社. 2007.

2 陈庭根，管志川主编. 钻井工程理论与技术[M]. 山东东营：中国石油大学出版社，2006.

3 Shokir E. M.. A Novel PC Program for Drill String Failure Detection and Prevention before and while Drilling specially in New Areas[J]. Oil & Gas Business，2004.

4 孙永兴，林元华，张智，施太和，王颖辉. 钻柱失效的动态断裂力学探讨[J]. 物理测试，2008，26(3)：15-18，19.

5 Lubinski A.. A Study of the Buckling of Rotary Drilling Strings[J]. API Drilling and Production Practice，1950：178-214.

6 Lubinski A.，Blenkarn K. A.. Buckling of Tubing in Pumping Wells，Its Effects and Means for Controlling It [J]. Trans.，AIME，210，1957：73-88.

7 Lubinski A.，Althouse W. S.，Logan J. L. . Helical Buckling of Tubing Sealed in Packers[J]. JPT，1962，14(3)：655-670.

8 Woods HB，Lubinski A. . Use of Stabilizers in Controlling Hole Deviation[J]. DPP，1955：165- 182.

9 Hammerlindl D. J. . Movement，Forces and Stresses Associated with Combination Tubing Strings Sealed in Packers[J]. J. Pet. Tech.，1977，29(1)：195-208.

10 Hammerlindl D. J. . Basic Fluid and Pressure Forces on Oilwell Tubulars[J]. J. Pet. Tech.，1980，32(3)：153-159.

11 Hammerlindl D. J. . Packer to Tubing Forces for Intermediate Packers[J]. J. Pet. Tech.，1980，32(2)：515-527.

12 Paslay P R，Bogy D B. The stability of a circular rod laterally constrained to be in contact with an inclined circular cylinder[J]. Journal of Applied Mechanics，December 1964：605-610.

13 Dawson R.，Paslay P. R. . Drillingpipe Buckling in Inclined Holes[J]. J. Pet. Tech.，1984，36 (5) ：1119-1125.

14 曾选平. 油管柱的受力与变形[J]. 石油钻采工艺，1981，3(3)：39-54.

15 张宁生. 常用流体压力对管柱的作用[J]. 石油钻采工艺，1982，4(5)：73-84.

16 江汉石油工艺研究所. 封隔器理论及应用基础[M]. 北京：石油工业出版社，1983.

17 窦益华. 加权残值法分析钻柱的受力与变形[J]. 西南石油学院学报，1986，26(3)：65-71.

18 龚伟安. 液压下的管柱弯曲问题[J] . 石油钻采工艺，1988，10(3)：11—22.

19 Walker B H，Friedman M B. Three-dimensional force and deflection analysis of a variable cross section drill string[J]. Journal of Pressure Vessel Technology，1977，(5)：367-373.

20 Millheim K K，Apostal M C. The effect of bottom hole assembly dynamics on the trajectory of a bit[J]. Journal of Petroleum Technology，December 1981：2323-2338.

21 HO H S. General formulation of drill string under large deformation and its use in BHA analysis [C]. SPE15562.

22 HO H S. Prediction of drilling trajectory in directional wells via a new rock - bit interaction model [C]. SPE16658.

23 白家祉. 应用纵横弯曲连续梁理论求解钻具的受力与变形[C]. 北京：北京国际石油工程会议论文集，1982.

24 白家祉. 关于防斜钻具的选择[J]. 石油钻采工艺，1985，7(1)：1-7.

25 白家祉，林小敏. 纵横弯曲法对钻具组合的二维分析[J]. 石油学报，1985，6(3)：75- 84.

26 白家祉，黄惠泽，刘玉石. 纵横弯曲法对钻具组合的三维分析[J]. 石油学报，1989，10(2)：60-66.

27 白家祉，苏义脑. 井斜控制理论与实践[M]. 北京：石油工业出版社，1990.

28 苏义脑. 水平井井眼轨道控制[M]. 北京：石油工业出版社，2000.
29 苏义脑. 求解井底钻具组合及油田试验结果分析[J]. 石油钻采工艺，1996，18(1)：1-3.
30 苏义脑，唐学平，陈祖锡. 初弯曲纵横弯曲梁的等效荷法及其应用[J]. 力学与实践，2004，26(1)：42-44.
31 苏义脑. 油气直井防斜打快技术-理论与实践[M]. 北京：石油工业出版社，2003.
32 高德利. 油气井管柱力学与工程[M]. 山东东营：中国石油大学出版社，2006.
33 刘希圣，高德利，崔孝秉. 底部钻具组合三维静力分析的权余法[J]. 石油大学学报，1988，12(3)：58-67.
34 高德利. 钻头与地层相互作用研究、BHA 权余法分析及井眼轨道控制技术[D]. 北京：石油大学，1990.
35 宋执武，高德利. 自动防斜钻井钻具设计[J]. 钻采工艺，2007，30(3)：1-2.
36 高德利. 井眼轨迹控制问题的力学分析方法[J]. 石油学报，1996，17(1)：115-121.
37 高德利，刘希圣，黄荣樽. 钻头与地层相互作用的三维宏观分析[J]. 石油大学学报：自然科学版，1989，13(1)：23-31.
38 高德利，刘希圣. 钻头与地层相互作用的新模型[J]. 石油钻采工艺，1989，11(5)：23-32.
39 李子丰. 定向水平井钻柱拉力-扭矩模型、导向钻具大小挠度力学分析和轨道控制理论[D]. 北京：石油大学，1992.
40 李子丰，刘希圣. 导向钻具组合三维小挠度力学分析方法[J]. 石油钻探技术，1993，21(2)：1-6.
41 李子丰，刘希圣. 下部钻具三维大挠度静力分析[J]. 石油大学学报：自然科学版，1994，18(4)：37-42.
42 李子丰. 井眼轨道控制理论[M]. 北京：石油工业出版社，1996.
43 Li Zifeng，Ma Xingrui，Huang Wenhu，Liu Xisheng. 3D analysis of bottom hole assembly under large deflection[J]. SPE Drilling& Completion，1996，11(2)：104-110.
44 李子丰，赵新瑞，赵德云. 通用下部钻具三维小挠度力学的数学模型及应用[J]. 工程力学，2000，17(6)：121-129.
45 李子丰，李敬媛. 三维钻速方程及其反演模型[J]. 西部探矿工程，1994，6(2)：8-11.
46 李敬元，李子丰. 井眼轨道预测的实现[J]. 天然气工业，2005，25(5)：62-64.
47 Mitchell R. F. . New Concepts for Helical Buckling[J]. SPE Drill. Eng.，1988，3(3)：303-310.
48 Mitchell R. F. . Pull-through Forces in Buckled Tubing[J]. SPE Prod. & Facilities，1995，10(2)：109-114.
49 Mitchell R. F. . Comprehensive Analysis of Buckling with Friction[J]. SPE Drill. & Completion，1996，11(3)：178-184.
50 Yu-che Chen，Yu-shu Lin，Cheatham J. B. . Tubing and Casing Buckling in Horizontal Wells [J]. J. Pet. Tech.，1990，42(1)：140-141.
51 Wu J.，Juvkamwold H. C. . Helical Buckling of Pipe in Extend Reach and Horizontal Wells—Part 1：Preventing Helical Buckling[J]. Jour. Of Energy Resources Tech.，1993，115(3)：190-195.
52 Wu J.，Juvkam wold H. C. . Helical Buckling of Pipe in Extend Reach and Horizontal Wells—Part 2：Frictional Drag Analysis[J]. Jour. Of Energy Resources Tech.，1993，115(3)：196-201.
53 He X.，Kyllingstad A. . Helical Buckling and Lock up Conditions for Coiled Tubing in Curved Wells[C]. SPE 25370，1993.
54 Yu Che Chen，Sarmad Adnan. Buckling of Pipe and Tubing Constrained Inside Inclined Wells[C]. OTC 7323，1993：613-617.
55 Kyllingstad A. . Buckling of Tubular Strings in Curved Wells[J]. Jour. Of Petrol. Science and Eng.，1995，15(12)：209-218.

56 Johancsic C. A., etc. . Torque and Drag in Directional Wells: Prediction and Measurement[J]. J. Pet. Tech., 1984, 36(3): 987-992.

57 Mitchell R. F. . Simple Frictional Analysis of Helical Buckling of Tubing[J]. SPE Drill. Eng., 1986, 1(4): 457-465.

58 Wu J. . Slack-off Load Transmission in Horizontal and Inclined Wells[C]. SPE 29496, 1995: 489-494.

59 Mitchell R. F. . Effects of Well Deviation on Helical Buckling[J]. SPE Drill. & Completion, 1997, 12(1): 63-69.

60 Mitchell R. F. . Forces on Curved Tublar Caused by Fluid Flow[J]. SPE Prod. & Facilities, 1996, 11(2): 30-34.

61 金国梁，陈琳. 下部抽油杆柱的失稳弯曲及滚轮接箍扶正器的合理配置[J]. 石油学报，1990，11(2)：106-116.

62 郑永刚. 管柱在井内弯曲失稳的研究[J]. 钻采工艺，1992，(1)：40-45.

63 冯建华. 双封隔器复合管柱受力分析方法及应用[J]. 石油钻采工艺，1993，15(2)：54-62.

64 李子丰，马兴瑞，黄文虎. 水平管中受压扭细长圆杆(管)的几何非线性弯曲[J]. 力学与实践，1994，16(3)：16-18.

65 彭勇，王启玮. 水平井段 BHA 稳定性分析[J]. 石油钻采工艺，1994，16(1)：1-4.

66 李子丰，李敬元，马兴瑞，等. 油气井杆管柱力学基本方程及应用[J]. 石油学报，1999，20(3)：87-90.

67 高宝奎，高德利. 斜直井眼中钻柱屈曲的可能性[J]. 石油钻采工艺，1995，17(5)：6-11.

68 高国华. 井下管柱的屈曲与分叉[M]. 北京：石油工业出版社，1996.

69 黄桢. 用重力场分析法计算油管柱的负荷[J]. 钻采工艺，1997，20(2)：49-51.

70 黄桢. 油管柱螺旋弯曲螺距的一种算法[J]. 钻采工艺，1997，20(3)：50-52.

71 刘凤梧，徐秉业，高德利. 受横向约束的无重管柱在压扭组合作用下的屈曲分析[J]. 工程力学，1998，15(4).

72 刘凤梧，徐秉业，高德利. 水平井圆管中受压扭作用管柱屈曲后的解析解[J]. 力学学报，1999，31(2)：238-242.

73 屈展，张绍槐. 内含钻井液的钻柱涡动动力特性分析[J]. 天然气工业，1994，14(1)：46-48.

74 屈展. 旋转钻柱涡动规律的理论分析[J]. 中国海上油气(工程)，1995，7(1)：37-40.

75 D. R. Pavone and J. P. Desplans. Application of High Sampling Rate Downhole Measurements for Analysis and Cure of Stick-slip in Drilling[C]. in SPE Annual Technical Conference and Exhibition, New Orleans, LA, 1994: 335-345, SPE 28324.

76 L. van Vrande, D. H. Campen, A. de Kraker . Some Aspects of the Analysis of Stick-Slip Vibrations with an Application to Drill Strings[C]. Proceeding of the 1997 ASME Design Engineering Technical Conferences, Sept 14-17, 1997, Sacramento.

77 Antonio Fasano, Mario Primicerio. Resonant responses and chaos in nonlinear drilling dynamics[C]. Proceedings of the Seventh European Conference on Mathematics in Industry, March 2-6, 1993, Montecatini Terme.

78 Marcelo T. Piovana and Rubens Sampaiob. Non Linear Model for Coupled Vibrations of Drillstrings[C]. Mecánica Computacional Vol XXV, Alberto Cardona, Norberto Nigro, Victorio Sonzogni, Mario Storti. (Eds.) Santa Fe, Argentina, Noviembre 2006: 1751-1765.

79 C Germay, N Van de Wouw, H Nijmeijer. Nonlinear Drillstring Dynamics Analysis[J]. SIAM J. Applied Dynamical Systems, Vol. 8, No. 2: 527 - 553.

80 N Mihajlovć, AA Van Veggel, N Van de Wouw, H. Nijmeijer . Analysis of Friction-Induced Limit Cycling in an Experimental Drill-String System[J]. Journal of Dynamic Systems, Measurement, and Control, 2004,

126：709-720.

81 Mihajlović ，N.，N. van deWouw，M. P. M. Hendrik. Friction－induced limit cycling in flexible rotor systems：an experimental drill string set up[J]. Nonlinear Dynamics，2006，46(3)，273-291.

82 N. van de Wouw，H. Nijmeijer，N. Mihajlovi′c. On the Coupling Between Torsional and Lateral Vibrations in A Rotor Dynamic System with Set-valueed Friction[C]. Proceedings of the ASME 2007 International Design Engineering Technical Conferences & Computers and Information in Engineering Conference IADC/SPE 2007 September 4-7，2007，Las Vegas，Nevada，USA.

83 EM Navarro-Lopez，R Suárez . Practical approach to modelling and controlling stick- slip oscillations in oilwell drillstrings [J]. Proceedings of the 2004 IEEE International Conference on Control Applications Taipei，Taiwan，September 2~4，2004：1454-1460.

84 C. Canudas-de Wit，F. Rubio，and M. A. Corchero. D-OSKIL：A new mechanism for controlling Stick-Slip Oscilations in oil well drillstrings[J]. IEEE Trans. Control Sys. Tech.，16：1177-1191，November 2008.

85 A. Doris. Output-feedback design for non-smooth mechanial systems：Control synthesis and experiments[D]. Ph. D. dissertation，Eindhoven University of Technology，Eindhoven，September 2007.

86 H. Lu，J. Dumon，and C. Canudas-de Wit. Experimental study of the D-OSKIL mechanism for controlling the stick-slip oscillations in a drilling labratory tested[J]. IEEE Multiconf. Systems and Control，St Petersburg：Russian Federation，2009.

87 P. D. Spanos，A. M. Chevallier，N. P. Politis. Nonlinear Stochastic Drillstring[J]. Journal of Vibration and Acoustics，2002，Vol. 124，No. 4.

88 闫相祯，李茂生，杨秀娟，高德利. 钻柱与井壁碰撞的拉格朗日算法动力学仿真[J]. 机械强度，2006，28(3)：341-345

89 李茂生，闫相祯，高德利. 钻柱与井壁碰撞的非线性有限元分析[J]. 石油机械，2006，34(8)：15~18.

90 ME Wassell，ME Cobern，V Saheta，A Purwanto，M. Cepeda . Active vibration damper improves performance and reduces drilling costs[J]. World Oil，2008

91 Rong-Join Shyu. Bending Vibration of Rotating Drill Strings[D]. Doctor ′s thesis，the Ocean Engineering at the Massachusetts Institute of Technology，1989.

92 况雨春，吴泽兵，马德坤. 牙轮钻头横向振动动力学仿真模型[J]. 石油机械，1999，27(1)：7-9.

93 况雨春，吴泽兵，马德坤. 牙轮钻头纵向振动动力学仿真模型的建立[J]. 石油机械，1998，26(12)：1-3.

94 况雨春，吴泽兵，马德坤. 牙轮钻头及钻柱系统扭转振动仿真模型[J]. 石油机械，2000，28(3)：4-6.

95 况雨春，马德坤，刘清友，吴泽兵. 钻柱——钻头——岩石系统动态行为仿真[J]. 石油学报，2001，22(3)：80-85.

96 韩致信，周和平，刘密霞，马历民. 钻柱的纵向固有振动频率[J]. 石油矿场机械，2002，31(2)：23-26.

97 韩致信，李钫，杨莉玲，安宗文. 钻柱纵向自由振动研究[J]. 甘肃工业大学学报，2002，28(2)：50-53.

98 邱利琼. 钻柱动态数学模型的建立及求解[J]. 重庆大学学报(自然科学版)，2002，25(5)：148-151.

99 祝效华，刘清友，童华. 牙轮钻头动力学特性仿真研究[J]. 石油学报，2004，25(4)：96-100.

100 朱才朝，谢永春，刘清友，秦大同. 牙轮钻头纵向横向扭转振动动力学仿真研究[J]. 振动与冲击，2002，21(1)：46-51.

101 朱才朝，谢永春，刘清友. 钻头钻柱系统非线性耦合动力学仿真[J]. 兵工学报，2003，24

(1)：85-88.
102 刘清友，张毅超，李斌，单代伟. 侧钻钻柱三维二重非线性问题的研究[J]. 天然气工业，2008，28(7)：66-69.
103 朱才朝，冯代辉，陆波，杨迎新. 钻柱结构与井壁岩石互作用下系统耦合非线性动力学研究[J]. 机械工程学报，2007，43(5)：145-149.
104 庞东晓，刘清友，李斌. 基于元胞自动机的钻柱力学模型建立和求解[J]. 石油机械，2007，35(4)：15-17，45.
105 DYKSTRA M W. Improving Drilling Performance by Applying Advanced Dynamics Models[C]. SPE67697.
106 Y. Polsky，A. J. Mansure，J. A. Henfling，D. A. B.. High-temperature diagnostics - while- drilling system provides data on drilling dynamics[J]. Drilling Contractor，March/April 2007：44-49.
107 王德桂，高德利，高宝奎，傅志斌，周劲辉. 钻柱近钻头力学特性测量系统功能研究[J]. 天然气工业，2006，26(3)：62-64.
108 李子丰著. 油气井杆管柱力学及应用[M]. 北京：石油工业出版社，2008 年 8 月。
109 章扬烈. 钻柱运动学与动力学[M]. 北京：石油工业出版社，2001 年 5 月。
110 周立辉译，柯仲华校. 测量井下振动优化钻井的测力仪[J]. 国外石油机械，1994，5(2)：63-67。
111 王珍应，林建，施太和，黄瑞瑶. 钻柱振动特性分析与井底岩性识别方法初探[J]. 钻采工艺，2000，23(6)：1-3.
112 Casey，J. F.，and Miller，D. J. (Eds.). Drill String Vibration：A Proxy for Identifying Lithologic Boundaries While Drilling. Proceedings of the Ocean Drilling Program[J]，Scientific Results Volume 179：1-17.
113 高岩，郭学增. AR 模型功率谱估计及在综合录井技术中的应用前景[J]. 录井技术通讯，1996，7(1)：23-26.
114 刘志国，郭学增. 钻柱应力波频谱分析技术的应用[J]. 录井技术，1999，10(2)：20-24.
115 高岩，陈亚西，郭学增. 钻柱振动信号采集系统及谱分析[J]. 录井技术，1998，9(3)：44-51.
116 高岩，刘志国，郭学增. 钻柱轴向振动固有频率的计算和测量[J]. 西安石油学院学报，2000，15(1)：39-43.
117 高岩. 三牙轮钻头钻进时钻柱轴向振动的特征[J]. 石油学报，2000，21(6)：93-96.
118 李鹤林，等. 石油钻柱失效分析及预防[M]. 北京：石油工业出版社，1999.
119 孙书贞. 富县探区钻柱失效的预防技术[J]. 西部探矿工程，2005，106(3)：66-67.
120 林元华，等. 考虑钻柱运动状态的疲劳寿命预测研究[J]. 天然气工业，2004，24(5)：57-60.
121 姚建林等. 空气钻井斜直井眼中钻柱的动力学特性及失效机理[J]. 中国石油大学学报(自然科学版)，2008，32(3)：63-66.
122 于永刚，聂占业. 砾石地层中钻柱损伤机理分析[J]. 钻采工艺，1999，22(3)：23-25.
123 邹海洋，等. 气体钻井钻柱失效机理分析[J]. 石油钻探技术，2008，36(3)：55-58.
124 李庆光，等. 深井、超深井钻柱失效的力学机理分析及预防对策[J]. 西部探矿工程，2004，97(6)：64-66.
125 杨自林. 钻具失效事故的原因分析及对策[J]. 天然气工业，2000，20(3)：57-59.
126 Macpherson J. D.，Mason J. S. . Surface Measurements and analysis of drillstring vibrations while drilling[C]. SPE/IADC 25777.
127 管昌生，万兆. 石油气井套管钻柱失效主要影响因素分析[J]. 国外建材科技，2007，28(3)：98-101.
128 覃成锦，高德利. 套管磨损后剩余抗挤强度的数值分析[J]. 石油钻采工艺，2000，22(1)：6-8，13.
129 万里平，孟英峰，等. 钻柱失效原因及预防措施[J]. 钻采工艺，2006，29(1)：57-59，70.
130 黄李荣. 钻柱在存放过程中的腐蚀及预防问题[J]. 钻采工艺，2003，25(5)：86-87.

131 余磊，樊建春，张来斌，等. 深井、超深井套管磨损机理及预测技术研究[J]. 润滑与密封，2004，5(9)：89-90.

132 石晓兵，施太和. 弯曲井眼内下部钻柱失效研究[J]. 西南石油学院学报，2001，23(5)：54-57.

133 孙永兴，等. 钻柱失效的动态断裂力学探讨[J]. 物理测试，2008，26(2)：15-18.

134 楼一珊，蒋小莺，朱江，等. 钻柱失效机理分析[J]. 江汉石油学院学报 2001，23(2)：1-2.

135 林元华，邹波，等. 钻柱失效机理及其疲劳寿命预测研究[J]. 石油钻采工艺，2004，26(1)：19-22.

136 刘永刚，苏建文，等. 钻柱转换接头断裂失效分析[J]. 石油矿场机械，2007，36(2)：41-44.

137 魏水平，况雨春，夏宇文，何振奎，刘有义. 钻柱瞬态动力学失效分析[J]. 石油机械，2006，34(6)：20-23.

138 J. Awrejcewicz，P. Olejnik. Analysis of Dynamic Systems With Various Friction Laws [J]. Applied Mechanics Reviews，2005，58：389-411.

139 Tucker，R. W.，Wang，C.. An integrated model for drillstring dynamics[J]. J Sound and Vibration，1999，224 (1)，123-165.

140 Ashley，D. K. and Tomlinson，J. C. . Extending BHA Life with Multi Vibration Measurements[C]. SPE 67696，SPE/IADC drilling conference，Amsterdam，2001.

141 Sananlkone，P.，Kamoshima，O.，and White，D. B. . A Field Method for Controlling Drill string Torsional Vibrations[C]. SPE 23891，SPE Drilling Conference，New Orleans，1992.

142 Chen，S. L.，Blackwood K. and Lamine E. . Field Investigation of the Effects of Stick-slip，Lateral，and Whirl Vibrations on Roller Cone Bit Performance[C]. SPE 56439，SPE Annual Technical Conference and Exhibition，Houston，1999.

143 张也影编著. 流体力学[M]. 北京：高等教育出版社，1999 年.

144 韩志勇. 倾斜钻柱轴向力计算及强度校核[J]. 石油钻探技术，1995，23(增刊)：14-18.

145 韩志勇. 循环条件下钻柱轴向力计算及强度校核[J]. 石油大学学报(自然科学版)，1997，21(2)：27~32.

146 黄祯. 油管柱振动机理研究与动力响应分析[D]. 西南石油学院，2005 年 3 月.

147 姜伟. 用能量法研究套管柱在定向井中的变形及挠曲方程[J]. 中国海上油气(工程)，1994，6(4)：46-50.

148 Timoshenko S. Gere J，王一麟译. 材料强度[M]. 北京：科学出版社，1978.

149 郝俊芳，龚伟安. 套管强度计算与设计[M]. 北京：石油工业出版社，1987.

150 姜伟著. 海洋石油钻井工程力学研究与实践[M]. 北京：石油工业出版社，2008.

151 张雄，宋康祖，陆明万. 紧支试函数加权残值法[J]. 力学学报，2003，25(1)：43-49.

152 张晓哲，王燕昌. 固体力学中的加权余量法简介[J]. 青海师专学报(教育科学)，2004(5)：49-51.

153 徐次达，陈学潮，郑瑞芬编著. 新计算力学加权残值法——原理、方法及应用[M]. 上海：上海同济大学出版社，1997.

154 陈敏，吕建国，刘宝林，等. 用能量法研究深直井管柱最大转速与正弦屈曲时临界轴向力间的关系[J]. 探矿工程(岩土钻掘工程)，2005(12)：40-42.

155 Lesage M ，Falconer I G and Wick C . Evaluating Drilling Practice in Deviated Wells with Torque and Weight Data[C]. SPE/ IADC 16114 ，1987.

156 Sheppard，M. C.，Wick，C. & Burgess，T.，. Designing Well Paths to Reduce Drag and Torque [J]. Journal of SPE Drilling Engineering，December 1987，：344-350.

157 Maidla，E. E.，Wojtanowicz，A. K. Field Comparison of 2-D and 3-D Methods for the Borehole Friction Evaluation in Directional Wells[C]. Society of Petroleum Engineers. 62nd SPE Annual Technical Conference，Dallas，Texas，September 7-10 1987，SPE16663.

158 HO H S. An improved modeling program for computing the torque and drag in directional and deep wells[C]. SPE 18047, 1988.
159 J. Wu. The Effect of wellbore Curvature on Tubular Buckling and Lockup[C]. Proc, ETCE Drilling Technology Symposium, New Orleans, LA, 2004, Jan: 23 - 26.
160 Dareing, D. W. and Ahlers, C. A.. Tubular bending and pull-out forces in high curvature well bores[J]. Journal of Energy Recourses Technology, 1991, 113: 133-139.
161 D. N. Rocheltan, D. W. Dareing. Effect of Drag Forces on Bit Weight in High Curvature Well Bores[J]. Journal of Energy Resource Technology, 1992, 114(3): 175-180.
162 Stefan Miska, J. C. Cunha. An analysis of Helical Buckling of Tubulars Subjected to Axial and Torsional Loading in inclined Wellbores[C]. SPE 29460 presented at the Production Operations Symposium held in Oklahoma City, OK, U. S. A 2-4, April, 1995.
163 张建群，孙学增，潘卫国. 定向井中摩擦阻力模式及其应用的初步研究[J]. 大庆石油学院学报. 1989，(4).
164 韩志勇. 井眼内钻柱摩阻的三维和两维模型的研究[J]. 石油大学学报(自然科学版)，1993，17(增)：44-49。
165 杨姝，高德利，徐秉业. 定向井钻柱摩阻问题的有限差分解[J]. 石油钻探技术，1992(3)，22-26.
166 李子丰，刘希圣. 水平井钻柱稳态拉力-扭矩模型及其应用[J]. 石油钻探技术，1993，20(4)：1-6.
167 廖华林，丁岗. 大位移井套管柱摩阻模型的建立及其应用[J]. 石油大学学报(自然科学版，2002，26(1)：29-31，38.
168 秦永和，付胜利，高德利. 大位移井摩阻扭矩力学分析新模型[J]. 天然气工业，2006，26(11)：77-79.
169 吕苗荣，张晓东，许福东等. 大位移井油井管柱摩阻分析软件的开发[J]. 江汉职工大学学报，1999，1(2)：26-29.
170 许福东，张晓东，吕苗荣，邓建明. 大位移井完井管柱摩阻计算模型与仿真器[J]. 石油矿场机械，2001(30)：21-24.
171 贺志刚，付建红，施太和，等. 大位移井摩阻扭矩力学模型[J]. 天然气工业，2001，21(5)：52-54.
172 何世明，等. 水平井下套管摩阻分析计算[J]. 西南石油学院学报，1997，19(2)：21-26.
173 马善洲，韩志勇. 水平井钻柱摩阻力和摩阻力矩的计算[J]. 石油大学学报(自然科学版)，1996，20(6)：24-28.
174 朱君. 有杆抽油系统井下工况诊断方法研究[D]. 大庆石油学院博士学位论文，2003.
175 EM Navarro-López, E Licéaga-Castro. Chaos, Solitons & Fractals. Sliding-mode control of a multi-DOF oilwell drillstring with stick - slip oscillations [C]. Proceedings of the 2007 American Control Conference Marriott Marquis Hotel at Times Square New York City, USA, July 11-13, 2007.
176 曹嘉彦. 杆的纵向振动分析[J]. 沈阳航空工业学院学报，2002，19(1)：29-30.
177 楼一珊. 深井钻柱临界转速的计算方法[J]. 钻采工艺，1999，22(4)：3-5.
178 李子丰，李志刚. 钻柱纵向振动分析[J]. 天然气工业，2004，24(6)：70-73.
179 李子丰. 钻柱纵向和扭转振动分析[J]. 工程力学，2004，21(6)：203-210
180 郑新梅，邱仰伟. 扭转振动柱体的理论分析[J]. 江西电力职工大学学报，2001，14 (3)：40-43.
181 韩春杰. 大位移井钻柱振动规律及其应用[D]. 大庆石油学院硕士论文，2004.
182 刘文波. 螺杆泵采油工况诊断技术研究应用[D]. 西南石油学院工程硕士学位论文，2004.
183 韩春杰，阎铁，毕雪亮，陈要辉. 钻柱横向振动规律及应用[J]. 大庆石油学院学报，2004，28(1)：14-16.
184 吴天新，陆兴森. 钻柱内外沿轴向流动钻井液对钻柱横向振动的影响[J]. 振动与冲击，1995

(2)：1-5.
185 高奎宝，高德利. 深井钻柱的横向振动浅论[J]. 石油钻采工艺，1996，18(4)：8-14.
186 杨进，曹式敬. 深水石油钻井技术现状及发展趋势[J]. 石油钻采工艺，2008，30(2)：10-13.
187 石晓兵，郭昭学，聂荣国，等. 海洋深水钻井隔水管动力分析[J]. 天然气工业，23(增刊)：81-83.
188 Burke B. G. . An analysis of marine risers for deep water [J]. Journal of Petroleum Technology, 1974：455-465.
189 Ertas A and Kozik T. J. . Philosophy and principle of riser modeling and numerical approaches[J]. Offshore operations symposium，1986.
190 方华灿. 海洋石油钻采设备理论基础[M]，北京：石油工业出版社，1984.
191 边若武. 海洋钻井隔水管随机振动谱分析[D]. 中国石油大学，1988.
192 贾星兰，方华灿. 海洋钻井隔水管的动力响应[J]. 石油机械，1995，23(8)：18-22，28.
193 李华桂. 海洋钻井隔水管的动力分析[J]. 石油学报，1996，17(1)：122-127.
194 周俊昌. 海洋深水隔水管系统分析[D]. 西南石油大学，2001.
195 王林，石晓兵，聂荣国，等. 轴向载荷对海洋深水钻井隔水管力学特性的影响分析[J]. 石油矿场机械，2004，33(1)：30-32.
196 王林，石晓兵，陈平，等. 海洋深水钻井锚链的动力特性探讨[J]. 西南石油学院学报，2004，26(5)：24-26.
197 闵建琴，宋峥嵘，唐友刚等. 隔水套管波流联合作用下涡激振动计算[J]. 中国海上油气(工程)，2003，15(3)：25~35.
198 畅元江，陈国明，许亮斌. 海洋钻井隔水管固有频率的简化计算[J]. 中国海上油气，2005，17(5)：352-355.
199 许亮斌，畅元江，蒋世全，等. 深水钻井隔水管时域非线性动态响应分析技术研究[J]. 中国海上油气，2008，20(2)：115-120.
200 畅元江，陈国明，许亮斌. 导向架隔水管在波流联合作用下的非线性动力响应[J]. 中国石油大学学报(自然科学版)，2006，30(5)：74-77，83.
201 李军强，刘宏昭，等. 波浪力作用下海洋钻井隔水管随机振动研究[J]. 机械科学与技术，2004，23(1)：7-10.
202 杨进，彭苏萍，周建良. 海上钻井隔水导管最小入泥深度研究[J]. 石油钻采工艺，2002，24(2)：1-3.
203 杨进，王兆吉，周建良，等. 东方1-1地区海底土承载力计算及应用研究[J]. 中国海上油气，2003，15(1)：21-23.
204 杨进. 海上钻井隔水导管极限承载力计算[J]. 石油钻采工艺，2003，25(5)：28-29.
205 李中，杨进，黄熠，等. 涠洲12-1B油田隔水导管入泥深度分析[J]. 石油钻采工艺，2005，27(4)：21-23.
206 翟慧颖，杨进，周建良，等. 隔水导管与土壤胶结强度试验分析研究[J]. 石油钻采工艺，2008，30(2)：36-41.
207 郭海燕，王树青，刘德辅. 海洋环境荷载下输液立管的静、动力特性研究[J]. 青岛海洋大学学报，2001，31(4)：605-611
208 KOO B J，KIM M H，RANDALL R E. The effect of nonlinear multi-contact coupling with gap between risers and guide frames on global spar motion analysis[J]. Ocean Engineering，2004(31)：1469-1502.
209 朱克强，李维扬. 海洋波浪、流激励下的隔水管管线动力稳定性[J]. 华东船舶工业学院学报，1997，11(1)：1-7.
210 Chung J S，Felippa C A. Nonlinear static analysis of deep ocean mining pipe-part Ⅱ：Numerical studies[J].

Journal of Energy Resources Technology(Transactions of ASME 1981, 103(1): 16-25.

211 Felippa C A, Chung J S. Nonlinear static analysis of deep ocean mining pipe-part I: Modeling and formulation[J]. Journal of Energy Resources Technology (Transactions of ASME), 1981, 103(1): 50-55.

212 Krolikowski L P, Gay T A. An improved linearization technique for frequency domain riser analysis[C]. Paper No. OTC 3777. In: Offshore Technology Conference. Houston, Texas, USA, 1980: 341-353.

213 Whitney A K, Chung J S. Vibrations oflong marine pipes due to vortex shedding [J]. Journal of Energy Resources Technology(Trans. of ASME), 1981, 103(3): 231-236.

214 Nordgren R P. Dynamic analysis of marine risers with vortex excitation[J]. JERT, 1982, 104(1): 14-19.

215 Trogdon S A, Wilson J F, Munson BR. Dynamics of flexible cables under combined vortex and parametric excitation[J]. Journal of Dynamic Systems, Measurement and Control, 1976, 98: 20-28.

216 欧进萍，王光远. 结构随机振动[M]. 北京：高等教育出版社，1998：99-120.

217 林愉，林群. 波流联合作用下深海扬矿管的水平液动力载荷[J]. 矿山机械，2006，34(5)：18-20.

218 Atadan A S, Calisal S M, Modi V J, et al. Analysis and numerical analysis of the dynamics of a marine riser connected to a floating platform, ocean engineering [J]. Journal of Ocean Engineering, 1997, 24(2): 111-131.

219 俞茂宏，M. Yoshimine，强洪夫，昝月稳，肖耘，李林生，盛祖铭. 强度理论的发展和展望[J]. 工程力学，2004，21(6)：1-20.

220 高琦. 对强度理论的认识[J]. 黄河水利教育，1995(1)：35-37.

221 俞茂宏，彭一江. 强度理论百年总结[J]. 力学进展，2004，34(4)：529-560.

222 韩志勇. 钻柱强度计算新方法[J]. 石油大学学报(自然科学版)，1998，22(3)：39-46.